確率論の黎明

安藤洋美　著

現代数学社

まえがき

　古典確率論は 1654 年パスカルに始まり，1812 年ラプラスにより集大成された数学理論だと云われる．その間の理論の変遷史は I.Todhunter の『確率論史』によって辿ることができる．筆者は 1975 年 Todhunter の歴史書を現代数学社のご好意で翻訳出版することができた．出版後, 私の気になっていたことは，パスカル以前に人類は確率概念をどのように取り扱っていたのか，またラプラス以後現代の測度論的確率論に繋がる系譜はどうなっているのか，ということであった．それで，これらの問題については，「Basic 数学」（現代数学社）誌上に折に触れて書いてきた．本書は，パスカル以前の確率論史，つまり前史の部分をまとめたものである．前史の研究は，Karl Pearson 教授の最後の助手 F.N.David 博士が 1955 年 Biometrika 誌上に "*Dicing and Gaming*" という論文を発表されたのが最初である．その後，David 博士は "*Games, Gods and Gambling*" という本を 1962 年に出版され，それを筆者は 1975 年に翻訳出版した．数式が殆どない分かりやすい本だと思ったが，注目される事なく絶版になってしまった．しかし，David 博士の論文を切っ掛けとして，「統計学と確率の歴史の研究」という表題のもとに，Biometrika 誌上に数多くの歴史研究の論文が掲載され，それらは後に纏められて分厚い二巻本として出版された．その中には本書執筆に際し参考にした数多くの論文が含まれている．確率論前史は一言でいうと，多神教の世界で生まれた賭事と神の摂理を信じる一神教との血みどろの闘争史の記述とも言える．その闘争はルネサンス以降も続き，フランス革命以後，一応収まったかに見え，古典確率論は数学として認知された．

　1996 年米国の投資顧問会社社長の Peter L.Bernstein が，"*Against the Gods, the Remarkable Story of Risk*"（青山護訳）を出版し，株式という新たな賭事の世界で人間は再び神々への反逆を始めたことを，確率論の歴史を通して説明し，「人類は神の手によって社会を支配したのではない……偶然の法則に委ねただけである」という M.Kendall 博士の言を引用し，株

i

取引に浮かれ億万長者を夢見る人々に警鐘を鳴らしたのであった.

　確率論前史から学ぶことができる教訓は,人類が今も昔も変わらず愚かさと聡明さのバランスをとって生き延びてきたこと,また一つの理論が形成されるまでには種々様々な考え方・物の見方が消長を繰り返したことである.確率を学ぶ中学・高校で,先生は現代の確率概念を講じ,生徒はギリシャ時代の考えをもって確率を感覚的に捉えているとすれば,授業はうまく運ばないのは歴然としている.聡明な読者諸兄が本書によってその点を理解していただければありがたい.本書の執筆にあたり,多くの文献の著者や翻訳者のお世話になった.各章末に挙げた参考文献の中で,著者名や訳者名を紹介することで謝意に代えさせていただきたい.また著者の思い違いや翻訳ミスなど,読者諸賢のご批評をお願いする次第である.

　最後に,本書を出版していただいた現代数学社の富田社長や編集者の方々に感謝する.

2007 年春　　　筆者

確率論の黎明 # 目次

まえがき 〔i〕

第1部　確率論前史 〔1〕

第1章　賭けの精神 〔2〕

第2章　神意と占い 〔18〕

第3章　古代における蓋然論の概念 〔30〕

第4章　古代蓋然論の没落 〔47〕

第5章　中世：焦れったい時代 〔61〕

第6章　古代・中世の組合せ論 〔77〕

第2部　確率計算の曙 〔97〕

第7章　マイモニデス 〔98〕

第8章　トマス・アクィナス 〔107〕

第9章　12世紀から15世紀までの西欧でのいろいろな研究 〔118〕

第3部　古典確率論の陣痛期 〔135〕

第10章　カルダーノ 〔136〕

第11章　16世紀のいろいろな研究 〔163〕

第12章　ガリレオ・ガリレイ 〔179〕

第13章　1600年から1650年までのいろいろな研究 〔187〕

第14章　パスカル・フェルマー・ホイヘンス 〔201〕

第15章　死亡表と生命保険（政治算術） 〔221〕

第16章　17世紀後半の諸研究 〔249〕

索引 〔274〕

iii

第1部

確率論前史

第1部　確率論前史

第1章　賭けの精神

1.1.　数学史を初めて一つの学問体系としてまとめ，古典数学の全分野を近代的な歴史観で記述した博学の人**モンチュクラ**（Jean Etienne Montucla：1725.9.5–1799.12.18）は，全4巻からなるその著**『数学史』**（1799–1802年）の中で

「確率論以上に解析的精神の現れる数学理論はない．実際に，数学的考察の対象とならないように思われる題目があるとすれば，それは疑いなく偶然に関するものである．しかも，それは幾何学的精神や分析の手法に支えられた人間精神では，些かも処理出来ないものである．このような気まぐれ者 —— 偶然 —— も，研究の難しさがずっと持続したものだから，数学者が関心を寄せ，その計算を行うようになったのである．そして，ある事象の起こる確率の度合を測ることに成功したとき，数学的精神を生み出すことができ，より有用で，より好奇心をそそられる理論を作り出せたのである．というのは，人生において，ある人の貪欲さが他の人々を罠にかけ，そのために術もなく騙されてしまうことから，結果として免れたり，それを予防したりするためにも，特別な誘惑を蒙りたくないと思えば，いろいろな状況のもとで，好都合な場合とそうでない場合を知って賭けることが娯楽に役立つという点で重要である．実際，**賭けの精神**と呼んでいるこの精神は，運を捉える精神であるが，それは勝つか負けるかの原因となり得る偶然の組合せを，すべて一目瞭然たらしめる先天的，もしくは後天的な才能以外の何物でもない．用心深い人は，結果を見極めるために，事象の確からしさを何にもまして評価するものである」[II巻, 380–381頁, 1802年改版]

と述べている．つまり，モンチュクラによれば**幾何学的精神**（I'ésprit géométriques）が決定論に基づく近代合理主義の支柱とすれば，**賭けの精神**（l'ésprit du jeu）こそ非決定論に基づく確率論を生み出した支柱と云いたいのであろう．したがって，我々もまた確率論の歴史を考察するにあたり，**賭事**（gambling, gaming）の歴史から辿っていくことにしよう．

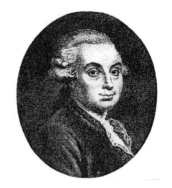

図1.1　モンチュクラ（P.Vielによる銅板画）

HISTOIRE

DES

MATHÉMATIQUES,

Dans laquelle on rend compte de leurs progrès depuis leur origine jusqu'à nos jours ; où l'on expose le tableau et le développement des principales découvertes dans toutes les parties des Mathématiques, les contestations qui se sont élevées entre les Mathématiciens, et les principaux traits de la vie des plus célèbres.

NOUVELLE ÉDITION, CONSIDÉRABLEMENT AUGMENTÉE, ET PROLONGÉE JUSQUE VERS L'ÉPOQUE ACTUELLE ;

Par J. F. MONTUCLA, *de l'Institut national de France.*

TOME TROISIEME.

Achevé et publié par Jérôme DE LA LANDE.

A PARIS,

Chez Henri AGASSE, libraire, rue des Poitevins, n°. 18.

AN X. (mai 1802)

図1.2　モンチュクラ『数学史』III巻扉頁，下に共和暦X年の文字が見える．

1.2.

B.C. 1159 年に始まったと推定されるトロヤ戦争は，およそ10年間にわたるギリシャ軍による包囲作戦により，トロヤの敗北に終わった．この戦争の模様はトロヤ叙事詩圏と呼ばれる一連の叙事詩によって，かなり詳細に報じられたが，現存しているものは**ホメーロス**（Homeros；B.C. 800 年以前）の『**イーリアス**（Ilias）』と『**オデュッセイア**（Odysseia）』の2つだけであるといわれている．包囲作戦という退屈で気長な戦術の採用は，当然のこととして，兵士たちの道徳心の低下をもたらしただろう．そのための対策として，いろいろな**ゲーミング**（gaming；戦車競技，拳闘，競歩，槍投げ，相撲など他愛のない賭け事）が発明された．そのことは『**イーリアス**』の第23巻「パトロクロスの葬送および競技」の中に詳しく書かれている．また，この叙事詩の中には

> 「たくさんの立派な牛が，鉄の刃に喉を裂かれて，体をもがき，たくさんの羊や，泣き声を出す山羊も屠られ，歯を光らす猪も脂がのってよく太ったのが焔の上に身を横たえて焼かれている」

といったように，やたら多く肉を切って焼いて宴会する記事が出てくる．このことは，ギリシャ人が元来牧畜を主とした民族で，海洋民族でなかった証拠である．虐殺された動物の中で，羊と山羊の趾骨（踝）は**アストラガルス**（$\alpha\sigma\tau\rho\acute{\alpha}\gamma\alpha\lambda$os，astragalus，複数はastragali）と呼ばれ，絶好の玩具になった．

図1.3 ホメーロスの胸像

羊　　　犬

図1.4 アストラガルス

第1章　賭けの精神

人や犬のような蹄をもたない動物のアストラガルスと，羊や山羊のような蹄をもつ動物のアストラガルスは，(図1.4) のように異なる．前者のアストラガルスは足の骨を支えるために一方の側に伸びているのに対し，後者のアストラガルスは比較的扁平で，縦軸のまわりに対称である．勇者中の勇者アキレウスの友人で，トロヤの勇士ヘクトールに殺されたパトロクロス (Patroclus) は，子供の頃，アストラガルスで遊んでいるうち，相手に腹を立てて殺してしまった程，殺気立ったことがあるという．

　鹿，馬，牛，羊のアストラガルスは非常にうまく形作られていて，それを水平な台の上でサイコロのように転がしたとき，上を向く可能性のある側面が4面ある．古代エジプトの墳墓の壁画の中に，これを用いてゲームをしている貴族の絵 (図1.5) があったり，また実際にこれらの投げの結果で戦術を決める卓上ゲーム (猟犬とジャッカル；(図1.6)) も発掘されている．同じような羊のものらしいアストラガルスが，シュメールやアッシリアの遺跡でも発見されている．今のところ，この時代以前にアストラガルスが生活の中で大量に用いられていたという考古学上の証拠は存在していない．

図1.5　盤上ゲームでアストラガルスを持ち上げる貴族 (死後の世界)

第1部　確率論前史

図 1.6　盤上ゲーム「猟犬とジャッカル」(テーベで発掘)

　アストラガルスはローマ帝国の全盛期には**タルス**(talus, 複数は tali)と省略して呼ばれた．タルスはラテン語である．古典確率論の最初の本である『**偶然ゲームについて**』を書いた**ジロラモ・カルダーノ**(Girolamo Cardano; 1501.9.24-1576.9.21)は，その第 31 章「タリ・ゲームについて」で詳しく説明している．その中で

> 「リュサンデル(スパルタの将軍)は子供がアストラガルスに騙され，大人たちは誓いに騙されるのは当然だと，いつも云っている．この諺は悪質なラケダイモン(スパルタのこと)の人たちにふさわしいものである．アリストテレスはアテネで数々の不利益にもじっと耐えていたが，その彼でさえ，ラケダイモンの国以上に卑しむべき国はないと云っている程だ」

と述べ，この後にタルスのゲームについて語っている．1 個のアストラガルスの目の数の付け方は，上面広くやや凸んでいる面は 4，その下の面で広くやや凹んでいる面は 3，側面の狭く平たい面は 1，その対面の狭くやや凹んでいる面は 6 と名付ける．1 と 6 の目の出る確率は大体 0.1，3 と 4 の目の出る確率は大体 0.4 と実証されている．アストラガルスを投げて，最も悪い投げはギリシャ語で「犬」とか「ハゲ鷹」(chois)と呼ばれているもので，1 の目を出す

ことだった．一般的には4個のアストラガルスでゲームをし，最良の投げは4個すべてが異なる目を出す**ヴィーナスの投げ**と呼ばれるもので，その出現確率はおよそ1/26である．最悪の投げは4個全部が同じ目になるもので，例えば4個とも4の目の出る**エウリピデスの投げ**の確率はおよそ1/39であった．その他に，目の和が8になる投げ，つまり(1,1,3,3)からなる投げは**ステシコルスの投げ**と呼ばれた．ヒメラ(Himera)生まれの叙情詩人ステシコルス(Stesichorus; B.C.640?-555?)の墓が八角形であったことに由来する．

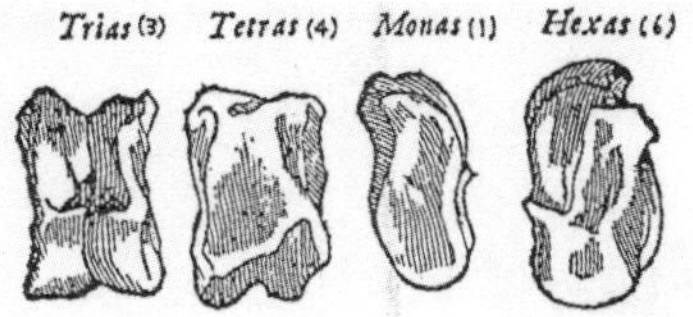

図1.7 アストラガルスの4つの面と目の数

1.3.

ゲームについて書かれたものは，文献で見る限り，**ヘロドトス**(Herodotos; B.C.490?-420?)の『**歴史**』である．彼は物語，叙情詩などでなく，学術的と認められる史書を書いた最初の人であり，すべてのものがギリシャ人，またはそれと血縁にある人たちによって発明されたという信念をもっていた．にもかかわらず，賭博に関しては次のように述べている．

「リュディア人[トルコ東岸に住んでいた民族]の風習は‥‥ギリシャ人の風習によく似ている．リュディア人は我々の知る限りでは，金銀の貨幣を鋳造し使用した最初の民族であり，また小売制度を創めたのも彼らであった．

図1.8 ヘロドトス胸像

第1部　確率論前史

また彼ら自身がいうところでは，今日リュディアとギリシャに普及している ゲームは，自分たちが発明したものだという．リュディアでこれらの ゲームが発明されたのは，彼らがテュルセニアに植民した時のことだとい い，それについてこんな話を伝えている．

マネスの子アテュスが王の時 [B.C.1500 年頃] リュディア全土に激しい 飢饉が起こった．リュディア人はしばらくの間は辛抱してこれに耐えて いたが，一向に飢饉がやまぬので，気持をまぎらす手段を求めて，みんな がいろいろな工夫をしたという．そしてこの時，ダイス，アストラガラス （骨牌），ボールなどあらゆる種類のゲームが考案されたというのである． ただ西洋碁 [backgammon の初期の形式か，suffleboard] だけは別で，こ れはリュディア人も自国の発明だとは云っていない．さてこれらのゲー ムを発明して，どのように飢饉に対処したかというと，2 日に 1 日は，食 事を忘れるように朝から晩までゲームをする．次の日はゲームをやめて食 事をとるのである．このような仕方で 18 年間続けたという．」[ヘロドト ス『歴史』松平千秋訳，岩波文庫上]

　6 面のサイコロ (die, dice) がアストラガルスを粗く立方体になるまで研磨 してできたものであることは，考古学の発掘の結果分かっている．しかし不 思議なことに

アストラガルス → 6 面のサイコロ

と進化していったにもかかわらず，16 世紀まで

アストラガルスとサイコロは共存していた

という事実をあげねばならない．

　初期のサイコロとして知られているものは，B.C.3000 年頃と推定される北 部インドで発掘された陶器のもので，目の数の付け方は（図 1.9 の 1）の通り であった．インドのモヘンジョ・ダロで発掘されたサイコロも同じ頃のものと 推定される．これも陶器で作られていて，目の付け方は 1 と 2，3 と 4，5 と 6 が向かいあっていた．エジプト第 18 王朝 (B.C.1400 年頃) 期におけるサイコ ロの目の数の付け方は（図 1.9 の 2）の通りであった．現在風のサイコロ，つ

8

まり,(図 1.9 の 3) の
向かい合った面の目の和が 7 になるサイコロ
は,この頃に出現したものと思われる．現在までに発掘されているサイコロのうち 8 割程度は現在風の目の数の付け方である．サイコロの素材は陶器のほか,水晶,象牙,砂岩,鉄,木などさまざまである．(図 1.9 の 4) のような目の数の付け方のものも出土しているが,これはある種の宗教儀式に用いられたか,それともイカサマ骰のいずれかだろう．

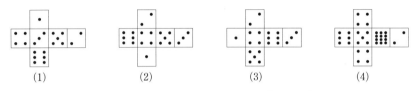

図 1.9 サイコロのいろいろな目の数の入れ方

では,なぜサイコロの目は,向かい合ったものの和が 7 になるように入れられているのか？16 世紀の賭博師たちは,1 から 6 まですべての数字がサイコロに刻み込まれたか,またダブリがないか,また不足がないか,それらを容易にチェックし得るからであると,理論化している．

1.4. 他愛のない賭博,ゲーミングは,いつ頃からか,生命や財産すら賭けの対象にする危険な破滅的なギャンブル (gamble) に変容した．ローマの愛国者**タキトウス** (Tacitus; 55?‑120?) はその著**『ゲルマニア』**のなかで

> 「彼ら［ゲルマン人たち］は賭博を,酔っていないときにも,あたかも真面目な仕事のように行い,しかもすべてを失った場合,最終最後の一擲に,自らの生命や自由を賭けても争わんとする程の,勝負に対する無謀さである．負ければ,進んで人の奴隷となり,たとえ（勝った者より）ずっと若く,またずっと力強くとも,その身の束縛を受け,売買に供せられるのを

第1部　確率論前史

　　堪え忍ぶ．この蔑視すべき事柄における彼らの頑固さは，まさにかくの如
　　く，しかも彼ら自らはこれを信 (fides) と呼ぶ」[『ゲルマニア』田中秀央，
　　泉井久之助，岩波文庫]

と述べている．これは皮肉な言辞であって，当時ローマ帝国でも賭博は大流
行していたので，警世の辞でもあった．

　ローマ法では賭博は禁止され，違反者は土地追放の重い罰を受けた．しか
し風刺詩人**マルティアリス** (Marcus Valerius Martialis; 40?‐104?) による
と

　　「奴隷たちは造営官を恐れることなく，フリティルルス (fritillus, サイ
　　コロ箱) を振った．というのは，彼らはすぐ手近かに池が凍結するのを見
　　たからである．」

池が凍るころ，サトウルナリア祭 [12月農業神サトウルナの祭，クリスマスは
この祭に由来する] がやってくる．その祭の期間中は，階級の別なく賭博する
ことが許された．

　B.C. 51年ガリア征伐に赴いた**カエサル** (Gaius　Julius　Caesar; B.C.
100‐B.C. 44) は

　　「賽は投げられた！ (Jacta alea est！)」

と云って，ルビコン河 (R. Rubicon) を渡ってローマに進撃した時の言辞を
もってしても，ローマの貴族が賭博を知っていたことは明らかである．ラテン
語の alea はサイコロの意味から，サイコロ遊び，さらには賭博の意味へと転
化し，現在ではフランス語の alea (僥倖)，aleatoire (賭博的) の中に生きてい
る．

　さらに時代は下がって，ローマに帝政が布かれ，初代皇帝**アウグストゥス**
(Augustus; B.C. 63‐14) は神と崇められたにもかかわらず，**スエトニウス**
(Suetonius; 69‐140) が『**ローマ皇帝伝**』で賭博常習犯だったとすっぱ抜いて
いる．

10

「彼［アウグストゥス］は勝負事が好きだという世評など屁の河童で，相当の年配になっても，12月ばかりでなく，他の休日でも，また平日でも公然と気晴らしのために勝負事をしていた‥‥彼の自筆の手紙には‥‥"親愛なるティベリウス殿［2代目皇帝］，予は同じ仲間と夕食を共にした‥‥我々は昨日も今日もぶっ続けに食事をしながら，老人らしい賭け事をしたよ．サイコロが投げられた時，犬，つまり1の目を出したのは誰でも，サイコロ1個につき1ディナリウスを掛金箱に入れ，ヴィーナスを投げた者がそれを全部パクるというやり方だ‥‥250ディナリウスをこの手紙に同封してお送りする．これは父のお客が晩餐会の折りに，サイコロか銭投げゲームをしたいと言い出したとき，彼ら一人一人に与えるお金だ"［角南一郎訳，社会思潮社］

といった具合である．

図1.10　左は初代皇帝アウグストゥス，右は4代皇帝クラウディウス

皇帝**クラウディウス**（Claudius；B.C.10–54）は前任のカリグラ，後任のネロに比べると，遠征を行い，植民市を造るなど，比較的ましな皇帝であるが，それでも遠征中の馬車の中でサイコロ遊びができるようにゲーム盤を工夫したり，『**サイコロ必勝法**』という本を書いたりしている．皇妃によって最後は

11

第1部　確率論前史

毒殺されるに至っては，厳正なる法の執行者とはとても言えそうにない．皇帝が範を示すくらいだから，賭博は階層のいかんにかかわらず，ローマが支配したヨーロッパ全域に流行した．ただ，ローマ市民は肉食ではなく，パンを主食としたので，アストラガルスではなく，**テッセラ** (tessera) と呼ぶ6面体のサイコロを使ったらしい．ヴィトルヴィウス (Marcus Vitruvius；B.C. 20?) によると，tessera は立方体とは若干違うといっているが，2個ないし3個をもって賭博したらしい．

1.5.　　古代インドの賭博に関する最古の資料は，宗教的叙事詩『**リグ・ヴェーダ・サンヒター** (Rig-Veda-Samhita)』である．インド＝アーリア人は B.C. 2000 年頃までにイラン系アーリア人と分離してインドに侵入し，B.C. 2500 年頃から栄えていたインダス文明を破壊したものと思われる．そしてこの『リグ・ヴェーダ』は B.C. 1500 年から 1000 年にかけて，徐々に蓄積・修正されたものと見なされている．この本の 10 巻 34 賛歌は「**賭博者の歌**」と表題がついている．サバー［賭場］にヴィビーダカ［テルミナリア・ベッレリカという梅に似た実をつける木］の実が 150 個ばかり撒かれ，賭博者はその若干個をつかみ取り，つかんだ数または残りの数によって勝負を決めた．4で割り切れる場合をクリタと呼んで最善とし，割り切れずに1余る場合をカリと呼んで最悪とした．

「1.　風に吹かれてゆらゆらと，高き木になるヴィビーダカ，賭場にころころ躍るとき，我が心もうきうきと，ムージャヴァットの山に生う，ソーマの酒のほろ酔いに，さも似て心をときめかす，いとしきものはヴィビーダカ．

2.　愚痴もこぼさで慎ましく，目角をたてしこともなく，我のみならず友垣に心優しき妻なりき．1つ残りのカリの目が，迷い心の運の尽き，夫大事の宿の妻，つれなや我は棄ててけれ，．

12

第1章　賭けの精神

5．"我は再び戯れの，骰子に手を振ることあらじ，友は賭場におもむくも，我のみ後に残りなん."　誓う心の空だのみ，鳶色なして場にまろぶ，骰子の音聞けばいそいそと，嬌曳いそぐ仇し女に，似たる我が身ぞおぞましき．

6．サバーを目指す賭博者は，"今日の勝利のこの我に，ありや"とひとり尋ねつつ，心ときめき武者ぶるい，さあれ拙き運の末，思いまかせぬ骰子の数，憎や敵手に味方して，クリタは敵に奪われつ．

7．奇しくあやしき骰子の性，触るれば痛き棘や針，頼みがてなる偽りにあまたの人を悩ましつ，骰子のあやかし身にうけて，心迷いし賭博者は，甘き蜜もて塗りしごと，こよなきものと慈しむ．

8．群れなす骰子は150，心まかせのいたずらを，遮りとどむる術なきは，捷きびしきサヴィトリ［太陽神］の，神の心にさも似たり．力に奢る荒武者の，怒りおそれず，帝王も，骰子には頭垂るものを．

9．低くまろびて高く飛び，不思議や手なき骰子の群れ，手ある人にもうち勝つは，賭場に撒かれし骰子の群れ，冷たきものと思えども，怪しき力そなうらん．燃ゆる炭火の熱さもて，たわむる人の胸こがす．

12．集うや骰子の大いなる，群れを率いる旗頭，中に一際勝れてし，骰子の王者の両の手の，すべての指をさし伸べて，いと厳かに我誓う．"ここに隠せる財なし，嘘偽りはあらじかし."」［「リグ・ヴェーダ賛歌」辻直四郎訳，筑摩書房］

　この詩を読んでみると，無作為性の概念がいきいきと述べられていることが分かる．ここで，手中のヴィビーダカの実の数を確率変数 X とすれば，
$$\Pr\{X = 4m + r\} = 1/4 \; ; \; r = 0, 1, 2, 3 \; ; \; m \text{ は自然数}$$
であることを示している．

　4個のアストラガルスの投げ，掴んだヴィビーダカの実の数を4で割る，など，なぜ古代の人たちが賭博で4という数にこだわったのか？　これは今のところ不明である．

　古代ギリシャと古代インドという2つの異なる文化圏の中で，何らかの形

13

第 1 部　確率論前史

で，賭博に関する知識の交流があったのか？ ギリシャを越えて，インドの金貨の単位であるディーナーラ（dinara）は，名称も重量もローマ帝国の金貨デナリウス（denarius）とぴったり一致していることは暗示的である．

1.6.　インド人は現在も自分たちをバーラタ・ヴァルシャ（Bharata Varsā），つまりバラタ王の国と呼んでいる．バラタ族はインダス河の支流であるチェナブ河とラヴィ河の間に住んでいた部族で，『リグ・ヴェーダ』にも名前が出てくる部族［第3巻, 33 讃歌］である．この部族の子孫とされるクル族（Kuru）の王家の争いを叙事詩に唄いあげたものが『**マハーバーラタ**（Mahābarata）』である．この争いは史実だったとされており，詩の中のカウラヴァ王家（クル族）に対立するパーンダヴァ王家が一妻多夫婚の部族として物語られていることから，両者の衝突はアーリヤ人とヒマラヤ南麓の丘陵地に住むモンゴロイド人種のパンチャーラ族との間の戦争とも見なされる．B.C.1000 年頃，両部族は現在のデリーの近郊で激突したと推定され，勝者バラタ族の名を不滅にしたものと思われる．そしてその叙事詩は前 5 世紀頃に整理され，その後修正増補され，現在の 18 編, 10 万頌の語句にまとめられたのは 4 世紀頃とされている．

『マハーバーラタ』には数多くの挿話があり，中でも有名なのは貞女の鑑とされる『サーヴィトリー物語』や『**ナラ王物語**（Nalopakhyana）』などである．

『ナラ王物語』とは次のような説話である．ニシャダ国のナラ王は徳高く容姿勝れ，特に馬術に巧みだった．しかし，王の唯一の欠点は賭事を好むことだった．ヴィダルヴァ国王ビーマの美しい娘ダマヤンティーを娶り，幸福な日々を送っていた．だが，ナラ王は半神半人の悪魔カリの呪詛により，肉体と魂をカリに奪われ，それがために弟との賭博に敗れ，ついに王国も財産を失い，半裸の姿でダマヤンティーとともに森をさまよい，果ては眠っている妻を見捨てて去った．ダマヤンティーは夫を求めて森の中を駆け回り，さまざまな危難に遭うが，チェーディ国の王妃に救われ，王女の侍女となり，やがてその

14

身の素性がばれて父ビーマ王のもとに帰り，ナラの行方を捜し求めた．ナラは森の中で出会った蛇王の力によって醜い侏儒の姿に変えられ，間もなくアヨーディヤーの王リトゥパルナの馭者になった．旅の途中，リトゥパルナは枝の広がった木の2本の大枝についている葉や果実の数を言い当てて，自分の数学的技能を見せびらかした．明らかに王はこのことを地上に落ちていた1本の小枝についていた果物の数101個に基づいてやってのけた．王は全部で2095個の果実がなっていると断言した．ナラは一晩中かかって勘定し，この推量が正しかったので，びっくりした．リトゥパルナ王は，こんなことをしばしばやってのけ，その都度償金をせしめていたのである．ナラは王の得意とする算術と賭博の秘法（骰子の科学）を授けて貰うことと引き換えに，馬術の秘訣を王に教えた．ナラ王捜索のため派遣されたバラモンから，この馭者の噂を聞いたダマヤンティーは，偽って婿選びの自選式を行うとリトゥパルナ王に知らせた．王はナラの力を借りて，この式に馳せ参じた．この騎馬のコースの終わりに，ナラはカリの毒を吐き出して，普通の姿に戻り，激しいゲームの末，自分の王国を取り戻した．このゲームでは，ナラは自分の永遠に貞節な花嫁を賭けたのである．以上が物語の筋である．

『ナラ王物語』から分かることは，当時インドに**サイコロの科学**，つまり確率論を知っていた人物がいたこと，その人物はサンプリング調査による母数の推定方法を知っていたことである．調査済みの小枝の数 n，大枝の中の小枝の数 N，n 本の小枝の果実の総数 m とすると，大枝の果実の数 M は

$$M = Nm/n$$

と推定される．多分，リトゥパルナ王の推定はこの程度のものと思われるが，果たしてそうだったのかどうか，確証を得るにはあまりにも文献が乏しい．『ナラ王物語』はサンスクリット文学でヨーロッパに最初に流布された断片で，ドイツ・ロマン派の人たちに大いに賛美されたが，文学に関心のある人たちはサイコロの科学とサンプリング調査の問題には無関心だった．

第1部　確率論前史

1.7.　　リトゥパルナ王の推定値同様，古代ギリシャでも統計学との関連で，観測値の最良推定値を求める話が**トゥキディデス**（Thoukydides; B.C.460?–B.C.400?）の『**ペロポネソス戦役史**』（III巻，20 節）に出ている．B.C.428 年ボエオティア地方南部のアテナイ同盟都市プラタイアがペロポネソスのスパルタ連合軍に攻められ，孤立した．籠城して戦うプラタイアにスパルタ軍は兵糧攻めに出て，城壁を築いて囲んでしまった．アテナイからの援軍も見込なく，食料も尽きかけた都市から，スパルタ軍の城壁を乗り越えて脱出するための梯子作りが始まった．敵の城壁の内面は漆喰で塗りつぶしていない部分があって，煉瓦が剥き出しになっていた．煉瓦積みの層を数えて，煉瓦 1 層の厚さを基準に尺度を算定し，必要な高さを割り出した．煉瓦の数の観察は多人数で行われ，どうやら多くの観察値の最頻値をもとに梯子作りが行われたらしい．冬の嵐のある日に，梯子を掛けて城壁を越える脱出が 220人中 212 人成功したという．敵の捕虜になったのは 1 名という．しかし，ギリシャ人たちは，プラタイアの人々が行った工夫を科学的な理論にまで高めることはなかった．

＜参考文献＞────────────────────

確率論前史の最初の論文は

[1] F.N.David 'Dicing and gaming' (Biometrika, vol.42; 1 – 15 頁, 1955 年) である．
　　この論文を敷衍したものが

[2] F.N.David "*Games, Gods and Gambling*" (Charles Griffin, 1962 年)；安藤洋美訳『確率論の歴史―遊びから科学へ』(海鳴社, 1975 年) の第一章である．
　　史上最初の確率論の成書である

[3] G.Cardano "*De Ludo Alea*" (1663 年；同年発行の『カルダノ全集』第 1 巻の中にある) の 30 節「古代人の間の偶然ゲームについて」が我々の知り得る最古の賭博の史的研究である．その他

[4] L.E.Maistrov "*Probability Theory；A Historical Sketch*" (Academic Press, 1974 年；原本は 1967 年ロシア語で発行されている．英訳は S.Kotz による) の第

16

一章「確率論前史」には，古代の遺跡から発掘されたサイコロやアストラガルスの多数回の投げの実験データが記載されている.

[5] Ian Hacking "*The Emergence of probability, A philosophical study of early ideas about probability, induction and statistical inference*" (Cambridge Univ. Press, 1975 年) の第一章「アイデアの欠落した民族」に「ナラ王物語」が紹介されている.

[6] 『ナラ王物語』(鎧淳訳，岩波文庫，1989 年)

[7] 『マハーバーラタ』第Ⅱ巻 (山際素男編訳，三一書房，1993 年)

の当該部分の訳はいずれも意味がとれないので，本文にあるような解釈をした.

[8] O.B.Sheynin 'On the prehistory of the theory of probability' (Archiev for the History of Exact Science, vol.12, 97 – 141 頁，1974 年) にも賭博に関する記事が少し載っている.

[9] R.W.Farebrother 'Estimating and testing the standard linear statistical model' (I.Grattan –Guiness 編 "*Companion Encyclopedia of the History and Philosophy of the Mathematical Science*", vol.2；1309 – 1314 頁，1994 年)

[10] トゥキディデス『戦史』(久保正彰訳，岩波文庫，1966 – 1967 年)

[11] 増川宏一『盤上遊戯』(法政大学出版会，1978 年)

にはいろいろな賭博の器具が紹介してあるが，確率論との関係については全く何の説明もない.

第 1 部　確率論前史

第 2 章　神意と占い

2.1.　古今東西の文献を渉猟して確率論前史を作り上げた統計学者は**カール・ピアソン**教授の最後の助手**ディヴィッド**（Florence Nightingale David;1909.8.23 - 1993.7.18）女史である．彼女は言語学者の家に生まれ，自分自身は言語学を勉強したかったが，「家に二人も言語学者はいらない」との父の言葉で，ロンドン・ベッドフォード・カレジにおいて数学を学んだ．彼女の確率論史の著書『**ゲーム・神々・賭博**』は若い頃の言語学や文学への憧れが凝縮したかのような趣きが感じ取れる名著である．この本の中で，彼女は次のように述べている．

「ほとんどすべての宗教において基本的なことは，ある種のカラクリ（mechanism）によって神に相談が持ちかけられ，そして神の望むことを進んで嘆願者に知らしめるべきかどうかが，決められることである．何人かの人類学者たちは，籤占い，もしくは機械的手段による占いのなかに，多くの簡単な偶然ゲームの起源を見るのである．このことは"鶏が先か，卵が先か"といった類いの問題で，娯楽のチャンスが先か，チャンスによる占いが先かは，実際に決めることができない．しかしながら，偶然ゲームの無作為要素をもって，嘆

図2.1　F.N. ディヴィッド

18

願者に対する神の意志とみなすことは，はっきりとした可能性がある．その場合は，ある魔術をもって無作為要素とみなすのであって，その魔術をじっくりと考察することは不敬にあたると，人々に思わせるような効果をもつものだったに違いない．」[F.N.David, 13 頁]

2.2. 　紀元前 18 〜 17 世紀頃，ヒッタイトの圧迫でバビロニアが脅かされ，カナンの地にいた半遊牧民ヤコブ・イスラエル族がエジプトに移住した．前 13 世紀**ラムセスⅡ世**の頃モーセに率いられたイスラエル族は，出エジプトを図った際，モーセに自らを啓示した神ヤハヴェ（Yahveh）とシナイ山で契約の関係に入ったという信仰に基礎をおいた民族である．以後千年にわたる歴史的史実を述べたものは『**旧約聖書**』である．古代文献の中で，神意を伺うのに偶然のカラクリをふんだんに用いたことが分かるのも『旧約聖書』である．このユダヤ教の原典ともいえる書物以外にも，ヘブライの共同社会の中で継承されてきた聖書の古写本群の注釈や民族の伝承などを，ユダヤ律法学者（Rabbi）たちがまとめ，解説したものが 6 世紀頃に集大成された『**タルムード**（Talmud）』である．「タルムード」とはヘブライ語で教義とか教訓とかを意味する言葉である．『タルムード』は本文のミシュナ（Mishnah）と注釈のゲマラ（Gemara）からなる．『聖書』と『タルムード』に出てくる偶然事象の解釈について考察を加えたのは，**ハソーヴァー**（A.M.Hasover, 1967 年 ）と**ラビノヴィッチ**（Nachum L.Rabinovich, 1973 年）である．彼らの研究によると，古代ユダヤ教徒たちは偶然のカラクリに籤を利用した．この籤の使い方が 2 通りある．その第一の使用法は

（A）「**人は籤を投げる．しかし事を定めるのはまったく主である．**」
　　[『箴言』16:33]

との記述である．モーセの死後，後継者ヨシュア（Joshua）の統率のもと，

19

第1部　確率論前史

ヨルダン川を渡ったイスラエルの民はカナンを占領する．カナンは高い城壁で防備された多くの都市国家が存在していた．エリコの町も難攻不落と思われたが，神ヤハヴェの教えに従い，周囲を7回廻り，ラッパを吹くと，奇跡的に城壁は崩壊したという．しかし，アイの町ではイスラエルは敗北した．それはユダの部族のアカンが神の戦いの定めを破って戦利品を横取りしたからだった．

> 「主はこう仰せられる．"イスラエルよ，あなたがたのうちに，滅ぼされるべきものがある．その滅ぼされるべきものを，あなたがたのうちから除き去るまでは，敵に当たることはできないだろう．それゆえ，明日の朝，あなたがたは部族ごとに進みいで，主が籤を当てられる氏族は家族ごとに進みいで，主が籤を当てられる家族は，男一人一人進み出なければならない．そしてその滅ぼされるべきものを持っていて，籤を当てられるものは，その持ち物全部とともに，火で焼かれなければならない"‥‥アカンが籤に当たった．」[『ヨシュア記』7, 13 − 26]

この部分の解説書であるミシュナには

> 「主，ヨシュアを祝福して曰く，"イスラエル人は罪を犯した"と．ヨシュア，主に尋ねる‥‥主答えて "行きて，籤で占え" と．そこでヨシュアは進み出て，籤占いをし，籤はアカンの上に落ちた．アカン，ヨシュアに曰く．
> "ヨシュアよ，単に籤が落ちたからといって，お前は私に罪を着せるのか？汝と司祭エレアザールは2人ともこの世代の偉人だが，しかし私が籤占いをしたら，籤はお前たちの誰かに落ちるかも知れない"と．ヨシュア曰く，"私は汝に乞う．籤の結果についての中傷は止めよ"．というのは「土地は籤をもって分け」られるだろうと書かれているように，エレツ・イスラエルは籤により分割されているのだから．」[『Sanhedrin』43 b]

第2章 神意と占い

この籤はいかさまで，結果は最初から分かっていたが，籤引きの結果が神意という儀式を必要とする．この場合，罪人であるアカンが，籤は等確率で結果が出ると主張しているのが面白い．籤の結果が純粋の遇運ではないかと，疑問を呈したがゆえに，このような注釈が加えられたのだろう．ラビたちは，籤引きが特別の要求によって行われ，他の可とされた手段との係わりあいの中で行われる時，神からの知識を啓示すると指摘した．元来，ユダヤ教の律法（Torah）の語源は，籤を投げることにより与えられる指図のことで，籤は誰でも投げられるわけではなく，指導者しか投げることができなかった．

「あなたが追い払うかの国々の民は卜者，占いをするものに聞き従う・・・・しかし，あなたには，あなたの神，主はそうすることを許されない．」

［『申命記』18，14］

とあるので，公式には籤が占いに使われなかった．

2.3. 『旧約聖書』には籤が公平な分割・分配のために利用されたことを示している．その一つ

（B₁）財産もしくは特権の公平な分割

の例として，イスラエル族のカナンの土地の割り振りがある．紀元前1200年頃，モーセの率いるおよそ60万人のイスラエル人はカナンに侵入し，都市国家との衝突を避けつつ，パレスチナ中央山地の所々を開拓して定住した．

「主はモーセに言われた．これらの人々に，その名の数に従って地を分け与え，嗣業とさせなさい．大きい部族には多くの嗣業を与え，小さい部族には少しの嗣業を与えなさい．・・・・ただし，地は籤をもって分け，その父祖の部族の名に従って，それを継がねばならない．すなわち，籤をもってその嗣業を大きいものと小さいものとに分けなければなら

ない.」[『民数記』26, 52 - 56]

この事柄をミシュナが解説している.

> 「司祭エレアザールはウリムとトンミムを着用しつつあった. 一方, ヨシュアとすべてのイスラエル人は彼の前に立った. 12部族の[名前入り]の壺と, 国境を明示した壺が前におかれた. 神の御霊により活力を与えられた司祭は指示を与えて叫ぶ. "ゼブラン"が出頭し, それと一緒にアコの境界線も決まる. [その後]彼は部族の壺をうまく撹拌し, ゼブランが籤を引く. [同様に]彼は境界の方の壺もうまく掻き混ぜ, アコの境界線[の札]が手に入るようにする. 再び神に祈り, 彼は指示を与えて叫ぶ. "ナフタリ"がやってきて, ガネザールの境界線も決まる. [その後]部族の壺をうまく掻き混ぜ, ナフタリは籤を引いた. このような方法で, すべての[他の]部族の領土が決まった.」[『Bava Bathra』;122a]

籤の結果が籤引き前に告げられるということは注目すべき面白い点である.
それも籤が神の意志の表現であることの強調である. この節について注釈を書いたラビ・サムエル・ベン・メイル (Rabbi Samuel ben Meil;1085 - 1158) は「彼らはまずウリムとトンミムに相談している. そのことは, 指定された人が壺から籤を引く前のことである. ユダヤ人たちの心が平静であるために

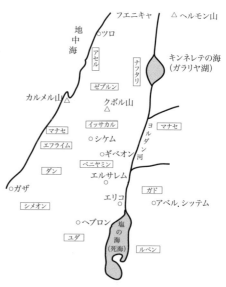

図 2.2　カナンの 12 部族の土地

第2章　神意と占い

も，籤が予言通りになることが分かるためにも，神意が正直であることを認めるためにも」籤引きの方法が直接的な方法でなく，入念に暗合した方法で行われたようだと述べている．ここで出てくるウリムとトンミム（Urim and Thummim）は司祭が審判の際，神意を伺った品物で，宝石か金属の類いと思われる．　土地を貰える司祭と土地を貰えない司祭補佐（Levite）に対し「これらは彼らの住む町である・・・・それらに対しても籤によって与えられた」[『歴代志上』6, 49 以下]．司祭の一家が神殿で祭式を執行する順番も「皆等しく籤によって分けられた」[『歴代志上』24, 5]．そしていろいろな祭式に対する司祭補佐の氏名も「・・・・籤を引いた」[『歴代志上』24, 31]．さらに「彼らはそれぞれ門を守るために，小なる者も，大なる者も，等しく，その氏族にしたがって籤を引いた」[『歴代志上』26, 13]のである．

さらに

（B₂）　籤は義務と責任の公平な分配を保証するため

にも用いられた．カナンの地に定着してから，紀元前 1000 年頃サウルが初代イスラエル王に推挙されるまでを士師記の時代という．その頃，ベニヤミンのギベヤで客人の妾が人々に一晩中浚辱された末，惨殺される事件が起こった．出エジプト以来，そのような道徳的に退廃した事件はなかったので，イスラエルの人々はギベヤを懲罰しようとし「我々は今ギベヤに対して，籤を引いて攻めのぼりましょう．そしてすべての部族から 100 人につき 10 人を選び・・・」[『士師記』9 － 10] 攻撃部隊を編成したという．

紀元前 960 年からソロモンの栄華といわれるイスラエル王国全盛時代がくる．しかし，栄枯盛衰は世の常，前 922 年頃には徴税の不満から国は二分し，北イスラエルと南のユダの王国に分離した．その後，両国は周囲のアッシリアやエジプトに右顧左眄し，なんとか命脈を保ってきた．しかし，前 598 年新興の新バビロニアのネブカドネザルは容赦なくエルサレムを落とし，さらに前 587 年にも 2 回目の侵攻を行い，神殿を破壊し，多数のイスラエル人を捕虜としてバビロンに連行した．世にいう**バビロンの捕囚**で

23

ある．彼らが故郷に帰れたのは，ほぼ60年後である．彼らはまず破壊された城壁の復興からイスラエルの再建を始めた．「民の司たちはエルサレムに住み，その他の民は籤を引いて，10人のうちから1人ずつを，聖都エルサレムに来て住まわせ，9人を他の町に住まわせて」[『ネヘミヤ記』11, 1] 労働力を確保したことが分かる．また，神殿に薪をもってくることも「我々司祭，司祭補佐および民は籤を引いて，我々の神，主の祭壇の上に焚くべき薪の供え物をする者を決めた．」[『ネヘミヤ記』10, 34]

このように見てくると，時代が経つにつれて，籤は (A) 神意の表現といういかさま籤から，(B2) 等確率の籤へと変化していったことが読み取れる．

2.4.

『旧約聖書』では籤を意味する言葉は Goral (ﾘﾘﾘ) と呼ばれ，小さい玉や石を指した．だから当初は「**籤を投げる**」という言い方がなされ，「籤を引く」とは言わなかったようであるが，現代の感覚で「籤を引く」と訳している．というのは，ミシュナによると，次のような場合も籤を引いたというのである：

「籤はどのように引くか？司祭たちが円形に並び，1つの数，例えば80でも100でもよい．とにかく彼らが同意する数を1つ決める．役員は彼らに向かって"あなた方の指を示せ"と叫ぶ．そして司祭たちは自分の指を1本または2本押し出す．親指は聖所 (Sanctuary) では押し出してはいけない．というのは親指はペテン師であるから；親指は短く，押し出しやすく，内側に曲げやすい．それゆえ，もし親指が押し出されたら，数えられないこともある．役員はまず，彼が司祭職に進級させた指名者から数え始める．彼は押し出された指の上を数えて行き，それらの総数が同意した数に達するまで，ぐるぐる回り続ける．同意した数に達した時の持ち主が，まず神殿奉仕のための籤を引いたことになる．」

第 2 章　神意と占い

では，なぜ指を数えるのか？人を数えてはいけないのか？なぜなら

「ある他の目的による以外は，ユダヤ人を数えることは禁止されているから；というのは，人を羊並みに数えることになるから」[『サムエル記上』15，4]

このことは今風の籤とは違った籤である．誰もが 1 本ずつ指を出すとき，m を人数，X を皆が同意した数とすると，確率変数 X は m を法として $0, 1, 2, \cdots, m-1$ の上に均等分布をしていることが分かる．

　神殿に奉仕する役に当たることは，司祭にとり名誉なことだった．そのため体調の勝れぬ司祭も奉仕役に選ばれたいと無理をする傾向があった．それで心やすく休養して貰うために，元気な司祭は 2 本の指を，体調不良の司祭は 1 本の指を差し出すことにより，先と同じ操作で籤引きすると，体調不良の司祭の当たる確率は元気な人に比べて半減する．

$2.5.$　　ユダヤ教の世界では偶然性に依拠する籤は大いに使用された．ところがキリスト教の世界では偶然性が否定され，籤はご法度になる．『**新約聖書**』では

「彼［イエス］を十字架につけてから，彼ら［ローマ兵たち］は籤をひいてイエスの着物を分け，そこに座って見張っていた」[『マタイ福音書』27 章 35 − 36；『マルコ福音書』15 章 24]

とあることから，籤引きが野蛮な行為，不敬な行為と認知された．このことはキリスト教世界ではルネッサンスになるまで確率論は研究されず，また研究した人々がことごとく破門の恐怖にさらされたか，カトリックの信仰を放棄した原因になっている．イエス処刑以外に『新約聖書』には籤や偶然性にかかわる記述はない．

25

第1部　確率論前史

2.6.　偶然のカラクリによる籤占いは『旧約聖書』の世界では戒律により禁止されていたが，中国・チベット・ギリシャ・ローマなどで行われていたことが分かっている．ローマの愛国者**タキトゥス** (Gaius Cornelius Tacitus; 55？– 120？) は『**ゲルマニア** (Germania)』の中で，ドイツにいるゲルマン民族の占いについて書いている：

> 「彼らほど占鳥，特に占いを尊ぶものはない．籤占いの方法は簡単である．まず果樹から切り取られた細枝を小片に切り，ある印を付けて，これを偶然なるままに真っ白な布の上にバラバラと撒き散らす．ついで，もしこれが公の占いである場合はその国の司祭が，私的に行われる時は家長自身が，神に祈り，しかして天を仰いで，その一つ一つを取り上げること三度にして，取り上げたものを予め付された印にしたがって解釈するものである．」[『ゲルマニア』田中秀央・泉井久乃助訳，第一部の十，岩波文庫]

　共和制時代には，ローマでも占いの結果は比較的尊重され，**占鳥官**という役人までいた．鳥の飛び方，また偶然仰ぐ空に鳥が現れてくる数や方角により占うのが，占鳥官の役目である．占鳥用の家禽も飼育されていたという．少なくとも**コンスタンチヌス大帝**の時代 (313 – 337) まで，あらゆる種類のいかがわしい占いの行為が，ローマ帝国では行われていた．コンスタンチヌスの時代になって，キリスト教が国教として公式に採用されたことにより，籤による神の意志の推察は中止された．とはいえ，占いが絶滅したわけではない．本の持てる階層では**ヴィルギリウスの詩編占い** (Sortes Virgilianae) が何世紀にもわたって行われていた．ヴィルギリウスの本が無作為に開かれ，開かれたその頁にある章句がまた無作為に選ばれ，それから説明を要する状態にそれが適用された．中世暗黒時代，ヴィルギリウス (B.C.70 – B.C.19) はローマ神話の作者ではなく，死者の霊感により未来の出来事を示す術を使う者 (Necromancer) と見なされていたのである．この

26

占いでは，一種の**乱数表**としてヴィルギリウスの本が使用されたのである．

2.7. 占いの研究は主として民俗学の分野に属する．そうであるならば，我々は**フレーザー卿**（James George Frazer；1854.1.1 – 194.5.7）の研究を無視する訳にはいかない．『**金枝篇**（The Golden Bough）』全12巻の作者として著名なこのスコットランドの社会人類学者は，また2世紀のリュディア人の地理学者パウサニアスの『ギリシャ記』の翻訳と注釈を行った．それは『パウサニアスについての注釈』(1913年)として出版されたが，その中にアストラガルスが賭博としてだけではなく，占いにも使われたことを述べている．

ギリシャやローマでは4個のアストラガルスを一度に投げ，投げの結果によって未来が探られた．ヴィーナスの投げ（目が1346）は好都合の前兆だったし，犬の投げ（目が1111）は不都合の前兆と捉えられた．一方，小アジアの碑文には5個のアストラガルスが用いられたことが示されている．

図2.3　フレイザー卿

「1, 3, 3, 4, 4 = 15　**ゼウスの投げ**（確率およそ 0.077）
　1個の1，2個の3，2個の4．
　汝の企てる行為を，大胆に行え．
　汝それを手に入れよ．神はこれらに良き前兆を与えん．
　汝の心それにたじろぐな．凶事は汝に降りかかってこないから．

第1部　確率論前史

6, 3, 3, 3, 3 = 18　善良なクロノスの投げ（確率およそ 0.013）

1個の 6 と 4 個の 3.

急ぐな，神意に反するから，時を待て.

盲の同腹の子犬を産んだ雌犬のようになるな.

汝静かに策を練れ. すると完璧なものになるだろう.

6, 4, 4, 4, 4 = 22　ポセイドンの投げ　（確率およそ 0.013）

1個の 6 と 4 個の 4.

海の中で種を蒔き，字を書くこと.

これらはいずれも骨折り損の，浅ましい行為だ.

汝に害を与える神に乱暴するな. 汝の術と同じで滅びるだけだから.

4, 4, 4, 6, 6 = 24　子喰いのクロノスの投げ（確率およそ 0.006）

3個の 4 と 2 個の 6. 神は次のごとく宣う.

汝の家にて時期を待て. どこへも行くなかれ.

貪欲で破壊的な獣を汝の側に近づけるなかれ.

この用向きは安全とは思えぬから. しかし汝の時期を待て.」

このように投げの結果で神託が行われたが，すべての投げの結果に意味付けがなされた訳ではない. すべての投げの結果は $4^5 - 1024$ 通りある. それらをすべて列挙することなど，ギリシャ時代には及びもつかなかった. "子喰いのクロノスの投げ" は他の投げの結果より出にくいという事実の中に，多くの思い入れがあったのは理解できるであろう.

28

第 2 章　神意と占い

＜参考文献＞

この章全般については，やはり前出の

[1] F.N.David "*Games, Gods and Gambling*" (1962 年)

が参考になる．『旧約聖書』に出てくる偶然のカラクリについては

[2] A.M.Hasover 'Random mechanisms in talmudic literature' (Biometrika, 54 巻，1967 年，316 – 321 頁)

[3] N.L.Rabinovich "*Probability and Statistical Inferance in Ancient and Medieval Jewish Literature*" (Univ. of Tronto Press, 1973 年) の第二章．

[4] O.Sheynin 'Stochastic Thinking in the Bible and Talmud' (Annals of Science, 1998 年，55 巻，185 – 198 頁)

引用した聖書は

[5] 日本聖書協会の「『聖書』(口語訳) (1955 年改訳)

によった．また古代イスラエルの歴史については

[6] 木田献一『旧約聖書概説』(第 2 版，聖文社，1983 年)

によった．占いについては

[7] M.G.Kendall 'The Book of Fate' (Biometrika, 48 巻，1961 年，221 – 222 頁)

[8] タキトゥス『ゲルマニア』(田中秀央・泉井久之助，1979 年，岩波文庫)

によった．

29

第1部 確率論前史

第3章 古代における
蓋然論の概念

3.1. ギリシャ科学はいくつかの分野で近代的な発展の重要な先駆となった．顕著な例として，ユークレイデスの幾何学やプトレマイオスの天文学などが挙げられる．そればかりか，ガリレオやニュートンの時代以来，科学を支配した基本的な概念は，萌芽的な形をとるとはいえ，既にアルキメデスの時代には知られていた．可視的なものから非可視的なものを推測する方法は，ギリシャの原子論者たちによって適用されているという人もいる程である．こういう見解には『**すべてはギリシャに始まる**』というヘロドトス流の信仰が因をなしていることは間違いないところだが，そんな信仰を奉ずる人でも，確率概念はギリシャに始まるという説を真面目に提唱する気にはなれないだろう．しかし確率概念をギリシャ人が全くもっていなかったとは言い切れない．可能 (possible) 性と蓋然 (probable) 性を結合したものと，認識論・幾何学 (数学)・帰納科学とが接触する点において，ギリシャ人たちの思考が浮き彫りにされてくる．

3.2. **もっともらしい** (plausible) または**確からしい** (probable) ということを表すギリシャ語は εἰκόs である．この語はソクラテス (Socrates；B.C.469 – 399) 以前の文献にも，またヘレニズム時代にも使用されており，今日用いられているのと同じ意味，つまり「ある確からしさの程度で期待されること」の意味に用いられている．

30

詩人でソフィストの**アンティフォン**（Antiphon，前5世紀）によれば，残っている断片のなかで「誰かが何事かを正式に始めたときは，いつでもそれが終わるであろうということは<u>もっともらしい</u>（εἰκός）」と述べている．

デモクリトス（Democritos；B.C.466 - 371）は「法によりあらかじめ犯罪を犯せないようにされた人は，秘かに悪事を働く**可能性**があろう」と言ったとされている．

図3.1　デモクリトス　　　　　図3.2　クリュシッポス

クリュシッポス（Chrysippus；B.C.282 - 206）は「我々は<u>もっともらしい</u>と思われる事柄だったら，容易に，たとえ理屈に逆らっていようとも採用するが，<u>もっともらしくない</u>と思われる事柄は信用しない」と述べたことが，**プルタルコス**（Plutarchus；46？ - 120？）の『饗宴録』に記載されている．

プラトン（Platon；B.C.427 - 387）は，ソクラテスの雄弁術の練習についての議論のなかで，εἰκός の科学的意味について核心に触れる議論をしている．すなわち

「一般に裁判所では真理については何も注意せず，有罪の決定についてのみを問題にする．そしてこのことは'らしさ'に基づくものであり‥‥つまり，告訴にも弁明にも，そうらしくなされなかった場合などには，な

第1部　確率論前史

されたそのことをいう必要はなくて，どうである'らしい'かを言えばよいのだ」[『パイドロス』272D]
と述べている．さらに，彼は"真理に似ているらしさ $(ὁμοιότης\ τοῦ\ ἀληθοῦς)$"[『パイドロス』273D] として $εἰκός$ を定義しているが，それはラテン語の"verisimilitudo(本当のように思われること)"やドイツ語の"Wahrscheinlichkeit(蓋然性)"と同じ意味である．真理の特性の一つは，我々がそれを認めて受け入れるか，それとも認めず拒否するか，いずれかである．それに対し $εἰκός$ は確信に思い違いをさせることがある．

図3.3　プラトン　　　　　　　図3.4　アリストテレス

アリストテレス (Aristoteles；B.C.384 - 322) は「信じがたい可能なことよりも，もっともらしい不可能なことを選ぶべきである．同時にまた物語の筋は不合理な部分から構成されるべきではなくて，できればどんな不合理なことも含まない方がよい．しかし，それができなければ，その不合理なことは挿話としておかれるべきである」[『詩学』460a, 27 - 30] といって，$ἀπίθανον$ (信

じにくいこと，納得しにくいこと）と εἰκός とを対比させている．

また，アリストテレスは

「修辞推論は［1］'ありそうなことども'［まあ，そんなところか］か，［2］徴候（sign，σημειον）どもからの推論である．［1］'ありそうなこと'と［2］徴候とは同一ではなくて，［1］'ありそうなこと'は一般に納得される前提である．というのは，それは大抵の場合，人々がその通りに生じてくるとか，生じてこないとか；あるとか，ないとかと知っているまさに当のことが'ありそうなこと'なのである．例えば，嫉妬する人々は憎む'とか'恋する人々は愛する'とかの類いである．これに対し［2］徴候は［イ］必然な，あるいは［ロ］一般に納得される，論証の前提たることを意図している．というのは，それがあると［他の］事実があり，それが生じてきたなら［他の］事実も，それより先にか，後からか生じてきた，その当のものが［他の事実の］生じてきたか，現にあるか，の徴候だからである．」［『分析論前書』70 a］

つまり，εἰκός は一般的に是認された命題で，いかなる種類の証明にも基づかない実証的な命題である．それと対照的に，徴候から出発した蓋然的命題は，主語と述語が因果関係で結ばれて引用されるので，高度の確実性をもつ．

　プラトンもアリストテレスも，しばしば尤もらしさの命題は実証性に欠けると指摘しているのが特徴的である．プラトンの『パイドロス』では，**シミアース**（Simmias；テーバイの人，ピュタゴラス学派，ソクラテス脱獄のための金を用意してアテネに来たという）はソクラテスに「魂は調和であるという命題は，私にとって証明されたわけではなく（ἄνευ ἀποδείξεως），なんとなくそうらしく，尤もであるように見えただけなのである（μετὰ εἰκότος）」［92 D］と言っている．『**テアイテトス**』では，ソクラテスは確からしさに基づく論証において，論理的強制（ἀνάγκη）の欠如に伴う欠陥を見出し，そして「幾何学者の誰か他の者なりが，これを用いて幾何をやろうとするならば，ほんの骰の目一つの

第1部　確率論前史

値打ちもないことになるかも知れない」[162 E]と付け加えている．結局，ある哲学者たちによって存在ということに関する真理探究が提起されたときアリストテレスは「彼らは尤もらしく（$\varepsilon\iota\kappa\acute{o}\tau\omega$s）は語るが，何が真実（$\dot{\alpha}\lambda\eta\theta\hat{\eta}$）であるかは語っていない」[『形而上学』1010 a 4]とそっけなく宣言している．

3.3.　経験的要因が，時間的要因とは独立に，数学的真理を作ったのと同じ無難な基礎の上に立っていないという事実に気が付いたギリシャ人たちは，とても印象的な術語を作り出した．**シンプリキオス**（Somplicius；6世紀頃）は「プラトンは自然科学（$\wp v\sigma\iota o\lambda o\gamma\acute{\iota}a$）を蓋然性の科学（$\varepsilon\iota\kappa\acute{o}\tau o\lambda o\gamma\acute{\iota}a$）と呼んだ．アリストテレスも同意見で，精密科学は直接的で信頼性のおける原理から湧出せねばならないし，また正確で本質的に原初的な原因から生じなければならない」[『アリストテレス自然学について』, 325]と言っている．この定義は後に**ヒューム**（David Hume；1711.4.26 – 1776.8.25）の「人間の理性を・・・・知識によるもの，証拠によるもの，蓋然性によるものに区別する．知識ということで，私は観念の比較から起こる確証を意味する．また証拠ということで，原因と結果の関係に起因していて，疑いや不確かさの全くないような立論を意味する．そして，蓋然性ということで，なお不確かさを伴う程度の明証性を意味する」[『人性論』第11節]という見解につながる．

　予報を執り行う科学である$\wp v\sigma\iota o\lambda o\gamma\acute{\iota}a$のもつ上記のような特性についての見解には，$\varepsilon\iota\kappa\acute{o}\tau o\lambda o\gamma\acute{\iota}a$と同じように，非常に進んだ認識論的洞察力が見られるのに，なぜそれがもっと量的な方向に確率概念を発展させられなかったのかが問題となる．量的な方向への発展には二つの場合が考えられる．一つは数学的武器として組合せ解析を開発することであり，これについては別に章を取って論じたい．他の一つは同等な可能性の場合という概念，つまり離接（disjunction）と可能性の概念を丹念に作り上げるという論理的側面からなる．

第3章 古代における蓋然論の概念

3.4. 仮言的な離接命題は，まずアリストテレスの弟子**テオフラストス**（Theophrastus；B.C. 372 – 287）とロドスの**ユーデモス**（Eudemus；B.C. 335?）により考察され，後にストア学派によって発展させられた．可能性の論理に対し，あらかじめ重要で，我々の関心を引くものに排反的離接がある．

「AかBかCか‥‥いずれかが真である」

というとき，成分要素の唯一つだけが真のとき，この命題は真になる．B, C, ‥‥が偽とすると，そのときAの真なることが証拠だてられる．この点に関して文献に引用されている大多数の例は，「その数は奇数か偶数かのいずれかである」（偶奇論）という2成分からなる離接であり，極めて少数の例として「ある線分が他の線分に等しいか，それより大きいか，小さい」（全順序）という幾何学から取られた3成分の離接が見いだされる．

　しかし我々には論理的可能性より，むしろ経験的可能性の方に関心があるので，3成分の離接の形式を**クリュシッポス**の解説によって説明しよう．彼はいくつかの動物は論理的結論を引き出す能力があることを見てとった．例えば，1匹の動物を追って猟犬が三叉路に来たとする：猟犬はそのうちの2つの道に沿って臭いをかいだが，何の臭いもしなかった．するとその後で，犬はクンクンとかがないで，第三の道に沿って追い始めた；だから犬は人間と同じように論理を伴う才能を賦与されて行動していると，クリュシッポスは結論付けた．

　しかし，あることが正しいか，それとも間違っているかについて，直接決定できないような場合における可能性のカテゴリーについてはどうなのか？必然と不可能との間のどこに可能な場所があるのか？離接命題が持ち出される前に，可能性の概念はアリストテレスによって論じられた．

　　「例えば，"海戦は明日あるだろうか，それともないだろうか"ということは必然である．けれども"海戦が明日行われる"ということも，また"海戦が明日行われない"ということも必然ではない．」[『命題論』19a30]

この文章の分析は「明日海戦が起こることは真か，偽か，どちらかであろう」

という二者択一の必要性のみ認めているが，しかし明日海戦があるだろうということが，今日既に真か偽か分かっているという考え方を棄てている．これは術語「真である」と「真でない」が，事象が実現するまで意味をなさない場合の例である．この点において，アリストテレスは絶対的な決定論者ではなかった．

完全に決定する未来に関する予測だけは，確認される以前に真か偽か決めることができる．このことは天体運行の再帰系列に適用されることが『生成消滅論』(338b14) などに見られる．だからアリストテレスにとって，部分的に可能性は起こりつつある必然性と一致するし，また人間の行為のように純粋に偶然に左右される要素も含み，ラプラス的な決定論によって予測できない場合を，一部分含んでいる．新プラトン学派の**カルネアデス** (Carneades；B.C.213? - 129) は

> 「"全くのイデアにすぎない完全なる確実性を補うために，我々は蓋然性をもち，かつそれで十分である"とし，蓋然性のある度合を区別し，行動の規則を設定し，その規則により，もしも何かが非常に probable であったなら，そのときそれは実際上確実と見なすべきであり，人はそれに応じて行動すればよい」

と述べたという．カルネアデスはこの世に自分の学説を公表しなかったが，弟子**クレイトマコス** (Kleitomakhos；B.C.186? - 109) が二次資料の形で残してくれたのを，後世の哲学者**ブロシャール** (Victor Charles Louis Brochard；1848 - 1907) が『ギリシャ懐疑学派 (Les Sceptiques Grecs)』(1887 年，1932) で上記のような形にして紹介している．このような可能性の多義性が蓋然性の概念の発展にとって，最初の障壁となったであろう．任意の事象の確率についての古典的陳述は，**すべての場合が " 同等に可能である " という仮定**，つまり各々の場合が原因として考えられる場合の集団 (collective) の間で十分同等性をもつという仮定に基づいている．しかし，ある事象の随意性，もしくは非決定性という考え方，それらに非物理的性質がいつも影響し得るという考え方が，同等の可能性という仮定を突き破るのである．

3.5.
アリストテレス以後，発展の方向は2通りに別れる．一つは**エピクロス**(Epikouros；B.C.341‒270；サモスの人，心の安静を説く)学派の説く不確定の考え方である．この学派の一人**ルクレーティウス**(Titius Lucretius Carus；B.C.94？‒50？)は『**物の本質について**』において

> 「原子は自身の有する重量により，空間を下方に向かって一直線に進むが，その進んでいる時に，全く不確定な時に，また不確定な位置で進路を少しそれ，運動に変化をもたらすと言える位なそれ方をする」[Ⅱ巻, 217‒219]

と述べているが，原因が分からずに存在するこの偏差は"同等に可能な場合"というものを明確に定義しようとする考え方を排除するものである．原子の変動(clinamen)を用いて確定しない事柄を，純粋に物理的性質の領域の中に拡張したのがエピクロス学派である．

しかし，それと反対に，厳密な決定論の考え方を最高度に発展させ，実在全部の因果関係の概念も大いに発展させたのは**ストア学派**である．それゆえ，ごく自然に可能性の概念を最も明確に把握し，最も精密な定義を与えたのはストア学派だった．偶然論についてのエピクロス学派の仮定に反対する論争

図3.5　カルネアデス

図3.6　エピクロス

において，ストア学派が経験を持ち出すのは，因果関係の問題に対してストア

第1部　確率論前史

学派が帰納的に接近したことを一番よく特徴付けている．**プルタルコスは『ス
トア学派の矛盾について**（De Stoicorum repugnantiis）』の中で

> 「サイコロや秤りや，ある内的なもしくは外的な原因なしには落ちること
> も常軌を逸することも決してない多くの他の事柄を示すことにより，自然
> に関する因果関係の欠如を強いるような人々にクリュシッポスは反論す
> る．というのは，原因もしくはチャンスが欠如しているようなものは存在
> しないからである．何人かの人たちが勝手気ままに偶然的な物と呼んで
> いるものに注目する出来心のなかには，我々から見て，ある方向に運動を
> 決定する原因が隠されていることがままある」［1045 B］

と述べている．17世紀に初めて確率計算に刺激をもたらしたサイコロの投げ
の例と，我々に原因を隠している事象としてのチャンスを定義することの二
つが注目される．ストア学派は前ソクラテス期の機械論者の段階を辿りつつ，
ある程度まで一般的な因果律のアイデアを予知していたが，可能性というも
のをチャンスの概念と同じように，人間の知識の不完全さの結果と見なした
だけである．

3.6. 　さらに時代は下がってヘレニズム時代になると，広く容認された
可能性の定義は

> 「可能性とは真であるか，もしくは真であろうというもの」

といったメガラの**ディオドルス**（Diodorus；B.C. 8 ？ - ？）の定義である．この
ように，可能性というものを，現実的に生起すること，または潜在的に生起す
ること（起こる可能性のあること）とを同一視したことは

> 「可能性とは，たとえそれが起こらなくても，何物かによって生起を妨げ
> られないこと」［プルタルコス『ストア学派の矛盾について』］

38

第3章　古代における蓋然論の概念

と定義したストア学派の挑戦を受けることになる．同時に，ストア学派は，可能性が“運命によって生起する事柄”の一部であることを主張し，世界の偶然の仕組みの総合的なものと見なした．つまり，ストア学派の一人，アフロディシアスのアレクサンドロス（Alexandros Aphrodisias；2世紀の人）は次のように推論する：

> 「2つの互いに排反な可能性AとBとが存在すると仮定する．そのとき，Aが実現しないことは，Bが実現することを意味する．それゆえ，Bを生起に導くところの因果関係がAの生起を妨げる根拠であり，AとBの両方が因果の型としては然るべきものをもっている．しかしながら，Aは生起しなかったけれども，可能なものと仮定できるという事実は，未来の，すなわち完全な因果関係の無知に原因があるとされる．可能性のカテゴリーに意味を与えるのもこの無知であるし，首尾一貫した決定論者として“同等に可能な場合”の存在と，そのうちの一つのみが起こるつもりであることが必要条件であるとするのも，この無知である．」［アレクサンドロス『運命について』10章］

これは近代のラプラスの考え方そのものである．

　しかし，ストア学派はなお命題の分類から出発して，その問題に別の方面から接近しようとする．すなわち，ある命題は，たとえ真であるとしても，必然である必要はない．“必然”という言葉は，常に真なる論理的（または数学的）命題で，時間にかかわりない命題に対して保持されるものである．しかしながら，未来事象についての命題は，事象の実現の後でその意義を失うものであって（あるいは，それらは生起して偽なることが証明されて後），ある可能性をもつ命題である．それゆえ，命題「明日そこで海戦があるだろう」は，たとえそれが真であることが証明されたとしても，必然性のある命題ではない．ストア学派によって引き出された結論は，事象それ自体は完全に決定できるけれども，必然的な事象ではなくて，すべての経験的事実のように可能性のカテゴリーに属するものである．

39

第1部　確率論前史

3.7.　以上の説明から，ギリシャ時代でも確率論の本質的基礎：つまり，いくつかの排反な結果がある条件のもとで可能であることは明らかにされていたが，その次の段階，ある確かな結果の可能性をすべての可能性の和で割るというところで行き詰まってしまった．天才民族であるギリシャ人がそのことに気がつかなかったのは数学史上の一つの謎とされてきた．考えられることは

(1) 頻度の安定性を直観的に把握させるゲームを哲学者たちは蔑視したこと．
(2) 記数法の不備と，乗除算の欠如によること．

まず第一の点であるが，古代ギリシャにおいて，アストラガルスやサイコロを用いる偶然ゲームに，理論的アプローチが全くなされなかった．この点について，**ヨハン・ホイジンガ**(Johan Huizinga；1872.12.7 – 1945.2.1)は『**ホモ・ルーデンス**(Homo Ludens)』の中でヒントを与えている．**遊び**という言葉には

子供に関することとか，子供に属するものという意味の $\pi\alpha\iota\delta\iota\alpha$，
ふざけたこととか，つまらぬものという意味の $\alpha\theta\upsilon\rho\omega$，
試合とか競技を意味する $\alpha\gamma\omega\nu$

の3種類があるというのである．アストラガルスによる遊びなどは<u>パイディーア</u>であった．それに反して，ギリシャ文化，ギリシャ人の日常生活のなかで異常なまでに大きな意味をもっていたのは，3番目の<u>アゴーン</u>であった．だから子供だましのサイコロ投げなどは，大人のやるべきことではなかったのかもしれない．**プラトン**は

「(体育場内)では子供たちが生け贄を捧げ終わって祭りの行事は殆どすみ，皆着飾ってサイコロ遊びをしていた．大抵の者は外

図3.7　ホイジンカ

40

の中庭で開帳していたが，中には脱衣場の隅でいくつかの子籠からいろいろなサイコロを取り出し，それで丁か半かとやっている者もあった」[『リュシス』206 D]

というように，偶然ゲームを餓鬼どもの遊びと半ば軽蔑して表現している．本来は放浪者であり，遊び人だったソフィストたちも，自分たちの活動と遊びの性格をよく自覚していた．彼らが熱中したのは智恵を働かせ，相手を陥穽仕掛けの質問に引っかけてやろうとする遊び，つまり $προβλημα$（プロブレーマ，問題）であった．そしてそれはアゴーンの形式として，弁論術になっていた．そんな雰囲気のなかで，確率の素地であるアストラガルスやサイコロの投げは子供遊び（パイディーア）のなかに閉じ込められてしまった．

3.8. ギリシャの記数法はローマの記数法にくらべて不便だったし，ましていわんや 10 進記数法と比べると極めて能率の悪いものだったことは，あまねく知られている．記数法の不備が組合せ数学の発達を妨げたであろう，今日 Combinatrics と呼ばれているものに相当するギリシャ語 $συμπλοκη$ は時折使われていたが，それでも不思議なことにアストラガルスやサイコロ投げとは結び付いていない．断片的なことしか残されていないので，既に消失した記録の中にはあったかもしれないが，今日我々の利用し得る情報は**モーリッツ・カントル**（Moritz Cantor；1829. 8. 23 - 1920. 4. 9）の『**数学史講義** (Vorlesungen über Geschichte der Mathematik)』（全 4 巻）の第 1 巻，第

図 3.8　モーリッツ・カントル

第1部　確率論前史

11章にある．それによると，**クセノクラテス**（Xenokrates;B.C.396?−314;
プラトンやアリストテレスの友人）はアルファベットの文字を結合して生み出
せるシラブルの数を 1, 002, 000, 000, 000 まで決定したという［プルタルコ
ス『饗宴録』VIII巻, 733 A］．この数字がどのように求められたか，またシラブ
ルの中の真偽判定はできない．クリュシッポスは 10 個の原子命題の可能なす
べての組合せから作ることのできる分子命題の個数は 10 万以上であると計算
した．プルタルコスによると，クリュシッポスの数字はあまりにも大袈裟すぎ
るので，**ヒッパルコス**（Hipparchus;B.C.180?−125）は正確な数として，肯
定命題は 101, 049, 否定命題は 301, 952 であることを証明したという．しか
し，この数字も，いか程の分子命題が考慮されたのか不明なので，吟味のしよ
うがない．ただ興味のあることは，このことが数多い病気の可能性の議論と
結び付けて語られることである．というのは，人体の多くの器官の機能が，い
ろいろな食物によって器官の中に導入される質とともに，組合わされて病気が
生じると考えたからである．

　要するに，ギリシャ人たちは蓋然性の哲学的論議の域を脱することはなかっ
た．

3.9.　古代の蓋然性の概念について無視できないのは古代インドである．
仏教が発生した紀元前 6 〜 5 世紀頃，インド思想界は史上稀に見る生き生き
した溌剌とした時代だった．農業生産の繁栄，物質生活の享受，商業の発達，
都市の興隆などを背景として，思想の自由，表現の自由が広く行き渡り，社会
全体が自由思想家の輩出を後援した．彼らは伝統に反逆し，伝統を軽視し，
俗語を用いて分かりやすく自己の考えを人々に説いた．一説には，300 種，少
なくとも 62 種といわれる諸思想が互いに競合した．これらの思想のなかに仏
教があり，また**ジャイナ教**があった．

　ジャイナ教は梵語のジナ（jina;勝者の意味）からきた「勝利者の教え」，つ
まり人生苦からの解脱を教える宗教である．開祖**マハーヴィーラ**（Mahavira;

本名 Vardhamāra；B.C.448 - 376?) は釈迦と同じくクシャトリア（貴族）の出で，30歳のとき出家し郷里を離れて苦行と瞑想に耽り，2年後に六師外道（釈迦在世中，中部インドで勢力のあった6人の外道の思想家）マッカリ・ゴーサーラ（Makkhari Gosāla）に会って6年間苦行をともにした．しかし見解の相違から別れ，その後独自の苦行修業を積み，出家以来13年目の夏，最高の完全知に達し，ジナになった．このマハーヴィーラの開いたジャイナ教の教えの中に多値論理としての確率概念の芽生えがあったと，インドにおける近代統計学の祖**マハ**

図 3.9　マハラノビス

ラノビス（Prasantachandra Mahalanobis；1893.6.29 - 1972.6.28）が7重断定方式 Syādvāda（シャードヴァーダ）として 1956 年に紹介したものがある．syād = may be, vāda = asertion（断定），"可能性の断定"という意味のものである．その中身は

(1) syādasti = May be, it is.
(2) syātanāsti = May be, it is not.
(3) syādasti nāsti ca = May be,
　　　　　　it is and it is not.
(4) syādavaktavyah = May be,
　　　　　　it is indeterminate.
(5) syādasti ca avaktavyśca = May be,
　　　　　　it is and also indeterminate.
(6) syātnāsti ca avaktvyaśca = May be,
　　　　　　it is not and also indeterminate.

第1部　確率論前史

(7) syādasti nāsti ca avaktvyaśca = May be,

it is, it is not and also indeterminate.

の7種類の術語である．梵語は

asti = it is；nāsti = it is not, not – is；

avaktavyah = indeterminate, inexpressive, indefinite；

ca = and, also

を意味する．もしも (1) を A, (2) を B, (4) を C で表すと, (3) は $A \cup B$, (5) は $A \cup C$, (6) は $B \cup C$, (7) は $A \cup B \cup C$ として表される．

この7つの断定についてのマハラノビスの説明を聞くことにしよう：

「銭投げをし，表が出た．そのとき (1) "it is head" (now) と言えるだろう．しかし (2) "it is not – head" (on some other occasion) であることを意味する．そこでカテゴリー (3) が (1) と (2) の両方に基づく総合判断であることが容易に出てくる．(4) はその立場が非決定的である状況を示す・・・・・銭投げでは，時に表が出，時に表が出ない；"it is" と "it is not" の両方の可能性の組合せは，それでも不確定または非決定的な形式の中にある．そうして確率という近代的な概念の論理的基礎を提供している・・・・カテゴリー (5) は非決定性の存在を断言している．(そのことを近代の言葉で言うと，確率空間の存在の主張とも言える.) (6) は確率空間の存在を否定するものである．他方，カテゴリー (7) は今まで述べた6つのカタゴリーにあるすべての可能性を包含する.」

このような解釈から，ジャイナ教の7重断定の弁証法 (saptabhanginaya) の4番目のカテゴリーは確率概念の（量的ではないが）質的様相であるように思われる．それは正確に (a) 何かが存在する，(b) 何かが存在しない，(c) 時に存在し，時に存在しないという可能性を包含する確率の意味に対応する．ジャイナ教の "avaktavya" と "確率" の違いは，後者が確定した量的含意をもつ点にある．

さらにジャイナ教は実在の物の多様な性質を強調する．事物は無限の質，

44

様式，他の事物との関係を賦与されている．それらは差があるにしても，何らかの同等性をもつ．ヴェーダンタ哲学（汎神論的観念論的一元論）者たちは純粋の同一性を強調し，純粋の同一性を否定する相対的多様性の唱導者だった．論理は経験の提供するものを合理化し，体系化することだと，彼らは考えた．非絶対主義と相対的断定，この二つがすべての断定は不確実性の限界をもつという考え方を生み出し，近代統計学の**不確かな推測**の淵源となった．

　この質的な確率概念が，古代説話に出てくる**“サイコロの科学”**にどのような影響を与えたのか，質的な確率概念がいつ量的な測度に置き換わったのか，それについては今のところ，研究は進んでいない．

＜参考文献＞

　本章では極めて論争的な書物

[1] Ian Hacking "*The Emergence of Probability*" (Camb.Univ.Press, 1975 年)
　と，古代と中世の蓋然論を論じた

[2] Edmund F.Byrne "*Probability and Opinion*" (Martinus Nijhoff, 1968 年)
　が参考になる．これらの 2 著は以下の数章でも参考文献として挙げられる．
　ギリシャ時代の蓋然性に関する基本文献は，イスラエルのヘブライ大学の

[3] S.Sambursky 'On the Possible and the Probable in Acient Greece' (Osiris, 12 巻, 1956 年, 35 – 48 頁)
　である．これ以外に

[4] O.B.Sheynin 'On the Prehistory of the Theory of Probability'
　(Archive for History of Exact Science, 12 巻, 1974 年, 97 – 141 頁)
　には，古代哲学における無作為性と確率について博識な情報が盛られている．
　この 2 つの論文ではアリストテレスの諸著作の中で，偶然性を取り上げた部分の典拠がよく示されている．典拠が全く示されていないが，上記の論文に紹介されている内容も包括して，古今の西洋哲学の中で偶然性を論じたものを限なく拾い挙げて論じたものに

[5] 九鬼周造『偶然性の問題』(岩波書店, 1935 年初版)
　や，同じ著者の全集がある．思い起こすと，学生時代，大阪大学理学部で受けた

第1部　確率論前史

　小川潤次郎先生の数理統計学の講義の最初に「確率を巡っては哲学的に種々論議があるが，ここでは哲学論議の深みにはまることなく，数学的公理から入る」と言われたのは，多分に九鬼周造の本を意識してのことだったと思われる．

　　蓋然性についてあっさりとした哲学的議論は

[6] M.R.Cohen, 大久保忠利訳『論理学序説』(*"A Preface to Logic"*, Henry Holt) 先駆社, 1949 年)

　の第 6 章にある．

　　プラトンの著作は

[7] プラトン『パイドーン』(藤沢令夫 訳, 筑摩書房, 1959 年)

[8] プラトン『テアイテトス』(田中美知太郎訳, 筑摩書房, 1959 年)

　によった．これらはいずれも「世界文学大系」第三巻に収録されている．

　　アリストテレスの諸著作については

[9]『アリストテレス全集』(全 17 巻) (1968 − 71 年, 岩波書店) の各巻の末尾の索引の当該事項は大いに参考になる．

　　遊びに関するホイジンガの著作は

[10] ホイジンガ, 高橋英夫訳『ホモ・ルーデンス』(中公文庫, 1973 年) による．

　インドのジャイナ教と確率概念との関係については

[11] P.C.Mahalanobis 'The foundations of statistics' (Dialectica, 8 巻, 1954 年, 95 − 111 頁)

[12] P.C.Mahalanobis 'The foundations of statistics' (Sankhya, A, 18 巻, 1956 年, 183 − 194 頁)

　および, 上記の論文を敷衍する遺伝学者の論文

[13] J.B.S.Haldene 'The Syadvada system of Predication' (Sankhya, A, 18 巻, 1956 年, 195 − 200 頁)

　がある．この論文は 7 重断定の論理を, 初等整数論における合同式や, 学習心理, 動物実験などを例にとって説明している．日本語で読めるこれらの論文の紹介は

[14] 北川敏男『統計情報論 I 』(共立出版, 1987 年)

　に出ている．

[15] ヒューム『人生論』(土岐邦夫訳, 中央公論社, 1972 年)

第4章　古代蓋然論の没落

4.1.　科学史の問題の一つに，確率の数学理論はなぜ17世紀に突如現れ，それ以前には出現しなかったのか？というのがある．本書はそれに対する一つの答でもある．古典古代において，人々は偶然事象に興味を持ち，それを生活の規範の中に取り入れ，また蓋然性という形で哲学的に探究しようとしたことは，先の3つの章で明らかにした．このような古代人の考えを否定する動きが一方にあった．

　一つは古代から中世への過渡期におけるキリスト教やイスラム教のような一神教の支配の過程に原因があり，他方ではアリストテレスの哲学そのものに原因があった．そのことを少し検討してみよう．

　古代ギリシャは多神教の世界だった．天（ウーラノス）と地（ゲー）が交わってできた息子タイタンと息子レアーの間の子ゼウス(Zeus)は，また多くの神々と交わったという．B.C.8世紀の詩人でギリシャ本土ボイオティアに住んだ**ヘシオドス** (Hesiodos) は唄いあげた：ゼウスとその妹ヘーラー (Hera) との交わりで

　　「さてまた，名にし負うオーケアノス（大洋）の彼方で，見事な黄金の林檎と実をつけた樹木を護る黄昏の娘たちを，また運命の女神 (Moira) たち，容赦なく復讐を告げる命運たち (Ceres) を生んだ．（クロート，ラケシス，アトロポスがそれで，彼女たちは人間どもが生まれる際に悪運と幸運を授ける．）また彼女たちは人間どもと神々の逸脱の罪を追求する．恐ろしい怒りを決して鎮めはしない．過ちを犯す者に手ひどい復讐を遂げるまでは．」[『神統記』215 − 224]

47

第 1 部　確率論前史

こうして幸運とか運命という哲学的含意が，神話的な表現として人々に認識されるようになった．**マルティアヌス・カペラ**（Martianus Capella；5 世紀，カルタゴの人）は次のようにモイラ（運命の神）を描いている．宇宙は天上の元老院により支配され，元老院会議にはアドラスティーア（nymph，超自然的霊格）や 3 人の運命の女神たちが出席していて，ゼウスやヘーラーのすぐ隣に座る．これらの権力者たちはいつでも天上のゼウスの許に留まれる．アドラスティーアが定める法は，物質世界で威力を発揮するが，同時に神々にも拘束力をもつ．そして 3 人の運命の女神の仕事は，集会が催されるときに，ゼウスの命令を確定したりすることである．3 人の運命の女神はゼウスの命令に従わざるを得ない出来事の法則を示している．幸運の女神ネメシス（Nemesis）も神々の秘密会議に参加するが，予期せぬ行動をして皆をびっくりさせる．彼女は不測の突発事故を誘導するので，記録するモイラたちの邪魔になる．彼女はそれだけで満足せず，予測可能な因果の何らかの支配をも主張するので，因果応報の女神とされた．

図 4.1　ドモワブル『偶然論』（第 2 版，1736 年）1 頁；運命の女神の図

第4章 古代蓋然論の没落

3人の運命の女神の役割について，**ソクラテス**は次のように語っている：

「この人たちは必然性の娘，運命である．彼女たちは白い衣服を着，頭に花の冠をつけている．ラケシス (Lachesis)，クロート (Clotho)，アトロポス (Atropos) は彼女たちの魅惑的な声でハーモニーを響かせた．ラケシスは過去を，クロートは現在を，アトロポスは未来を歌う．運命の神は，まず魂をクロートの所へ導き，彼女の手に委ね，紡ぎ糸の回転を見守らせて籤で決まった運命を決定的ならしめる；クロートと会った後に，それから今度は，アトロポスが糸を紡いでいる所へ連れて来て，紡がれた運命の縒りが戻らないようにする．」［プラトン『国家』X 巻, 617, 620］

こうして，人間の生命の糸を紡ぐ女神クロート，その糸の長さを決める女神ラケシス，鋏でその糸を断ち切る女神アトロポスの性格ができあがった．そしていつの頃からか，彼女たちは**テュケー**（τύχη, Tyche）と呼ばれるようになった．英語の chance の語源であり，アリストテレスはこの語を「偶運」と解釈し，種々の哲学的考察を行った．また，幸運の女神ネメシスはローマ時代に入ると**フォルトゥーナ**（Fortuna）と改名し，英語の fortune の語源となった．しかし，一方でテュケーとフォルトゥーナは同一の概念の神であるとする説もある．古代人たちは，見かけ上，我々の生命に影響を与える手に負えない要素を'運命'と分類し，それはより高い存在によって支配されているという認知を行った．それで人々は運命の女神の人格化を図り，信仰の対象とした．我々の生涯に付け込んでくる良運と悪運を象徴する物を，体に引き寄せるように腕に抱いた女神の像をよく

図 4.2 豊饒の角を持つフォルトゥナ（運命の方向舵の上に乗っている）

見かける．彼女はしばしば豊饒の角（cornucopia；生まれたてのゼウスに乳を飲ませた山羊 Amalthea の角）か，それとも彼女の手で撒き散らすことのできる富の象徴たるモロコシの束か，その類いのものを持っている．運は予測しがたいので，その象徴である方向や速度が容易に変化する玉か，車輪の上に彼女の足は載っている．その後，西欧ではフォルトゥーナの像は彫刻の対象として，多くの芸術家たちが制作したことは言うまでもない．

4.2. 2 世紀**パウサニアス**（Pausanias；2 世紀の人，リュディア人）は『**ギリシャ誌**』の中で「アルゴス（Argos）にテュケーの寺がある．それはパラメデス（Palamedes）が発明したサイコロを献納した寺というから，とても古いものに違いない」と記録している．また，紀元前 1 世紀**キケロ**（Marcus Tullius Cicero；B.C. 106 – 43，ローマの政治家・弁論家・著作者；カエサルに反対してローマを追放され，後にアントニウスの野心を弾劾したので殺される）がカエサル暗殺後に書いたといわれる『**占いについて**（De Devinatione）』の中で

> 「イタリアのプラエネステ（Praeneste）にあるフォルトゥーナの寺に，いくつかの樫の木の籤がオリーブの木箱に保存されている．この寺で神託が疑問視されたとき，青年が籤を作り，箱から 1 本の籤を引く．それで引かれた籤から，神託の意図なり，神意が解釈された」[『占いについて』II 巻，41 章]

と書いている．

ローマ帝国が最大の版図を獲得した頃，女神フォルトゥーナの信仰は一番強まったという．最盛期の帝国は，あたかも偉大な若者が自分の肉体を過信するあまり節制しないように，支配のための規制をあまりしなかった．北はブルタニア，東はオリエント，世界中からローマの船で運ばれる積み荷の中に，あらゆる地方の物資とともに，いろいろな宗教がペテンとともにやってきた．偶運の要素も賭博とともに入ってきた．ギリシャの考え方が精神的に未熟な

第4章 古代蓋然論の没落

半野蛮人の集団の上に急速に，だが表面的に広がった．そんな時代背景で，アストラガルスの投げを神が制御するという考え方が芽生えつつあった．このことを，当時の常識人の代表として，**キケロ**は弟のクイントゥス（Quintus）に語らせている：

> 「それらは全く偶然であると君はいうのか？さあ！さあ！それなら実際にそれが意味することを君がし給え．4個のタリがヴィーナスの投げを出した時，君はそれを偶然だというかもしれない．しかし君が100回ともヴィーナスの投げを出したら，それを偶然と呼ぶことができようか？」
> [『占いについて』II巻，48節]

と．ここで推察できることは，100回のヴィーナスの投げの連は不可能なので，神もしくは運命の女神がそうさせるべく介入したに違いないと，当時は誰もが考えた．キケロはその考えに断固として反対した極めて近代的な考えの持ち主だった．

図4.3　キケロ　　　　図4.4　キケロ『占いについて』II巻，15節

第1部　確率論前史

　「原因または理由が指定し得ないような起こり方を，あらかじめ理解し得ることは，どんな人にとってもできることだろうか？我々が好運 (luck)，幸運 (fortune)，偶発事故 (accident)，サイコロの変わり目というような言葉を用いる時，それらの意味するものは何か？ただし，ある環境の下では全く起こらないかもしれないし，あるいは全く違った環境におくと起こったかもしれないような方法で生ずる事象を，どのように言葉で述べるかは別にしての話である．それから，偶然に，つまり目に見えぬ可能性の結果として，また運命の女神の糸車の結果として生ずる事象を，どのように予期し，予測することができるのか？［『占いについて』II巻, 15節］

そして予言者の類を戒めて

「籤についてどんな議論を必要とするか，実際に君は考えたことがあるか？とにかく，1本の籤とは何であるか？それは実際には，指の数当て，ナックルボーン，サイコロと同じ範疇に属するものである．これらのゲームすべては大胆さと運が勝つのであって，理屈や思考が勝つのではない．実際上，籤を使って未来を覗き回る全体系は悪漢の発明になるもので，彼らは自分らだけの繁栄を望んでおり，迷信と愚かさを育てることのみに関心をもつ連中なのである」［『占いについて』II巻, 85節］

という．偶然についてのこの考え方は，キケロの論文全体を通して貫かれている．結論として，彼は

　「サイコロ投げほど，予測不可能なものはない．それでも，しばしば勝負事をする人なら誰でも，あるときにヴィーナスの目を出すことがあろう．時には2回も続けてその投げを出すこともあろうし，3回出すこともあろう．このことは全く幸運だったというよりも，ヴィーナス神の人為的介入でこんなことが起こったと信ずるほど，我々は意志薄弱になりつつあるのだろうか？［『占いについて』II巻, 121節］

52

図 4.5 フォルトゥーナの風刺 (ローレンツォ・レオンブルノ作, 16 世紀)
「移り気で, まやかしの, ひ弱い女神」と性格付けられている.

と嘆いた. 彼はヴィーナスの投げの連が起こる外的な原因を探すことはできないこと, 勝負事を十分長く続けるならば, 稀な事象も起こるであろうということ, すべての予言と占いを, 神の意志とする解釈を取らないことを述べた. キケロの考え方は無教養で無学の人たちには広まらなかったし, またきっと宗教家たちには不評だっただろうし, さらにすぐさま確率の数学的理論に結び付くというものでもなかった.

4.3.

アリストテレスは偶然性についてかなり明確な考えをもっていた. 彼は偶然とは何かという問題を**『自然学』**の中で論じている.

> 「**テュケー** ($τύχη$, 偶運) とか **アウトマトン** ($αὐτόματου$, 自己偶発) とかも, また原因のうちに数えられている. すなわち, 多くの物事が偶運とか自己偶発とかによって存在するとか, 生成するとかいわれている」[『自然学』II 巻, 195 b 31 - 32]

第1部　確率論前史

というように，偶然現象を2つに分ける．テュケーの定義は

> 「何かのために生成した物事のうち，この付帯性において物事が生成すれ
> ば，この場合，この生成を"自己偶発による"とか"偶運による"とかい
> う‥‥偶運とは，意図に適った目的適合的な物事のうちに認められると
> ころの或る付帯的原因である‥‥偶運によって物事を生成させるところ
> の諸原因が不定である」[『自然学』II巻, 196b31, 197a7－10]

と規定している．要するに，ある物事が"偶然に"起こったとか，それが起
こったのは"運"だという場合，その物事を起こしたもの（原因）として想
像されるものを**テュケー**という．テュケーの結果がなにか善である場合を**幸
運**（$\varepsilon\dot{v}\tau v\chi\dot{\iota}\alpha$, secunda fortuna），悪である場合を**不運**（$\delta v\sigma\tau v\chi\dot{\iota}\alpha$, adversa
fortuna）と分類した [『自然学』II巻, 197a26-27]．アウトマトンは，何も
のかが，他に別に原因らしいものは見当たらず，ひとりでに生じたような場合
を指す．

> 「偶然に市場に出掛けて行って，かねて会いたいと思いながら出会える
> とは考えていなかった人に，そこで出会った」[『自然学』II巻, 196a]

のは，運よく市場に行ったからと言われるが，出会えた原因は市場に行こうと
いう彼の意欲であるとするデモクリトスには，アリストテレスは反対している．

> 「三脚椅子が下に落下したが，ひとりでに（自己偶発的に）脚が立って
> 腰掛けられるようになった」[『自然学』II巻, 197b18]

のはアウトマトンの例である．
　アリストテレスは，偶運も自己偶発も，自然による，または思想による何も
のかを原因としているが，原因の一は不定であるとする．そして

> 「明らかに，本質的なものが存在するのと同種の原因と原理は，偶発的
> には存在しない；というのも，もしも存在すれば，すべてのものは必然の
> ものであるから‥‥そして，起こるとか起こらないとかいう正真正銘の偶

運と可能性は，事象の範囲から全く除外されるであろう‥‥偶発性の科学（$\varepsilon\pi\iota\sigma\tau\acute{\eta}\mu\eta$, scientia）など存在しないことは明らかである．なぜなら，すべての科学は常に存在するところのものか，大部分存在するところのものであるから．（なぜなら，どのように学ぶか，どのように教えるか分かっているものであるから）‥‥しかし，偶発的なものは，かかる規則に反するものである‥‥我々は<u>偶発的なものは科学的に取り扱えない</u>とみなさねばならない．このことは科学 ——実際的，生産的，理論的でない—— は，それについて労を惜しむものでないという事実により確信させられる．」［『形而上学』Ⅵ巻，1026 b 3, 1027 a 20；Ⅺ巻，1065 a 6］

こうして**科学の中で偶然性が研究されることが否定されることになった**が，しかし人々は偶運について宗教の中で信じ，文学の中で語り続けた．

4.4. 　偶運を信じ，運命の女神を崇める現世的な色彩の強い多神教の世界だった古典ギリシャは，独創的な文化を作ることのなかった政治帝国ローマに引き継がれた．政治的にも軍事的にも膨張したローマ帝国は，ローマ法に基づいて統治するという史上最初の多民族国家を形成したが，一神教を信仰するユダヤを属州にした頃から衰亡の兆しが見え始める．ヤハウェ神のみを信仰し，この世に神の国が実現すると信じたユダヤ教徒たちも，バビロン捕囚やローマ支配などの相次ぐ政治的不幸に打ちのめされ，信仰そのものが危機に瀕しつつあった時期に，数々の奇跡と力強い説教で人々の心を捉えた**イエス**（Jesus；B.C. 4？– A.D. 30？）が現れた．彼は個々人が信ずる事により，心の内面に神の国が到来すると説いた．当初はユダヤ教の司祭やパリサイ人（モーセの律法をかたくなに遵守する一派）やラビたちの憎悪の対象となり，反逆者として告訴され処刑されたことは有名な史実である．苦難の道を歩んだとはいえ，ペテロやパウロの高弟によってイエスの教えはやがてローマに進出した．世界性をもつローマに活動の舞台を移したときから，全人類的な世界宗教に発展する芽が出たといってよい．当時ローマでは，ストア学派もエ

第1部　確率論前史

ピクロス学派もともに魂の平安を説く哲学を講じ，宗教に近づきあった．新プラトン学派は神秘的傾向を加えつつあった．

　新プラトン学派の祖といわれる**プロティノス**（Plotinus；204？－270）は

　　「いかなるものも原因を自己の中に有している限り，でたらめに生じたのではなく，偶然によるのでもなく，成り行きでこのようになったと言われることもできないとすると，このようなものは一なる者から出たすべてのものをば所有しているとするならば，条理と原因と原因としての在り方との———むろん，これらはすべて，偶然から遠く隔たっているものである———父であって，偶然と交わったことのないすべてのものの始元であり，いわば模範であろう‥‥生命が条理に向かって進むほど，偶然から遠ざかる．なぜなら，条理に従って生ずることは，偶然によらないからである．だが，我々がさらに上方に歩むならば，一なる者が，条理としてではなく，条理より美しいものとして現れる．それほどまでに遠く，一なる者は偶然によって生ずることから隔たっている．なぜなら，一なる者こそ，それ自身から，条理の根源であって，一切の有はこれに帰するのである」
　　［『エネアデス』VI, 8；一なる者の自由と意志について］

と説いている．ここで彼の言う「一なる者」は「最高始元」で，英知と有性をすら超越した名状しがたいものを指す．エジプトの内陸部リュコポリス生まれのプロティノスにとって一神教を信ずるわけにはいかないにしても，この世の現象を支配する何かがあると考えた．この何かを神と置き換えれば，森羅万象は神の自由と意志によって生じ，偶然に生ずるものではないと読み取れる．

　4世紀初頭の人で，隠れキリシタンではないかと思われる新プラトン学派の**カルキディウス**（Calcidius）はプラトンの『ティマイオス』のラテン語訳と注釈を行った．その中で，摂理によって支配された世界に，偶然性がどのように入り込むか，偶然という要素をどう取り込むかを研究した．

　摂理（providentia）**とは神の心のある特性，すべてのものを知る働き**である．運命は摂理により支配されるが，このことは宇宙のいかなる出来事

も神の意志の領域の外にはないことを意味した．運命は，確実な規則性から外れる出来事，恒常性というより平均性や頻繁性をもつ出来事において，その威力を発揮する．しかし，運動は規則化しており，変化の不変法則と見なされる無数に多様な偶然原因が存在し，それらの原因から生ずる時間点が無限に連続するので，運命はこれらの変化を規則化しながら，一連の時間点を支配する決定法則である．というのは，天空と地上で起こるすべてのものは，その出発点に再び舞い戻ってくるからであるというのが，カルキディウスの説だった．

4.5. 北アフリカといえば，地中海沿岸といえども砂漠のイメージが強いが，利に聡いフェニキャ人が植民地とした程，カルタゴ周辺は気候温暖で肥沃な土地で，豊かな物資に恵まれ，その結果として文化水準も高かった．4世紀中頃北アフリカ・ヌミディアのダガステに敬虔なキリスト教徒の女が一人の男子を出産した．それが17世紀まで確率計算の発生を抑止した原因を作った**アウグスティヌス**（Aurelius Augustinus；354, 11.13 – 430.8.28）の誕生である．キリスト教神学の祖として，聖人と崇められているが，彼の有名な自叙伝『告白』を読むと，思想的に随分遍歴をした人らしいことが分かる．370年，当

図 4.6　勉学中のアウグスティヌス（Botticelli の画）

第1部　確率論前史

時の文化都市カルタゴに留学し，3年間を過ごす．この間，修辞学の勉強のほかに，肉欲に耽り一児をもうけ，さらにマニ教に帰依する．マニ教は246年頃ペルシャのマニ（Mani；215 – 275？）が拝火教とキリスト教救世論を結合した新宗教だった．376年からカルタゴで修辞学を教え，自然哲学や占星術も研究する．この頃，名医の誉れ高いヴィンディキアヌス（Vindicianus）は，修辞学という立派な学問で身を立て家族を養えるのだから，占星術なるいかがわしい術の研究をやめよと忠告した．アウグスティヌスは「占星術で本当のことがたくさん予告されるのはなぜか」と彼に尋ねた．「それは自然界にあまねく行き渡っている偶然の力による．全く別のことを考えて歌っている詩人の本をたまたま開くと，当面の問題にびっくりする程当たった詩句が飛び出すことは‥‥術によるのでなく，偶然による」と尊敬すべき老医師は答えた．

> 「しかし当時は，この老人も，また‥‥親友ネプリディウスも占い事をやめるように説き伏せることができなかった．というのは，占星術の本の権威の方が私を動かす強い力をもっていたし，また占星家に尋ねてうまく当たった場合，それは運や偶然によるのであって，星の学問的観察によるのでないことを，何の曖昧さもなく，説き明かしてくれるような，自分の求めていた確実な証拠をまだ見いだしていなかった」[『告白』4巻, 3章]

という程度の認識をアウグスティヌスはしていた．

　384年ミラノの修辞学教授となったが，その後新プラトン学派の影響を受ける．386年すべてを神に捧げる決心をして学校を辞し，翌年洗礼を受ける．その頃

> 「恒常でないすべてのものの原因が恒存し，変動するすべてのものの不変の根源が常住し，非理性的・時間的なすべてのものの永遠の理念が生きている」[『告白』I巻, 6章]

というアウグスティヌスのイデア論を展開する．

　388年から396年にかけて『**八十三の問題について**』を，また413年から426年にかけて『**神の国**（De civilitate Dei）』を書いた．その過程で

「ある事象には必ず原因がある．いくつかの原因ははっきりしているが，また他のいくつかの原因ははっきりしない．けれども原因なくしては何も起こらない．その原因は至るところにある神の手により操作されるもので，その意味で無作為な（random）ものは何もないし，偶運（chance）なるものは存在しない」[『八十三の問題について』]

と考える．こうして，すべては原因から神の手により必然的に導かれる．

すべては神の摂理に従う　[『神の国』V巻，11章]

と説く．この考え方は中世キリスト教の世界に広くゆきわたった．

4.6.　　375年西ゴート族がドナウ流域からローマ帝国に侵入したのを切っ掛けにして，ゲルマン民族の大移動が起こった．一方，その頃ローマ法王権も精神的指導力を持ち始めた．そして476年西ローマ帝国の滅亡とともに，西欧の中世が始まる．その結果

「キリスト教の激しい攻勢のもとに，異教徒の神々は妖精に，彼らの豊かな儀式は五月柱のまわりの舞踏に，彼らの生け贄は小人たちのひそかなお神酒の中に萎んでしまった‥‥異教徒の哲学者たちの偶然事象についての概念は，とうとう捨て去られてしまった．偶然によっては何も起こらないし，すべてのものは神の意志によって精密に制御されていると，アウグスティヌスは言う．もしも事象が偶然に起こったように見えたら，それは人の無知のせいで，事象の性質ではない．人の真の努力は，神の意志を発見し，それに自分自身を服従させることである．そして恐らく，集められた事象の中に行為のパターンを見いだすことにより，神意の詮索を曇らせるべきではないと，人々は考えた．」[David『ゲーム・神々・賭博』2章，3章]

かくして，ギリシャ人たちからキケロへと受け継がれた古代蓋然論は没落した．

第 1 部　確率論前史

＜参考文献＞

本章でも，前出の

[1] F.N.David *"Games、Gods and Gambling"*（1962 年）

は大いに参考になった．その他，論文では

[2] M.G.Kendall 'Chance'（H.Cherniss 他編集 *"Dictionary of the History of Ideas"*；
1968 - 74 年；邦訳『西洋思想大事典』全 5 巻，平凡社，1990 年の I 巻「偶然」）

[3] V.Cioffari 'Fortune, Fate and Chance'（[2] の II 巻「幸運, 運命, 偶然」）

[4] B.Rankin 'The History of Probability and the Changing Concept of the
Individual'（Jour.Hist.of Ideas；1966 年, 27 巻, 483 - 504 頁）などは，多神教の
世界における偶然性の概念の考察がなされている．ギリシャ神話については

[5] アポロドーリス『ギリシャ神話』（高津春繁訳，岩波文庫，1953 年）

[6] パウサニアス『ギリシャ記』（飯尾都人訳，龍渓書舎，1991 年）

[7] ヘシオドス『神統記』（世界文学大系 63『ギリシャ思想家集』筑摩書房，1965 年）
を参照した．プラトンについては

[8] プラトン『国家』（田中美知太郎訳，「世界の名著」7 巻，中央公論社，1969 年）を
参照した．この本については他にも多くの訳本がある．

　アリストテレスの著作は

[9] アリストテレス『自然学』（出隆・岩崎允胤訳；岩波，1968 年；全集第 3 巻）

[10] アリストテレス『形而上学』（出隆訳，岩波，1968 年，全集第 12 巻）を参照した．
キケロの蓋然論に関しては

[11] Cicero *"De Divinatione"*（W.A.Falcover 訳；Loeb Classical Lib. No.14,
1971 年）を参考にした．プロティノスに関しては

[12] プロティノス『一なる者の自由と意志について』（『世界の名著』続第 2 巻，水
池宗明訳，1976 年，中央公論社）を参照した．
アウグスティヌスに関しては

[13] アウグスティヌス『告白』（山田晶訳，『世界の名著』第 14 巻, 1968 年；中央公
論社）

[14] アウグスティヌス『神の国』（『アウグスティヌス著作集』第 11 巻から 15 巻まで；
1980 年～1983 年；泉治典, 金子晴勇, 野町啓, 他訳；教文館）を参照した．

第5章 中世：
焦れったい時代

5.1. キリスト教の勃興とローマ文明の衰退とともに中世暗黒時代に入る．その時期は455年ヴァンダル族がローマ市に侵入・掠奪を行った事件から，ゲルマンの傭兵隊長オドアケルが皇帝を廃して西ローマ帝国を滅ぼした476年の頃が中世の入り口と言われる．教会は学問に関心を持つ人たちすべての天国になり，この至福千年の始めのころ，教父たちは神学のみが来るべき学識の担い手と考えた．そして事実アウグスティヌスの神学は計り知れぬ影響を及ぼした．それは千年以上にわたり，西欧の最も重要な唯一の神学体系となった．ギリシャ的思考の偉業と結果はオリエントのものとして，キリスト教世界の外側に学者や写本とともに流出して行った．ムゼイオンで有名なアレクサンドリアはキリスト教世界に最も接近した古典的学問の中心だったが，過激なキリスト教徒の襲撃を何回も受けた．

　ヨーロッパの暗黒時代はイスラムの黄金時代でもある．千年にわたり，アラブは地中海の支配者だった．彼らはインドから記数法を含む高度の算術の知識を学び，彼らの軍隊の侵略に伴い，多くの場所での図書館の劫略で，古典時代の知識を得た．破壊されたとはいえ，古典時代の写本が途方もなく多く存在したアレクサンドリアの図書館を手に入れたのは641年頃といわれている．そのうちに，征服欲はそれ自体燃焼してしまったけれども，知的な問題を究め尽くしたいという欲望だけは残った．インドの数学的思考とギリシャの哲学的方法の厳密さを融合し，算術や三角法など数理科学の基礎となる教科

第1部　確率論前史

を大いに発展させた．それらの知識はルネッサンスが始まる頃，ヨーロッパに
流れ込んだ．

　西欧の国々においては，中世の千年間は，こと数学的思考に関する限り，概
して澱んだものだった．数学は寺院数学として，祭日決定の計算とか寺院建
設に最小限役立つ知識のみが，修道院から修道院へ，神学の中心から別の中
心へと，渡り伝えられたにすぎない．西欧全域を通して，共通語として破格の
ラテン語が話され，学者たちは神学問題を論争して歩いた．それで中世は，ま
た彷徨える学者たちの時代だった．ローマ帝国の遺産たる言葉の壁がなかっ
たことは，国境とか距離とかの障害にはならなかった．漂泊は，学問の火を燃
やし続けるのに必要な燃料を提供したようなものだった．このような漂泊の
旅は，大学が逐次設立され，教授免許が導入される紀元1000年頃には終焉し
た．

　暗黒時代だからといって，あらゆることが全く暗いというわけではなく，
暗さゆえにどんな光りも未来への指針となる．当時，聖**ベーダ** (Bede, the
Venerable；673 – 735.5.26) はアイルランドを文化の中心たらしめる活動を
し，『**暦算論** (Computus)』を書いた．この本は後の**パチョーリ**の『**ズンマ**』の
原型と見なされている．彼の直弟子はヨークの**アルクイン** (Alcuin；735？ –
804.5.19) である．

　　　「ヨークシャーの人，アルクインは70歳でツールの聖マルタン修道院で
　　　死去した．彼が死ぬ3年前の春，彼は旧友の大司教あての手紙にささや
　　　かなワインの贈物を添えて送った‥‥＜私が苦労して集めた書物を失わ
　　　ないように＞大司教がその学識を低下させないようにして欲しいと懇請
　　　した．（ベーダも利用したに違いない）ヨークの大聖堂の図書館は，アル
　　　クインの情熱が注がれたところだった．シャルマーニュが彼をアーヘン
　　　に誘い出すまで，彼はそこの図書館にいて教師をしていた．」[H.Waddell
　　　『中世ラテン叙情詩』]

彼はヨークにいるときも，シャルマーニュ大帝の息子の教師として全知全
能を傾けているときも，多くの題目についてテキストを書いた．その中で

62

算術の本『若者の心を鋭くするための諸命題 (Propositiones ad acuendos Juvenes)』がある．これは数論を神学の領域へ持ち込もうとした試みの一つであるが同時に古い時代のテキストに出てくる雑多な問題も多く収録している．「神学はその教義に対してではなく，他から学ぶべきである」という首尾一貫した不滅の考え方の唱導者として，アルクインは記憶されている．だが，同時にこのことは，ありとあらゆる物事をアウグスティヌスの神学の範疇に取り込む事も意味した．神と教会の権威の確立のための神学は，アルクインから始まったことも事実である．

図5.1　アルクイン

5.2.　中世暗黒時代を通して，数人のリベラルな教父を除いて，教会は世俗の知識に断固反対の態度をとった．それはまた，娯楽勝負事に対しても厳しい非難を浴びせることになった．サイコロ投げ，籤引き，どんな形式であれ籤占いを，良くないと否認したことは理解できる．というのは，籤占いは異教徒がやるものだったから．新しい宗教が形成され，伸長していくとき，何かが追放されるものである．

　ところが**賭博は暗黒時代も広く行われていた**．いつの頃かはっきりしないが，サイコロが賭博の道具としてアストラガルスを追放した．カードは1350年頃までヨーロッパに伝わらなかったので，賭博はおよそ千年の間，主としてサイコロまたはアストラガルスをもって行われた．賭博に付き物の不正防止のため，教会も努力したが，現代と同様，効果はなかった．賭博が不敬なもの，反道徳的なものとして，賭博を道徳的に規制しようとしてカルタゴの聖**キュプリアヌス** (Caecillius Thascius Cyprianus; 200? − 258.9.14) は『**賭博者について** (De Aleatoribus)』を書いた．

63

第1部　確率論前史

道徳心に訴えても効果がないとすれば，当然法律による禁止となる．ローマの刑法は，賭博をした者に対しては土地追放をもって罰すると定めたが，効果はなかった．というのは，当時の法は道徳と一体となっていたのみならず，広汎に宗教とも一体となっていたからである．952年**オットー大帝**(Otto I；神聖ローマ帝国初代皇帝)は聖職者の賭博を禁止する旨，通達を出しているほどである．1190年第三次十字軍の参加兵士は，やって良い賭博の種類を書いた法王命令書を持たされた．それには，騎

図5.2　キュプリアヌス

士階級は20シリング／日以下ならば，お金を賭けても良いと記されている．1227年と1238年に開かれたトレーヴ(Treves)の宗教会議［司祭たちの会合，ローマ皇帝でキリスト教を初めて公認したコンスタンティヌス帝が314年に招集したアルルの会議が最初］，1240年のウォルチェスター(Worcester)の宗教会議などは，いずれも聖職者の賭博を一片の勅令で禁止することは失敗だったことを物語っている．1255年フランス王ルイIX世(St.Louis IX；在位1226–1270)は

> 「サイコロ・ゲームやチェスをするなかれ．姦淫するなかれ．居酒屋に屯するなかれ．賭博小屋を建てるなかれ．サイコロを作るなかれ．右の禁止事項は王国全土にわたって適用されるべきものものなり」

と勅令を発布した．神聖ローマ皇帝フリードリヒII世(Friedrich II；在位1212–1250)も1232年に同様の趣旨の「賭博者法」を発布したが，効果はなかった．

64

第 5 章　中世：焦れったい時代

5.3.　12 世紀頃，民衆が好んで賭博をしたことは『**聖ニコラ劇**（Jeu de Saint Nicolas）』のなかに生き生きと描かれている．この芝居は**ジャン・ボデル**（Jean Bodel）が 1199 年から 1201 年の間に作ったとされている．彼は北フランスのアラス（Arras）の町の吟遊詩人である．芝居は十字軍を題材としており，全部で 33 場からなる．

　筋書きは次のようなものである．アラブの王が十字軍の侵入の知らせを聞いて，アラーの神に祈る．神のお告げは，王がキリスト教軍を撃破するが，最終的に自分の信仰を捨てるだろうというものだった．王は急使を派遣して各地の軍団長に招集をかける．急遽集まったアラブ軍に王は全軍突撃命令を発する．緊張する十字軍の騎士たちは死の恐怖に脅えるが，天使が出てきて，きっと極楽に行けると囁く．荒々しい雄叫びをあげて吶喊してくるアラブ軍の前に十字軍は潰滅し，聖ニコラ像をもったプロイドンだけが捕虜になった．アラブ王は聖ニコラ像が霊験あらたかなものだと，捕虜のプロイドンから教えられる．半信半疑の王は霊験を試すため，像を手元に留め，プロイドンを投獄し，自分の財宝には衛兵を付けないでおいた．町の居酒屋では，王の兵も含めた盗賊たちが酒を飲み，賭博をしながら夜を待つ．居酒屋の親父も盗賊に酒の掛け売りをし，財宝が得られたら分け前をくれと頼む．夜，盗賊たちは王の財宝を盗む．居酒屋の親父は戻ってきた盗賊たちを喜んで迎え，明朝山分けすることで，その夜は皆眠ってしまう．王は財宝が盗まれたことを知り，プロイドンを牢から引き出し，聖ニコラ像が奇跡を起こさねば，お前は死刑だと宣告する．プロイドンは必死になって聖ニコラに祈り，やがてニコラは盗賊たちの夢枕に立ち，財宝を元に戻せと命ずる．盗賊たちは恐れおののき，財宝を元の位置に戻し，散り散りに逃散する．居酒屋の親父も分け前の権利を放棄し，盗賊の一人の外套を貰って酒代の代わりにする．財宝が戻ったことを知らされた王は大いに喜び，プロイドンを許し，さらに自分の信仰を棄ててキリスト教に改宗し，アラブの武将たちも不承不承改宗するという筋書きである．

　この芝居の居酒屋での賭博情景は，当時のアラスの町の居酒屋での光景そのものといわれている．このような芝居が小屋にかかったということからし

65

ても，賭博は日常茶飯事のことだった．だから，
ルイIX世の勅令が出たのである．

5.4. 教父たちもまた偶然ゲームを非難した．彼らは賭博に悪徳が伴うからいけないと説教した．そんな教父のなかでシェナの**聖ベルナルディノ**(Bernardino de Siena;？- 1444)は1423年に，**賭事を例にとって，キリスト教会と悪魔（異教徒）の教会を比較対応させて説明**した．

図5.3 聖ベルナルディノ

キリスト教	イスラム教（異教）
教会	賭博小屋
祭壇	ゲーム台
生贄盤	サイコロ箱
ミサ典書	サイコロ・ゲーム

ミサ典書は21文字からなり，一方2個のサイコロ投げの可能な目の出方は21通りだから，対応がつくというのである．この頃，2個のサイコロ投げの結果は十分に人々に認識されていたことが分かる．

ベルナルディノの情熱的な説教は，サイコロ賭博と同様に，当時流行し始めたカード・ゲームにも向けられた．Club（棒），coin（サイコロ），cup（ハート），spades（剣）は獣的行為，貪欲，酔態，憎悪の徴であり，絵札に描かれている人はこれらの悪徳で際立った人だと説教した．

ベルナルディノばかりではない．キリスト教徒の守るべき根本思想を探り続けて，ルーテルらに対するカトリック防衛のために，教徒の自己粛正を打ち出した**エラスムス**(Desiderius Erasmus;1469.10.27 - 1536.7.11)は『**痴愚神礼讃**』(1509年)のなかで，次のように述べている：

「賭博好きの人々を我々の学寮に入れるべきでしょうか？私は少し疑問に思います．けれども投げ出されたサイコロの音に心臓をどきどきはらはらさせている連中くらい，見ていて笑い出したくなるものはありません．こ

ういう人々は，一山当てようという希望に見限られることは決してないのです．それどころか，財産を載せた船がマレア岬（ラコニア地方の岬，暗礁多し．aleaに引っかけている）よりも遙かに恐ろしい賭博（alea）の暗礁に衝突して砕け散り，難破者たちがやっとの思いで波濤のなかから真っ裸のままで逃れ出ますと，このご連中は頭が悪いと他人に思われるのを何よりも恐れまして，自分たちを負かした人間以上に，今度はあらゆる人々をペテンにかけるようなことを仕出かさぬとも限りません．殆ど目も見えなくなったご老人でありながら，なおも賭博をし続けようと，眼鏡をお掛け遊ばす方々もいるではありませんか．そして，当然の報いで痛風に罹り，ついに関節がひん曲がってしまいましても，サイコロを卓上に投げ出すために人を雇いまでするではありませんか．勝負事というものが憤怒で終わることが全然ないのでしたら，結構至極なものですがね．憤怒は地獄醜女の領分でして，私の領分ではありませんよ．」[『痴愚神礼讃』39節]

図5.5 『痴愚神礼讃』の挿絵：賭博する人々

←図5.4 デシデリウス・エラスムス

このように賭博を半ば茶化して，皮肉って，非難している．彼の死後，この本が禁書に指定され，彼自身も破門されたのは皮肉である．

67

第1部　確率論前史

5.5.　しかし教会や国家の権力も，神父の説教も，民衆の娯楽としての賭博を止めることはできなかった．14世紀ダンテ（Alighieri Dante；1265 – 1321.9.13）は

> 「ザラのゲームが終わっても，負けた人は後に残り，
> 心を痛めて繰り返し，賽を投げては憂いの中に，
> 学ぶのに，他の者は皆勝った人と立ち去り，
> ある者は前に立ち塞がり，ある者は後ろから袖を引き，
> ある者は側から［恩恵に預かろうと］自分の存在を知らすのである」
>
> ［『神曲』浄罪編，6章］

と，賭博の後の人々の動きを生き生きと模写している．何にでも興味をもった**チョーサー**（Geoffrey Chaucer；1340? – 1400.10.25）は

> 「神の御心により，十字架の釘により，
> ハイルズの弓にあるキリストの血によって誓うが，
> おれは7つで行こう，貴様は5つと3つで勝負しよう．
> 神の両腕で誓うが，インチキすると
> 貴様を刺し殺すぞ，
> この呪うべき2つの骨骸が，誓いを破ったり，怒ったり，
> 嘘をついたり，殺人したりするようになるのだ」［『カンターベリ物語』］

と，賭博に伴う不敬の言動，行為を戒めているように見えながら，殺気立った賭博の状態を忠実に写実している．**ラブレー**（François Rabelais；1494? – 1553?）はルイ王朝を皮肉った諷刺小説のなかで

> 「［雨天の折りには］絵画や彫刻を稽古したり，あるいは古い小骨遊戯を思い出して，レオニクスが記述している通りに，また我が良き友ラスカリスが行った通りに一番やってみたりした」［『ガルガンチュワ物語』］

と，ガルガンチュワが時間潰しに遊びながら，賭博に関する記録がある作家た

第5章　中世：焦れったい時代

ちの本を読んでいることが出ている．ここで「レオニクスの記述」とは**レオニクス** (Nicolas Leonicus Tomeus；1457 – 1533；パデュアの古典語教授) の著**『悪ふざけ，もしくはタリ・ゲームについて (Sannutus, sive de Ludo talario)』**を指す．また，**ラスカリス** (Andreas Johannes Lascaris；1445？ – 1535) はビザンチンで研究し，後にフランス王に仕えたギリシャ学者で，エラスムスの師である．ラブレーによると，15世紀には学者たちも賭博に関する研究をしつつあったことが伺える．ラブレーの『**ガルガンチュワ物語**』には「ガルガンチュワのゲーム」という節があって，35種のカード・ゲームと21種のサイコロ・ゲームやチェス，16種の室内・戸外ゲームの名称が列挙されているが，ラブレーの研究書を調べて見ても，これらのゲームの詳細，ゲームの清算規則などは何一つ書かれていない．

　ダンテの『神曲』にでてくる**ザラのゲーム**とは，アラビヤ語の al – zhar に由来する骰子ゲームを意味する．この言葉はフランスに入って hazart, hazard と変形し，始めはゲームの名称だったものが，後に偶然を意味する言葉となった．第一次十字軍 (1096 – 1099) を率いて遠征し，エルサレム王になったブイヨン伯ゴドフロア (Godefroy de Bouillon；1060？ – 1100.7.18) は「Hazar (A Hazait) はある立派な教書に出てくるゲームで，骰子を使って初めて規定の得点をした者が勝つというゲーム」であると語ったという．一方，『**イタリアにおける数理科学の歴史**』の著者**リブリ** (Guillaume Libri) は「hazard はアラビヤ語の asar に由来し，困難さを意味する」と述べている．困難さとは，2個のサイコロを投げて，共に1もしくは6のゾロ目を出すことを指す．それで hazard というゲームが「一六勝負」と訳されているのは，リブリの説に従ったものと思われる．

5.6.　以上のように

(1) **他愛のない賭事 (gaming) は，法を無視して民衆の支持を受けていたこと**

(2) **下層あるいは中流階級のみならず，賭事は教養ある階級や支配階級にま**

69

第1部　確率論前史

　で及んでいたこと

が分かる．この事実から，

(3) 利口な現実主義者は，賭事が不正義としても，それを追放できないのなら，悪を転じて善となす方法を案出しよう，と考えた．

それは，例えば，サイコロ投げの結果を**神意の現れ**と見ることであった．これは古典古代の考えの復活でもあった．960 年頃，ウェールズの**ウィボールド** (Wibold) 司祭は，サイコロが異教徒によって作られたことが忘却されて久しいので，道徳的なサイコロ・ゲームを発明した．それで先輩たちから喧々諤々たる非難を浴びた人である．彼は 3 個のサイコロ投げの結果が 56 通りもあることに驚き，こんなにもたくさんの徳目を宛てがわねばならないのかと嘆いたという．サイコロが投げられた結果，徳目が確定し，投げた人はある期間その徳目に従って精進する．サイコロの目の出方の順序が問題でないと思われるので，ウィボールドの道徳ゲームは古典的な占いの伝統と一致する．異教の影響はそんなに簡単に排除根絶できるものではなかった．

　3 個のサイコロを投げて出る目の出方の数は，順列も含めて『**古事について** (De Vetula)』と題するラテン詩のなかで与えられている．この詩の作者は，中世の才能豊かな人道主義者で，アミアン (Amiens) の大聖堂の法官だった**ド・フールニヴァル** (Richard de Fournival；1200 – 1250) らしい．当面のことと関係ある章句は

　「もしも 3 つの数がすべて同じならば，6 通りの可能性がある．もし 2 数が同じで他の 1 数がそれと異なれば，30 通りの可能性がある．なぜなら，対をなす数のうち 1 つは 6 通りの方法で選ばれ，残りの 1 数は 5 通りの方法で選ばれるからである．もしも 3 つの数がすべて異なれば 20 通りある．なぜなら，30 × 4 [6 × 5 × 4] であるが，各々の可能性は 6 通りの方法で起こるから．こうして全部で 56 通りある．

　　しかし，もしも 3 数が同じなら，各々の数に対して唯 1 通りの方法しか存在しない．もしも 2 数が同じで他の 1 数が異なれば，3 通りの方法が存在する．もしも 3 数がすべて異なれば 6 通りの方法が存在する．付図は

いろいろな場合を示している.」

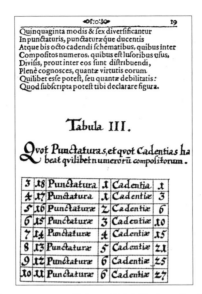

図 5.6 『古事について』の 1 部 (1662 年 Wölfenbuttel で出版されたもの)
punctatura ＝ 3 個の骰子の目の和, cadentia ＝場合の数

　この詩の中には, trie schemata surgunt ＝ 3 通りの場合が起こる；quemlibet ‥‥ reliqui duo permutant loca ＝もしも 1 数を固定すれば, 他の 2 通りの仕方で並べ換えられる, といったような言い回し方も見える. Cadentia の欄の数の和を 2 倍にすると, 3 個のサイコロ投げの総数 $216 = 6^3$ を得るが, 216 という数字はどこにも出ていない. (図 5.7) の下側の図は左上から横に 3 区画ずつ取っていくと, あらゆる目の出方が表示されている. (6, 3, 1) と (6, 4, 3) が左側の図では重複して書かれているので, 全部で 58 通り出ている. この表で 9 のように見えるのは 5 の古い書体である.『古事について』は当時の知識を示すものとして興味がもてる.

第 1 部　確率論前史

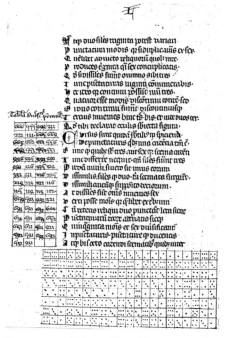

図 5.7　『古事について』の写本の 1 部．3 個のサイコロの目の出方を示す．

5.7.　西欧で今日知られているカードは，現在から 15 世紀の初めまでは明確な系図を辿ることができる．例えば，**ハーグラーヴ** (Catherine Perry Hargrave) の『**カードの歴史** (A History of Playing Cards and a Bibliography of Cards and Gambling)』にはその系図が余すところなく列挙されている．しかし，15 世紀から先に溯ると，カードの歴史は漠然とし，系図はますます伝説的となり，発祥の場所も未知である．カードが 1350 年以前に西欧に辿りついたとは思えない．というのは，好奇心の塊のようなチョーサーやダンテらの著書の中にカード・ゲームが引用されていないからである．**コベルツォ** (Goivanni Covelluzo) は『**ヴィテルボの歴史** (Istoria della citta di Viterbo)』(1480 年) のなかで

72

第5章 中世：焦れったい時代

「クレメンスⅦ世［アヴィニョン法王］とウルバヌスⅥ世［ローマ法王］の相対する党派それぞれに雇われた軍隊がヴィテルボの周囲に屯営した．これらの軍隊はローマでありとあらゆる種類の掠奪と暴行をほしいままにしたのである．こんな大苦難のあった頃にカード・ゲームがヴィテルボの町に入ってきた．それはサラセンからやってきたもので，Naibとよばれた」

と述べている．この記述は教会分裂時代の法王在位の年代 1378 年から 1389 年の間のことである．ヘブライ語の魔術に相当する言葉が naibi, スペイン語のカードを意味する言葉が naipes であるから，カードがサラセン経由でやってきたのかもしれない．1377 年から 1379 年の間に，海洋都市ヴェネツィアで絵札と数字のカードが見つかっているし，1380 年から 1384 年にかけてニュールンベルクでも見つかっている．1392 年にはフランス王シャルルⅥ世に一組のカードが献上されたことが王室金庫に記録されている．どうやら，1377 年頃オリエントからヴェネツィアに輸入されたカードが 10 年後のうちに西欧諸国すべてに拡まったようである．

しかし当時はカード一組の材質や枚数も，1枚1枚の絵柄も，1枚の大きさも定まっていなかった．中には非常に大きな薄い紙の上に絵柄が描かれているので，シャッフルした

図 5.8　1392 年シャルルⅥ世に献上されたタロー・カード，法王の札

73

第1部　確率論前史

り分配したりすることは不可能だったろう．このことは**カードが多数回試行を前提とする偶然ゲームに用いられることはなかったと思われる**．偶然ゲームの主役は相変わらずサイコロだったり，アストラガルスだった．初期のカードが占いに用いられたこと，そして現在もトランプ占いとして残っている．占いのため，カード1枚1枚に描かれている絵の意味の研究が行われるようになった．神秘主義者として有名な**ド・ジュブラン**（Court de Gebelin）はその著『**タロー・ゲーム**（Le Jeu de Tarots）』（1781年，パリ）のなかで，カードの絵柄の研究を器用に行い，その起源がエジプト神話にあると結論づけた．エジプト人たちはヒエログリフ（象形文字）の中に智恵と知識のすべてを包含した．それに基づいて，アルファベットが作られ，すべての神々が文字で表現され，すべての文字がイデアとなり，すべてのイデアが数となり，すべての数が完全な暗号（sign）となった．かくして数7はあらゆる魔術を保有する象徴となり，VIIのカードにエジプトの主神オシリスの凱旋の絵が描かれ，それが後世に太陽神の凱旋を示す戦車（Chariot）のカードとなる．数13は不幸の象徴で，死（Mort）を示すカードとなる，等々．

　ケンドールによると，タロット・カードの大アルカナ21枚は2個のサイコロ投げの異なる目の出方の総数に対応し，小アルカナ56枚は3個のサイコロ投げの異なる目の出方の総数に対応するとしている．エジプトや中国の花札にルーツをもつカード・ゲームがサイコロ・ゲームとこのような係わりをもつことを，ケンドールは<u>文化の同化</u>の例として説明している．

　しかし，カード・ゲームが実際に確率計算の対象になる17世紀の中頃まで，カードが数学的研究の対象になった痕跡はない．

5.8.　　それにしても確率計算の誕生まで人類は随分遠回りをしたようである．中世の1000年間，賭事はどんどん流行し，人類全体のものとなったけれども，それはまだ科学にまで高められることはなかった．まことに**焦れったい時代**（Tantalizing period）が長く続いたのである．その理由は要約すると

第 5 章　中世：焦れったい時代

アストラガルスが個性的でバラツキのある道具だったし，カードは材質が悪かったこと．

無作為性（randomness）とか，偶運（chance）というものに対する道徳的・宗教的制約．

そのことから生ずる賭博者たちの迷信と複雑な屈折した心理．

記数法の不備からくる組合せ論の未発達と，真の乗除算の概念の欠如．

などが挙げられよう．このような歴史的経過を経て，

(4) 賢明な合理主義者たちは，賭事を神事や占星術的意味付けから救済し，神秘のヴェールをはいで，純粋に科学的な思考のみで考察しようとした．

このような合理主義者として，15 世紀のパチォーリ，16 世紀のカルダーノ，タルタニアらの名を挙げることができる．しかし，このような合理主義者たちを刺激した人として，真の乗除算を作ったオレーム，異教徒のアリストテレスの論説をキリスト教義に変える努力をしたトマス・アクィナスなどを挙げることができる．

＜参考文献＞

本章でも基本文献は

[1] F.N.David *"Games, Gods and Gambling"* (Griffin, 1962 年)

である．さらに

[2] M.C.Kendall *"The beginning of a Probability Calculus"* (Biometrika, 43 巻, 1956 年, 1 – 14 頁)

は重要な情報源である．聖ニコラ劇に関しては

[3] Patrick R.Vincent *"The Jeu de St.Nicolas of Jean Bodel of Arras"* (1954 年; Johns Hopkins Press)

を参考にした．この本は劇の台詞の逐語分析がなされている．賭博に関する情報を伝えている文学作品は

[4] ダンテ『神曲』(野上素一訳; 筑摩書房, 1962 年)

[5] チョーサー『カンターベリ物語』(西脇順三郎訳; 筑摩書房, 1961 年)

第1部　確率論前史

[6] ラブレー『ガルガンチュワ物語』(渡辺一夫訳;筑摩書房, 1961 年)

[7] エラスムス『痴愚神礼讃』(渡辺一夫, 二宮敬訳;中央公論社, 1969 年)

　がある．カード・ゲームに関しては

[8] C.P.Hargrave "*A History of Playing Cards and a Bibliography of Cards and Gaming*" Dover, 1930 年)

　が基本的文献である．カードによる占いも含めたものに

[9] 安藤洋美「確率論前史における占い」(数理科学, 1977 年 1 月号, No.163;19 – 24 頁)

　がある．

第6章 古代・中世
の組合せ論

6.1. 組合せ論 (Combinatrics) は確率計算と大いに関係するが, 歴史的にはそれと独立に発見され, 見失われ, そのような過程を何回も反復しながら, 17世紀の確率計算につながって行く.

組合せ論が出てくる史上最初のものは, 中国の五経 (Five Canons；詩経, 書経, 易経, 礼経, 春秋経) のうち, 古さの点からも重要さの点からも注目されるのは『**易経**』(I‑King；英訳は Book of Permutation, または Book of Changes) である. 『易経』がいつできたかはっきりしないが, 紀元前8世紀から紀元前3, 4世紀(戦国時代)にかけてのものと思われる. 言うまでもなく, 易経では陰陽二元説に基づいて自然現象の説明を行った. 上古文字の変遷を考えると, 易の二爻 (にこう) は

—— は ○ （陽, yang）

から転化してきているので, 円転性や連続性のものを表し, 従って

— — （陰, ying）

は切断性や不連続性のものを表す. これら2つの記号によって, 太陽や雨をもとにして考え出した陰陽性の組合せにより, それを宇宙の諸現象になぞらえ, さらにはそれと人事百般の事項を対応させて, 現象に適切深遠なる解釈を施したものが易である. 八卦, 六十四卦 (hexagram) は有名である.

易の基本概念を樹型図で表すと次のようになる:

77

第1部 確率論前史

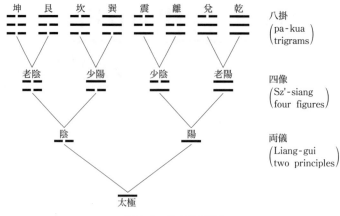

図 6.1 易の基本概念

これは重複順列の一例であり，後に**ライプニッツ**が普遍算術を作るヒントを得たものである．

八卦の一つ一つの図柄が自然現象や家族，動物や人体各部，あるいは方角などにどのように宛われるかを示したのが，(図 6.2) である．

シンボル	読み方		自然		家族		方角	人体各部	動物
☰	K'ién	乾	天	健	父	陽	南	首	馬
☱	tui	兌	沢	説	少女	陰	南東	口	羊
☲	li	離	火	麗	中女	陰	東	目	雉
☳	chön	震	雷	動	長男	陽	北東	足	龍
☴	sün	巽	風	入	長女	陰	南西	股	鶏
☵	k'an	坎	水	陥	中男	陽	西	耳	豕
☶	kön	艮	山	止	少男	陽	北西	手	狗
☷	k'un	坤	地	順	母	陰	北	腹	牛

図 6.2 八卦の解釈

第6章 古代・中世の組合せ論

6.2. 古代ギリシャにおける組合せ論については,既にプルタルコスの説を紹介した[3.8.節].これ以外に,我々の見聞し得る唯一の痕跡は,ユークレイデス(Eucleides;B.C.270?)の『幾何学原本』第2巻,第4命題である.

「もし線分が任意に二分されるならば,全体の上の正方形は,2つの部分の上の正方形と,2つの部分によって囲まれた長方形の2倍との和に等しい.線分 AB が Γ において任意に分けられたとしよう.AB 上の正方形は $A\Gamma$, ΓB 上の正方形と,$A\Gamma$, ΓB に囲まれた長方形の2倍との和に等しいと主張する.」

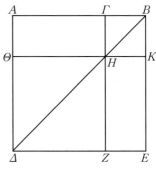

図6.3 『幾何学原本』の図

これは単なる四角形の面積の和にすぎず
$$(a+b)^2 = a^2 + 2ab + b^2$$
を意識したものではなく,ましてや二項定理 $(a+b)^2 = \cdots\cdots$ の特殊な場合と見なすことはできない.なぜなら,ユークレイデスは $n>2$ なる自然数 n に対して,この命題の拡張はなんら行っていないから.

6.3. 実用的なものを除いて,数学のどの分野にも興味を示さなかったローマの学者たちのなかでは,東ゴート王に仕え,後に反逆罪で処刑された**ボエテイウス**(Anicius Manlius Severinus Boethius;480-524)が書いたポルフィリオス(Porphyrios;ギリシャの哲学者)の注釈のなかで,n 個の物から一度に2個取る組合せの数は $\dfrac{n(n-1)}{2}$ であるという規則を与えているにすぎない.

6.4. 今日，歴史的文書として理解されているヘブライ語の聖書には，初めに神ありき，しかし神の御名は明らかにされていない．『旧約聖書』の「出エジプト記」[III, 13 – 14] に出ている燃える柴のなかからモーセに説明された神の名は

「私は有って有る者」

I am who I am.

Ich werde dasein, als der Dasein.

とされ，何よりもまずイスラエルのために存在または現臨する神の自由を表現

図6.4 ボエティウス

したものと思われる．「私は有る」というこの難解な言葉から，神の名ヤハヴェ (Yahweh, Jehovah；ヘブライ語で יהוה ，JHVH；英語で the Lord) がうまれたという．こういう言葉と名前の結合によって，名は神の言葉と呼ばれるものの一部分となり，この言語によって神は自己自身を提示し顕示するとともにこの言葉を媒介として存在するようになり，彼の被造物に自らを伝達するのである．こうして，言語に極端な神秘性を持たせるとともに，ヘブライ語の字母 22 文字は創造を生み出す要素と見なすことが，ユダヤ教のなかに芽生えてくる．

カバラ (Cabala) はヘブライ語の qabbalah (受け取る) に由来し，語義的には「受け取った者」，「伝説による伝承」を意味し，口伝的に受け継がれた神と宇宙に関する神秘的なユダヤの思想である．カバラを研究する人々をカバリストという．カバリストの言語神秘主義を伝える最初の原典は『**創造記**(Sefer Yetsirah)』である．この書物は 1 世紀から 6 世紀にかけて，タルムードが作られた頃に漸次に本の形を整えていったものと思われる．10 世紀に入るとサッディア・ガオン (Rabbi Saadya Gaon；892 – 942) やシャバッタイ・ドンノロ (Rabbi Shabbatai Donnolo；913 – 970) が『創造記』の注釈を書いている．『創

第6章　古代・中世の組合せ論

造記』は荘厳で悠然とした，同時に著しく簡潔なヘブライ語で書かれた僅か数頁のものであり，文章は少なからぬ謎に満ちたもので，注釈は必要なものだった．

今後 (1 – 13) 等の記号は『創造記』第 I 章，第 13 章を表すものとする．

「(1 – 13) 神は 3 文字を選び給いて，それらを［神を示す］偉大な名前 ——JHV（ヤーブ；英語読みでエホバ）として固定し給う．それから，これらの 3 文字を並べかえて，6 つの方向に印づけ給う．」

このようにして 3 文字 JHV の 6 つの順列が全部列挙され，それらの各々に上，下，東，西，南，北が対応させられる．

創られたものすべてがそこから生成される 22 個の文字から，同時に 2 文字取った組合せは次のように与えられる：

「(II – 4) 22 個の基本文字は 1 つの円上にある 231 個の門の中に設定される．そしてこの円は前向きか，後ろ向きに回る‥‥それはどういうようにするのか．A は他の文字と，他の文字は A と；B は他の文字と，他の文字は B と組合わせる．こうして円が完成するまで続けよ．」

ドンノロの注釈によると，‘前向き’ というのは各順列とも文字がアルファベットの順に表現されるもので 231 通りある．‘後向き’ というのは各順列とも文字がアルファベットの逆順に表現されるもので 231 通りある．そして，前向きの順列の後に，後ろ向きの順列が続くということらしい．また (II – 4) の後半が計算規則を示す．つまり A を最初の位置にもってくると，A と結び付く文字は 21 個あり；B を最初の位置に持ってくると，B と結び付く文字は 21 個あり；‥‥こうしてアルファベットの 22 文字のどの 1 つに対しても，そのようにし得るので，配列の数は $22 \times 21 = 462$ である．「A が他の文字と，他の文字が A と」というのは，これらを同じ組合せと見て，$462 \div 2 = 231$ が出てくるであろう．

しかし，別の解釈もある．2 つの同心円 ——その各々はこれら 22 文字を 1 区画内に含んでいる—— がそれぞれ反対方向に回ると，その運動の中で可能

な231通りの組合せが出現する．これら231の組合せはすべて創られたものが通過する門（gate）であり，すべて現実なるものはこれらの原組合せに基づいていて，これらをもって神は言語活動を呼び出したことになる．アルファベットは言語の起源であると同時に，存在の起源でもあると説く．順列を計算する一般規則は

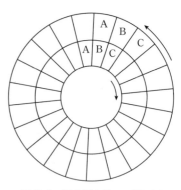

図6.5　同心円を使った門の図

「（IV − 12）2つの石［文字］が2つの家［語］を作る．3つの石は6つの家を作る．4つの石は24の家を，5つの石は120の家を，6つの石は720の家を，7つの石は5040の家を作る．以下，このようにして計算する‥‥」

のである．注釈者サッディア・ガオンは聖書に出てくる最長の語は11文字からなるので，11個の文字の順列の数を計算した．また，ドンノロはn個の文字がn！通りの配列の仕方をもっていることを，現代と同じ説明で求めている．

『創造記』には文字がいくつか同じであるときの順列の数を確定する問題も含まれており，聖なる文字（tetragrammation）ヤハヴェ（ヘブライ語でIHVH, JHVH, JHWH, YHWH, YHVHなどと表現される）は，4文字中2文字が同じで，配列の数は正しく，配列全部が列挙されている．

図6.6　『創造記』にあるヘブライ文字，中央に3母文字，黒い星の7複音文字，その周りの12の単音文字，計22文字．この真ん中に神がいる．

82

6.5.
　組合せ論はインドでも極めて昔から研究された．インドの科学史家シン（A.N.Singh）の説によると，紀元前1500年から1000年にかけて作られた『スルバ・スートラ（Sulba Sūtras）』には$(a+b)^2$の公式は知られていたという．紀元前6世紀の医学の本といわれる『スースルータ（Sūsruta）』には，6つの基本的な味（甘み，酸味，塩味，辛味，苦味，渋味）を結合することにより，いろいろな味が出てくる場合の数として，6つの物の中からいくつか取る組合せの数を求めている．

　紀元前2世紀頃のジャイナ教の聖典の一つ『バガヴァティ（Bhagavati）』には，3人を7種類の奈落の底に落とす方法の数が，$7+42+35=94$通りあることを場合の数の列挙によって求めている．3人が一緒にある奈落に落ちる方法の数は7通り，2人が一緒で他の1人が別の奈落に落ちる方法の数は$2 \times {}_7C_2$通り，全員が別々の奈落に落ちる方法の数は${}_7C_3$通りであるから．

　同じ紀元前2世紀頃，ピンガラ（Pingala）は『チャンダー・スートラ（Chandah Sutra）』の中で
$$ {}_nC_0 + {}_nC_1 + {}_nC_2 + \cdots\cdots + {}_nC_n = 2^n $$
を知っていた．この結果は，9世紀マイソールにいたマハーヴィーラ（Mahāvīra）やプルスダカスヴァーミー（Prthdakasvami）の著作の中に見られる．ピンガラは下図のような算術三角形（Meru prastara）から帰納的にこの公式を得たものと思われる．

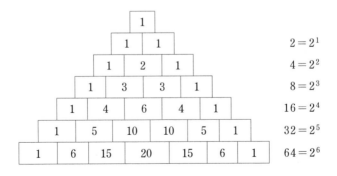

第1部　確率論前史

6.6.　7世紀から13世紀初め頃にかけて，インドでは宗教・哲学・文学に関する文献はたくさん残っているが，歴史叙述はほとんど残されていない．この時代は，敵対する諸王朝の抗争と興亡の繰り返しであったらしい．この時代の王朝や王の名が忘却の淵から救い上げられたのは，南インドに残存する銅版・石柱・石板・寺院の壁などに刻まれた碑文で，1888年「インド碑文学（Epigraphia Indica）」という雑誌が発刊されて，碑文解読が進んだからである．マハーラーシュトラ（Maharastra）州シャリスガオン（Chalisgaon）近くの寒村パトナー（Patna）で，バーウー・ダージー（Bahu Daji）が発見した碑文は，中世インドの偉大な数学者**バースカラ**（Bhaskara；1115？– 1185？）に関する情報を明らかにした．碑文にはバスカラ家9代にわたる系図が書かれていて，彼の父マーヘシュヴァーラ（Mahesvara）も孫のカンガデヴァ（Cangadeva）も有名な占星術師であったことも記されている．

バースカラの著書『**リーラヴァティ**（Lilavati）』の第IV章，第6節は「順列・組合せ」に割かれている．110 – 112項はn個の物からr個取った組合せの数の計算法を説明しているが，その公式は適用例で見る方が分かりやすい．

「114．大地の主たる王の優雅な宮殿 —— それは8つの小窓をもち，名工によって建てられたものであって，建て付けの良い部屋に恵まれている —— において，通風のため小窓を1, 2, 3個など開ける仕方の数を述べなさい．

また，甘味，辛味，渋味，酸味，塩味，苦味の6つの味によって，それらの味を1つ，2つ，3つなど取って1つに調合したら，薬味にはどれだけの調合法があるか，数学者よ，述べなさい．

小窓に関する書き置き（第一の例）

8, 7, 6, 5, 4, 3, 2, 1

1, 2, 3, 4, 5, 6, 7, 8

1, 2, 3, … 個の小窓の通風の仕方の数として得られるのは

8, 28, 56, 70, 56, 28, 8, 1

1, 2, 3, 4, 5, 6, 7, 8

第6章　古代・中世の組合せ論

　　　かくして8つの小窓をもつ王宮における小窓の通風の仕方は 255 ある.」

この例における計算法は，例えば8個の中から3個を選ぶ通風の方法の数に関して，上の方の2列の数字を左から3つ取り，上の列の数の積 $8 \times 7 \times 6$ を，下の列の数の列 $1 \times 2 \times 3$ で割った値 56 が，下の2列の上側，左から3番目の値である．同様にして

　　　「第二の例に関しても
　　　　　6, 5, 4, 3, 2, 1
　　　　　1, 2, 3, 4, 5, 6
　　　1, 2, 3, … 個などの調合によるそれぞれの現れ方は
　　　　　6, 15, 20, 15, 6, 1
　　　　　1, 2, 3, 4, 5, 6
　　　で，合わせて 63 である.」

『リーラヴァティ』の第 XIII 章は「組合せ」(<u>数の連鎖</u>が直訳) という表題であるが，内容は順列の計算である．265 項は順列に対する $n!$ 規則と，n 個の並べ換え全部の和の求め方が述べられている．具体例で説明すると

　　　「268．例．数字2と8をもって数の変種はいくつできるか．数字3と9と8を持って数の変種はいくつできか．2から9までの連続した数字をもって　数の変種はいくつできるか．それらの数の和をそっと知らせておくれ．
　　　　陳述 [第一の例] 2, 8
　　　ここで桁数は 2.1 から桁数までの相乗積は 1×2，数の順列は2である．この2に数の和 10 [$= 2 + 8$] を掛けると 20；それを数字の個数2で割ると 10．桁ずらし　　　　　　[10
　　　　　　　　　　　　　　　　10]
　　　とし，ともに加えると 110 となる．これが数の変種の和である．
　　　　陳述 [第三の例] 2, 3, 4, 5, 6, 7, 8, 9

85

第1部　確率論前史

　　ここで桁数は8. 1に始まり8までの数の相乗積は $1 \times 2 \times 3 \times 4 \times 5 \times 6$ $\times 7 \times 8 = 40320$ で，順列の総数になる．これに数字の総和44を掛けると 1774080 となる．これを数字の個数8で割ると 221760．この商を桁ずらし8回して加えると，順列の総数 2463999975360 を得る．」

これを現代風に書くと，数字 $a_1, a_2, \cdots, a_n$ の順列 $(a_{i1}, a_{i2}, \cdots, a_{in})$ に10進数

$$10^{n-1}a_{i1} + 10^{n-2}a_{i2} + \cdots + a_{in}$$

を対応させ，この数をすべての順列にわたって加算すると

$$\sum (10^{n-1}a_{i1} + 10^{n-2}a_{i2} + \cdots + a_{in})$$
$$= S(n-1)!(10^{n-1} + 10^{n-2} + \cdots + 10 + 1)$$
$$= S \cdot \frac{n!}{n} \cdot \frac{10^n - 1}{9}$$

ただし，$S = a_1 + a_2 + \cdots + a_n$ である．$(10^n - 1)/9$ が n 回桁ずらしの作用をする．それにしても，このような考察ができるのも，インド記数法のお陰であり，当時の西欧では考えられもしなかった．

　270項は，同じ物が何個かある場合の順列の数を求めるものである．

$$p + q + \cdots = n$$

そのうち p 個は同じ物，q 個は先の物とは別の同じ物，…順列の数は

$$\binom{n}{p,\ q,\ \cdots} = \frac{n!}{p!\,q!\cdots\cdots}$$

であることを述べている．

　　「271. 例. 2, 2, 1, 1 をもって，いかほどの数ができるか？数学者よ，それらの和を［求めて］すぐ私に教えてほしい．また，4, 8, 5, 5, 5 の場合はどうか；もしも汝が数の順列の規則に精通しているとしたら．

　　陳述［第一の例］2, 2, 1, 1

　　ここで前述のようにして求めた順列は24である．まず2つの位置が同じ数字 (2, 2) によって満たされる．その場所の数に対する組合せは2である．次に2つの他の場所が同じ数字 (1, 1) により満たされている．そ

86

してこれらの場所に対する組合せもまた 2 である．併せて 4．前述の順
列 24 を同じ数字の 2 つの対に対する二重の組合せ 4 で割ると，変種の数
として 6 を得る；すなわち，

　　2211, 2121, 2112, 1212, 1221, 1122

　数の和は 9999 であること，前述の通り．

　陳述［第二の例］4, 8, 5, 5, 5

　ここで前述のようにして求めた順列は 120 である．それを 3 つの場所
に対する組合せの数 6 で割ると，変種 20 を得る‥‥数の和は 1199988 で
ある．」

これは，数の和 ＝ 4 ＋ 8 ＋ 5 ＋ 5 ＋ 5 ＝ 27，変種の数 ＝ 20，数の個数 ＝ 5，
$27 \times 20 \div 5 = 108$，108 を 5 回桁ずらしして加えると 1199988 を得る．

　バースカラの勝れた点は，重複組合せの数まで求めていることである．

　「274．規則．もしも何個かの数字の和が確定しているなら，その和より
小さい数から 1 ずつ下がって行く算術数列を考え，それらの数字の個数よ
り 1 少ない数を項数とする．それらの数列の各項を順に 1, 2, … で割る．
割った商を掛け合わせると，その積が何個かの数字の変種の数に等しい．

　この規則は，数字の和が（数字の個数 ＋ 9）より小さいことを前提とし
て成立することが分かる．

　ここでは冗長の恐れがあるので，摘要のみに留める；なぜなら，計算の
大海原は果てしないからである．」

この規則は，「$a_1 + a_2 + \cdots + a_n = M$ ；$a_1, a_2, \cdots, a_n \geqq 1$ を満たす正数解
の個数はいくらか」という問題と同じで

$$b_i = a_i - 1$$

とおくと

$$b_1 + b_2 + \cdots + b_n = M - n \text{ ；} b_1, b_2, \cdots, b_n \geqq 0 \text{ ；}$$

$M - n$ 個の区別のつかない玉を n 個の箱に任意に分配する方法の数は

$$_n\mathrm{H}_{M-n} = {}_{n+(M-n)-1}\mathrm{C}_{M-n} = {}_{M-1}\mathrm{C}_{n-1}$$

第1部 確率論前史

$$= \frac{(M-1)(M-2)\cdots\{M-(n-1)\}}{1\cdot 2\cdot\cdots\cdot(n-1)}$$

であることを意味している.

「275. 例. 数字が5つの場所にあり, その和が13であるような, いろいろな数は何通りあるか. もしも知っておれば教えて欲しい.

ここで, 数字の和 $-1=12$ である. 12から減少する数列を 1, 2, 3, $\cdots$で割り, それらを明示すると, 陳述は $12/1, 11/2, 10/3, 9/4$ である. これらの乗積 $11880/24$ は変種の数495に等しい.」

事実, 91111, 52222, 13333 は各5通り. 55111, 22333 は各10通り. 82111, 72311, 64111, 43222, 61222 は各20通り. 72211, 53311, 44221, 44311 は各30通り. 63211, 54211, 53221, 43321 は各60通り. 計495通りである.

「277. [いろいろな問題が] 喉につかえていた人たちにとり,『リーラヴァティ』を読んだら, 喜びと幸福が常にこの世で増え続ける. 諸問題は分数, 乗法, 累乗のきちんとした変形で飾られ, 解答は純正にして完全, 例示の語り口は味わい深い」

というのが結語である.

6.7. インドの組合せ論は中世にはかなり高度の発展をしていた. その最後を飾るのは, 重複組合せの複雑な計算を行った**ナーラーヤナ**（Narayana; 1356年頃生存？）の『**牛の数の問題**』である. ナーラーヤナと呼ばれる数学者は中世4人ほどいるらしいが, ここでいうのはナラシムハ（Narasimha）の息子で, 1356年『ガニタカウムディ（Ganitakaumudi）』と題する代数と幾何の本を書き, また伝えられるところではバースカラの『リーラヴァティ』の注釈を書いたといわれる数学者である.

ナーラーヤナの牛の数の問題とは

「1匹の雌牛が20年間に生んで行く雌牛と子牛の群れの数を計算せよ.

第6章　古代・中世の組合せ論

> ただし，雌牛は年の初めに 1 匹の子牛を産む．その子牛は 3 年経過する
> と子牛を産むものと仮定する．」

というものである．

(1) 雌牛は 20 年間に 1 代目の子を産む．

(2) 1 代目の最初の子牛は 2 代目として 17 匹の子牛を，2 番目の子牛は 2 代
目として，16 匹，… というように，次々と産んでいくと，この集団の子牛
の合計は

$$17 + 16 + 15 + \cdots + 1 \equiv {}^{17}V_1$$

(3) 2 代目の 17 匹の最初の子牛は 3 代目として 14 匹の子牛を，2 番目の子牛
は 3 代目として 13 匹子牛を…・を産み，この集団すべての子牛は合計

$$14 + 13 + 12 + \cdots + 1 \equiv {}^{14}V_1$$

2 代目の 16 匹のうちの最初の子牛は 3 代目として 13 匹の子牛を，2 番目の
子牛は 3 代目として 12 匹を……というように産んでいくので，この集団の子
牛は合計

$$13 + 12 + \cdots + 1 \equiv {}^{13}V_1$$

以下同様にして，2 代目の子牛すべてから出る 3 代目の子牛の総計は

$${}^{14}V_1 + {}^{13}V_1 + \cdots + {}^{1}V_1 \equiv {}^{14}V_2$$

こうして，20 年間の牛の数は全部で

$$1 + 20 + {}^{17}V_1 + {}^{14}V_2 + {}^{11}V_3 + {}^{8}V_4 + {}^{5}V_5 + {}^{2}V_6$$

$$= 1 + {}_{20}H_1 + {}_{17}H_2 + {}_{14}H_3 + {}_{11}H_4 + {}_{8}H_5 + {}_{5}H_6 + {}_{2}H_7$$

$$= 1 + 20 + 153 + 560 + 1001 + 792 + 210 + 8 = 2745$$

となる．ナーラーヤナの使用した数列は

$${}_nH_r = {}_nH_{r-1} + {}_{n-1}H_{r-1} + \cdots + {}_1H_{r-1}$$

である．ナーラーヤナは ${}^nV_m$ を m − 階級級数 (m–vara–samkalita) と呼
んだ．

6.8.　中国では元の時代に数学が発達したのは，イスラム世界の一部を
征服したことによる副産物かもしれない．13 世紀後半から 14 世紀前半にか

けて勝れた数学者**朱世傑**(Chu Shin-Chieh)が出た．彼は北京郊外の燕山に寓居したといわれ，それ以前は20年以上にわたり各地を放浪したが，最も居心地の良かったのは揚州だった．揚州は塩の売買で栄え，周辺は手工業が発達し，経済的に豊かな所だったので，朱世傑はそこで数学を教授し生計を立てることができた．彼はそのときの教授経験をもとに，1299年『**算学啓蒙**』(全3巻)と1303年『**四元玉鑑**』(全3巻)という独創的な，当時としては最高レベルの本を書いた．

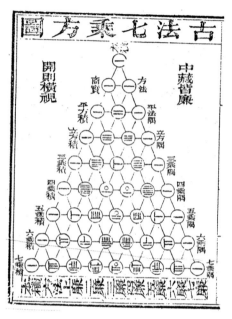

図6.7 『四元玉鑑』の算術三角形

『四元玉鑑』の最初の図が「開方作法本源」と称する算術三角形の図である．これは$(x+a)^8$までの二項展開式の各項の係数を示している．『四元玉鑑』は4元連立高次方程式の解法を主とした本であるが，この算術三角形は級数の和を求めること（朶術；だじゅつ）に使用された．例えば

$$1+2+3+\cdots+n = \sum_{k=1}^{n} k = \frac{1}{2!}n(n+1), \quad 茭草朶（こうそうだ）という．$$

$$1+3+6+\cdots+\frac{1}{2!}n(n+1) = \sum_{k=1}^{n} \frac{1}{2!}k(k+1) = \frac{1}{3!}n(n+1)(n+2)$$

これを三角朶または茭草朶の落一形朶という．

$$1+4+10+\cdots+\frac{1}{3!}n(n+1)(n+2) = \sum_{k=1}^{n} \frac{1}{3!}k(k+1)(k+2)$$
$$= \frac{1}{4!}n(n+1)(n+2)(n+3)$$

これを撒星形朶または三角落一形朶という．以下，同様である．

第6章　古代・中世の組合せ論

　これらの一連の級数和は，前式の結果が後の式の一般項になっていること，それで前の式の第 k 項までの垛積を落として一層にし，後式の表す第 k 項にするので「落一形」という術語が使われている．さらに，これら各級数の左辺の求和各項は算術三角形の 2 番目，3 番目，4 番目，…にある斜線の前 n 項の数字に相当する．そしてそれらの和は直近左下の数字に等しいことが分かる．

　このことを朱世傑は『四元玉鑑』の中巻の「茭草形段」の節において，7 つの具体的な問題で説明している．そのうちの最初の 2 問題を紹介する．

　　「今茭草 680 束有り，例えば落一形垛の問題として，底辺はいくらか」

これは $1 + 3 + 6 + \cdots + 15 \times 16 \div 2 = (15 \times 16 \times 17)/1 \cdot 2 \cdot 3 = 680$ を意味する．それで $n = 15$ である．

　　「今茭草 1820 束有り，例えば撒星形垛の問題として，底辺はいくらか」

これは $1 + 4 + 10 + \cdots + 13 \cdot 14 \cdot 15/1 \cdot 2 \cdot 3 = 13 \cdot 14 \cdot 15 \cdot 16/1 \cdot 2 \cdot 3 \cdot 4 = 1820$ を意味する．それで $n = 13$ となる．

　朱世傑より少し前に，南宋の**楊輝**（Yang　Hui, 1261 年頃活躍）によると，1050 年頃**賈憲**（Cha Shien）が『黄帝九章算法細草』の中の「少広章」に算術三角形を $(x+a)^6$ まで書いているという．

6.9.　622 年**マホメット**（Mahomet；570?-632）率いるイスラム教徒はメディナに教団国家を建設した．そして彼の後継者たちによって，瞬くうちに，ペルシャ・シリア・エジプトを征服し，強大なイスラム帝国を築いた．8 世紀に入ると，東はインダス河まで，西はイベリア半島に至る広大な領土を有するに至った．それに伴い，インド数学者の知識は西方に向かって徐々に流出し始めたし，古典ギリシャの遺産も手に入れることができた．こうして，イスラムはインドとギリシャという古代の独創的知恵を糾合でき，やがて独自の科学を打ち建てるようになる．

　首都バグダードで研究していた**アル・カラジー**（Al Karaji;?-1029?）は二

第1部　確率論前史

項係数の生成法則

$$_nC_k = {}_nC_{k-1} + {}_{n-1}C_k$$

は知っていたという．また，タブリーズ (Tabriz；イラン北西部の都市) 生まれでバグダードで死んだ**アル・サンジャニ** (Al Zanjani；?-1262) は『代数における方程式の均衡 (Qustas al-Muadala fi Ilm al-jabr wa al-muquabara)』という写本の中で，$(a+b)^7$ までの展開式を書いている．アル・サンジャニーは法学者・言語学者・文法学者・語源学者・韻律学者として有名であるが，数学者には分類されていない．

　イブン・アル・バンナー (Ibn Al-Banna；1256?-1321) はモロッコの大工の子に生まれた．『**算学要綱** (Talkhis Fi A'mal al-hisab)と題する本を出した．この本の中に，F_k を k 段目の三角数とすると

$$_pC_3 = \sum_{k=1}^{p-2} F_k = \frac{1}{3!} p(p-1)(p-2)$$

であることが出ている．また，再帰公式

$$_pC_3 = \frac{p-2}{3} {}_pC_2$$

も紹介されている．

> 「p 個の物から 3 個とる組合せは，まず p 個の物から 2 個とる．その組合せの数は $_pC_2$．この組合せの各々に 3 番目の要素を結合させる．3 番目の要素になる物は $p-2$ 個ある．その中の 1 つを結合の対象に考える．例えば，a, b に対し 3 番目の c が結合すると，a, c と b；b, c と a は同じ組合せと考えて良いので，上の再帰公式を得る」

と述べている．これらの公式の一般化は図られていない．

6.10.　　1251 年チンギス・カーンの孫モンケが第 4 代カーンに就く．モンケは政治的駆引きもでき，多言語に通じ，ユークリッド幾何学をはじめ，古今の諸学にも広い知識をもつ名君であった．それだけに見事に生きようとし

92

て，伯父たちのカーン時代の負の遺産を一掃しようとした．それは当然粛正を意味する．と同時に世界征服に乗り出した．弟の**フラグ**に中東地域の征服を命じた．1258年2月，フラグ軍はバグダードを占領した．降伏した第37代カリフのムスタースィムは貴人の礼として血が流出しないよう，革袋に入れられ馬蹄で踏みつけられて処刑された．ここに東カリフ国は消滅した．フラグの蒙古軍には中国の天文学者（占星術師）を何人か伴っていた．ここに，中国の数学もまた，イスラムに影響を与えることになる．フラグとその子孫は西アジア一帯を含むイル汗国を創った．チンギス・カーンの子のチャガタイの治めた汗国は中央アジア一帯を占め，やがてこの2つの汗国の支配者はイスラム教に近づいていった．チャガタイ汗国の貴族の末端に連なる貧しい青年**チムール**は1370年近隣勢力と連合したり抗争したりして，勢力を伸ばし，やがてチンギス家の娘を娶って支配権の正当性を確立し，サマルカンドを都として帝国を創った．その孫**ウルグ・ベーグ**（Ulugh Beg；1393-1449）はサマルカンドの天文台で自ら観測作業を主宰するほど科学が好きだった．彼の弟子**アル・カーシー**（Al Kashi；?-1436?）は『**算術の鍵**（Miftah al-hisab）』という短いテキストの中で，算術三角形を取り上げている．

図6.8　アル・カーシーの算術

　彼の算術三角形は（図6.8）のように，最初と最後の項の係数の1が抜けている．しかし，係数を次々と計算する生成法則

$$_nC_k = {}_nC_{k-1} + {}_{n-1}C_k$$

は知っていたらしい．彼はこの三角形を用いて，ある数の累乗根の近似値を求めた．例えば

$$\sqrt[5]{a^5+r} = a+\rho \quad (ただし 0 < \rho < 1),$$

両辺を 5 乗して

$$a^5 + r = (a + \rho)^5,$$

この算術三角形を用いて

$$r = (a + \rho)^5 - a^5$$
$$= 5a^4\rho + 10a^3\rho^2 + 10a^2\rho^3 + 5a\rho^4 + \rho^5$$

となる．ゆえに

$$\rho = \frac{r}{5a^4 + 10a^3\rho + 10a^2\rho^2 + 5a\rho^3 + \rho^4}$$
$$\fallingdotseq \frac{r}{5a^4 + 10a^3 + 10a^2 + 5a + 1}$$
$$= \frac{r}{(a+1)^5 - a^5}$$

となる．$a = 536,\ r = 21$ とおくと

$$\sqrt[5]{44240899506197} = \sqrt[5]{536^5 + 21}$$
$$\rho = \frac{21}{537^5 - 536^5} = \frac{21}{414237740281},$$

それで

$$\sqrt[5]{44240899506197} \fallingdotseq 536.0000000000507$$

を得る．同様にして

$$\sqrt{a^2 + r} \fallingdotseq a + r/(2a + 1),$$
$$\sqrt[3]{a^3 + r} \fallingdotseq a + r/(3a^2 + 3a + 1)$$

を得ている．これは中国で行われていた数学の影響と考えられる部分である．
そればかりではなく，この本には百鶏問題など，中国固有の問題も見られる．

組合せ論の発展を見ると，

光りは東方から

の譬えの通りの感がする．

第 6 章　古代・中世の組合せ論

＜参考文献＞

組合せ論の歴史についての総括的なものは

[1] N.L.Biggs 'The Roots of Combinatrics' (Historia Mathematica, 6 巻, 1979 年, 109−136 頁)

である．論文の末尾の文献目録は現在利用できる資料すべてを網羅していると思われる．簡単な歴史は

[2] D.E.Smith *History of Mathematics* (Dover, 1953 年), vol. II の 524−528 頁にある．さらに

[3] M.Cantor *Vorlesungen über Geschichte der Mathematik* 全 4 巻 (Johnson Reprint, 1965 年)

には，組合せ論の歴史が多くの節に分散して紹介されている．易については

[4] 高田真治・後藤基巳訳『易経』全 2 巻 (岩波文庫, 1969 年)

を参照した．ユダヤ教徒の組合せ論については

[5] N.L.Rabinovitch 'Combinations and probability in rabbinic literature' (Biometrika；1970 年, 57 巻, 203−205 頁)

[6] N.L.Rabinovitch *Probability and Statistical Inferance in Ancient and Medieval Jewish Literature* (1973 年, トロント大学出版部)

が参考になる．[6] はカバリストたちの組合せ論と確率の使用が詳述されている．インドの組合せ論については

[7] Henry Thomas Colebrooke *Algebra with Arithmetic and Mensuration from the Sanscrit of Brahmagupta and Bhascara* (1817 年；reprint は 1973 年, Dr.Martin Sandig OHC.)

[8] G.Chakravarti 'Growth and development of permutation and combination' (Bull.Calcutta Math. Soc. 24 巻, 1932 年, 79−88 頁)

を参考にした．日本語で読めるのは

[9] 矢野道雄・林隆夫訳『インド天文学・数学集』(科学の名著 I , 朝日出版社, 1980 年)

であるが，この本の項の番号は [7] の項の番号と若干ずれている．その理由については，著者解説に述べられている．また

[10] 林隆夫『インドの数学』(中公新書, 1993 年)

は日本語で読める最も簡潔なインドの数学史である．ナーラーヤナに関しては

95

第1部　確率論前史

[11] A.N.Singh 'On the use of series in Hindu mathematics' (Osiris, I 巻, 1936 年, 606 – 628 頁)

を参照した. 中国の数学について,『四元玉鑑』は

[12] 郭書春編『中国科学技術典籍通彙 (つうい);数学巻一』(河南教育出版, 1993 年)

によった. 朱世傑に関しては

[13] 金秋鵬編『中国科学技術史 (人物編)』(科学出版社, 1998 年)

によった. また

[14] 藪内清『中国の数学』(岩波新書, 1974 年)

[15] 銭宝琮編 (川原秀城訳)『中国数学史』(みすず書房, 1990 年)

も大いに参考にした. アル・カーシーの算術三角形については [15] にも触れられているが

[16] コールマン・ユシケービッチ (山内一次・井関清志訳)『数学史 (2)』(東京図書, 1971 年) にも載っている. その他

[17] 安藤洋美「カバリストたちの組合せ論と確率」(Basic 数学, 9 巻, 6 号, 1976 年)

[18] 安藤洋美「バスカラの組合せ論」(Basic 数学, 9 巻, 8 号, 1976 年)

[19] 安藤洋美「組合せ論 (東洋, 古代・中世)」(数学教育, No.161, 1973 年 12 月, 明治図書)

は本章の母体となった論文である.

第2部

確率計算の曙

第2部　確率計算の曙

第7章　マイモニデス

　西欧文明がキリスト教の精神・信仰と密接不可分に結び付いて発展してきたことは，衆知の通りである．しかし，ここに，確率計算だけは異教徒の臭いのする極めて特異なものである．そのため，異教徒の科学である偶然性の科学をキリスト神学の中に組み込む作業も必要で，それはアクィナスによって遂行された．それでも確率計算にかかわった人たちは，殆どといって良いほど，異教徒だったり，異端と断じられたり，カトリックから分派したプロテスタントだったりすることは，注目に値する．このことを浮き彫りにして確率論前史を論じたい．

7.1.　　紀元前 586 年に神殿がバビロニアにより破壊され，バビロン捕囚の苦難を切っ掛けに，ユダヤ人たちの肉体の離散と精神の凝集が始まる．神殿と祭式を基礎とした信仰を，教会と司祭を中心とした信仰に変えて，ユダヤ教は柔軟に生き続けた．新しい聖職者たちはソフリム (Sofrim；書の博士) と呼ばれ，それからパリサイ派 (Pharisai) が生まれ，後にラビ (Rabbi；ユダヤ律法博士) となっていく．ラビたちの努力で，聖俗ともに律するユダヤ法典が編纂され，それがユダヤ人の精神的紐帯となった．

　すべてのユダヤ人は神ヤハウェと**同じ契約**の中にあり，当然契約により成立するユダヤ人たちの生活共同体としての具体化，つまり

**　　　彼らに一様に妥当な権利と義務としての律法がある**

というのがユダヤ人たちの考え方の基礎である．しかも

**　　律法は，元来籤を引く（籤を投げる）ことにより与えられた指図**

98

だった．籤を投げることにより，**無作為性**（人為的に操作されないという意味）を通して，公平な結果を人々は期待したであろう．同じ契約，一様で妥当な権利・義務という宗教的概念が，無作為性・公平性・等確率性の概念に転化していったとしても，不思議ではない．ましてや，政治的に弾圧された民族にとって，公平という語ほど実感をもって感じ取れる言葉はない．ラビたちが早晩この点に気づくのは当然のことだった．

7.2.

中世最大の律法学者**ラビ・モーゼス・ベン・マイモニデス**（Rabbi Moses ben Maimonides; 1135 ? - 1204）の照準の中に，すべての順列が同時に確からしいと見なされる現象が視野に入ったのは自然の流れといえよう．マイモニデス，別名アブー・イムラン・ムーサ（Abu Imran Musa）はイスラム文化の中心コルドヴァに生まれたが，1145 年遊牧民ベルベル族の樹立したアル・ムワッヒド（Almohade）王朝のイベリア半島侵略により，故郷を追われた．その後アンダルーシャ（スペイン南部）やモロッコを経て，1166 年カイロに移った．以後アイユーブ朝のサラディン（Saladin；在位 1169-1193）の侍医として宮廷に仕えた．この回教君主のための衛生学の論文は，回教圏の医学文献の典型とされたし，**『迷える者の案内**（The Guide of the Perplexed）**』**は中世で最もよく読まれた

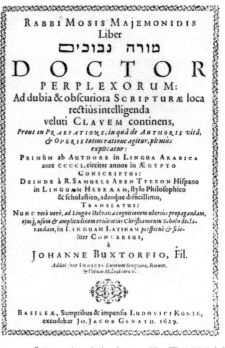

図 7.1 『迷える者の案内』（ラテン訳の扉；1629 年）

99

第 2 部　確率計算の曙

哲学書である．マイモニデスの確率研究の発端は「あなたはすべて初めて子宮を開いた者を……ことごとく主に捧げなければならない．あなたの子らのうち，すべて男の初子は贖わなければならない」[『出エジプト記』13 ; 12-13]という旧約聖書の記述である．また「イスラエルの人々の初子は，レビ人の数を 273 人超過しているので，その贖いのために，その頭数により一人あたり銀 5 シケルを取らなければならない」[『民数記』3 ; 46]とある．夫は妻が初産で男子を産めば 5 シケルを司祭に払う義務があったらしい．マイモニデスの律法解釈は次の通りである（第一の果実の規則 XI ; 29, 30）．

　　「2 組の夫婦がいて，1 人の妻は初産，もう 1 人の他の妻はそうでないとする．産まれた子供は，産まれると同時に（誰の子か分からないように）混ぜあわされる．

　　2 人の妻で，2 人の男子が出産したら，妻が初産である男は司祭に 5 シケル支払わねばならない．

　　2 人の妻で男子と女子を産んだとしたら，司祭は初産の妻をもった夫に 5 シケル払えと要求できない．[というのは，初産の妻の子が男である確率は 0.5 にすぎないからである．]

　　もしも 2 人の妻で 2 人の男子と 1 人の女子，合わせて 3 人産んだとしたら，初産の妻の夫は 5 シケルを司祭に支払わねばならない．なぜなら，その夫はたった 2 つの場合においてのみ，支払い義務を免除されるからである．[1. もし初産の妻が 1 人の女子を産んだとき．2. もし初産の妻が双子を産み，初めに女子が出て，その後に男子が出てきたときである．]」

現代風に解釈すると，初産の妻を F_1，そうでない妻を F_2 と書く．

(1) 男子 2 人出生の場合
　　　　F_1 – 男，　F_2 – 男
は確実に贖い金が必要である．

(2) 男子 1 人，女子 1 人出生の場合
　　　① F_1 – 男　F_2 – 女

100

② F_1 - 女, F_2 - 男

で, それぞれの確率は $1/2$ である. この場合, 多分人々は後者の場合だと言って, 司祭への支払いを逃れたのだと思う.

(3) 男子2人, 女子1人出生の場合

   ① F_1 - 男→男, F_2 - 女

   ② F_1 - 男→女, F_2 - 男

   ③ F_1 - 女→男, F_2 - 男

   ④ F_1 - 男, F_2 - 男→女

   ⑤ F_1 - 男, F_2 - 女→男

   ⑥ F_1 - 女, F_2 - 男→男

の6通りが考えられる. 5シケル支払わねばならない場合は①②④⑤, 支払わなくてもよい場合は③⑥である. 従って, 初産の妻の第一子が男である確率は $4/6$ である. だから (2) の場合で赤ん坊をごちゃ混ぜにして贖い金の支払いを免れたとしても, (3) の場合には赤ん坊をごちゃ混ぜにしたために, 贖い金を支払わなくてもよい場合にも支払いを強制される恐れが生じ, 思惑が裏目に出ることさえある. そのような不都合の場合の説得として, マイモニデスの律法解釈は, 産まれる子供の順列を列挙し, それらに等確率を宛てがったのであろう. さらに彼は続けて

> 「一方, 一組の夫婦がいて, 男子だけを産んだとしたら［男子1人を産む場合と, 男の双子を産む場合と, 2通り］夫は司祭に支払う義務を負わせられている. もしも妻が男子1人, 女子1人の双子を産んだとしたら, 女子が最初に産まれてくるのでなければ, 夫は司祭に支払う義務がある. チャンスは僅かであるから［2通りの場合;4通りの場合］, 夫は神に対する罪の贖い金を支払わねばならない.」

この文章の前半は明らかである. 後半の双子の場合

    ① 男→男 ② 男→女 ③ 女→男 ④ 女→女

のうち, 贖い金を支払わなくてよいのは③④の2通りである. しかし「チャン

第 2 部　確率計算の曙

スは僅かだから」そのチャンスのさらに半分の可能性しかないという，経験的確率のことを指しているのであろう．

7.3. マイモニデスの素朴な確率概念のキーワードは

半分，半分より大きい，半分より小さい

というものだった．これはユダヤ人の社会の伝統的な考えでもある．採用すべき仮説が 2 つあって，そのいずれかを採択せねばならぬとき

衆に従え！

というのが不文律だった．

　例えば，ユダヤの社会では，法に定められた方法で屠殺された獣の肉はカーシャー(kasher)として食べてよい．町の中にカーシャーを売る店が 9 軒あり，それ以外に 1 軒の店がカーシャーでない肉を売っていることが分かっているが，どの店かは誰も知らない．さて，任意の店で購入した肉を食して良いか？

　この場合，仮説は 2 つ；カーシャーであるか，カーシャーでないか，である．明らかに現在用語の統計的仮説と対立仮説に相当する．多くのラビたちの見解は，極めて多数の店はカーシャーを売っているので，この場合，求めた肉は食してよいというものだった．この場合，肉屋は列挙可能である．

　一方，枚挙が必ずしも可能でない場合も"衆に従え"という規則は生きている．例えば，産まれた男女の赤ん坊は，子供を産むようになるまで成長するものと仮定される．逆縁婚 (Levirate; 死亡した兄弟の妻を弟か兄が受け継ぐユダヤの婚姻制度) は生殖能力のない者を前提としては成立しない制度である．しかし，未亡人なり，死んだ人の兄弟の生殖能力の有無は分からない．しかし，我々は「大多数の人は不妊ではない」という大衆の意見に従う．この場合の多数は明確に枚挙可能な多数ではない．

　さらに，実際に多数が枚挙されないとき，すべての賢人は衆に従おうとはしないという．それのみか，"少数にも関心をもつ"．それは余事象の確からしさに通ずるものがある．

"衆に従え"ということが，常に"不確実さ"を伴う

ことはラビ・シロモ・イッチャジ（Rabbi Shilomo Yitzhazi；1040－1105）が指摘している．しかも，この不確実さは，多数の要素の相対度数が増すにつれて減少する．常識的にいって，不確実さを無視しても構わない限界は，マイモニデスによると2:1の多数決（2/3の多数決）であると述べている．

思えば，政策決定を多数決原理におく近代民主主義社会は，その意味で蓋然性の社会なのだ！

7.4. 論理的な対立仮説のいずれかが等確率で採択されることは，正当化できるのか？この点について，スペイン生まれ，アルジェで死んだ**ラビ・イサク・バール・シェーシェト**（Rabbi Issac Bar Sheshet；1326－1408）は

　　「すべての［生まれた子の］半分は男で，半分は女だ［ということはタルムードも分かっている通り］確実で必然である．というのは，種の保存のために，宇宙の主がそのことを研究したのだから」

と述べ，男女出生の等頻度は経験的に知られた既知の法則であるとともに，種の保存のために設計された神学的法則の結果であると考えた．神学的法則は，そうあって欲しいという願望を，そうあらねばならぬという強制にまで高めたもので，極めて主観的なものである．主観的な感情は確率判断を導くのに重要なものであることは分かるけれども，裁判官が満足し得る証言の有効性ですら，純粋に主観的か直観的な基盤に立つ．

マイモニデスも他のラビたちと同様に，ユダヤ教の口伝律法や戒律の解説を書いているが，「最高法院」に関するものは次のように述べている：

　　「詐欺事件の裁判では，裁判官は証人の証言に基づいて判決を下す．裁判官は証人たちの適格性を疑えないにしても，証人たちを信用していないとか，あるいは訴訟当事者は嘘つきで証人に影響を与えるペテン師だとの心証をもっているとしたら，たとえ証人たちが正直に，邪心なく証言しても，裁判官は誤った判決をするかもしれない．また，証人たちがあからさまにしたくないと思って事実を隠すなら，一般的な判例に基づいて判

決をせねばならない‥‥しかし，このような場合，判決を行うのは好ましくない．というのは，これらの事柄が心証に訴えるからである．そして"ただ裁判官が直観力を曇らせるかどうかは神のみが知る"．それで"裁きは神のもの"[「申命記」1, 17]だと聖書に述べられている．」["Mishnah Torah", Sanhedrin；XXIV, 1.3]

このことから分かるように，主観的確率は非常に漠然とし，乱雑な刺激から結果が出てくる．その刺激は，証拠として記述することが殆どできない．法廷に出される証拠や証言の相対的有効性の測度の客観的基準はなく，主観的感情による．真理の探究者は，義務として課せられるすざましい責任を，絶えず意識せねばならない．

7.5. マイモニデスは聖書の信仰とアリストテレスの哲学を総合しようと試みた一人である．このような研究の過程で最も悩ましい困難さの一つは，創造の問題である．アリストテレスによると，世界は永遠で，創造されないと説く．しかし，聖書は，存在するものすべては神が創ったと教える．これらは2つの対立仮説である．そのいずれかを取るかは，全く確率判断による．結論からいうと，マイモニデスは世界の永遠性は論証されたことがなかったと推理した．それゆえ，それは論証し得ないものと宣告した．結局，論証がないので，証拠の役割を明確にすることを試みた．

図7.2 マイモニデス

「ある臆断に付随する疑念を，それと反対の臆断に付随する疑念と比較するとき，それらのうち極めて僅かな疑念を生じたものはどちらかを決めね

ばならない．そのとき，人々は疑念の数を斟酌するのではなくて，むしろ疑念の不一致がいかに大きいかを斟酌すべきである．そして何が存在すると不一致になるかを知るべきである．時には，たった一つの疑念が他の数千の疑念よりずっと強い場合がある．なおその上，この比較を正しく行うことのできる誰かがいる．この誰かにとって，二つの対立する臆断は同等である．しかし二つの臆断のうちの一つを選ぶ誰かは，その人の躾なり，その人の持つ長所によって，真理に気づきにくいのである．知られざる好みを楽しむ人は，論証の影響を受けやすい事柄に反対しにくい一方，いま論じているような事柄［例えば，確率］においては，しばしば異議を申し立てることができる．もしも諸君が欲するなら，時々習慣で信頼しているに過ぎないものから解放され，諸君が可とするものを選べばよい．そのためには，どの程度それが君の心をうつか，また君の生来の気質が健全かどうかを知る必要がある．このことは，すべての数理科学を通して，また論理の規則の把握を通して，諸君に明らかになる．」［『迷える者の案内』II部，23章］

こうして，個人の好みとか性癖が克服できると，結論を出す確率に近い客観的評価に達すると，マイモニデスは説く．しかし，それは計算化されない主観的客観性にすぎない．なお，ここで彼は

確かな証明なしに合理的考察の結果による確信を臆断 (opinion)

といい，その一方で

証明されたものを知識 (sciens)

と呼んだ．

マイモニデスにより代表されるユダヤ人学者の間では，蓋然性の測度としての確率の概念は朧げながら掴みつつあった．だが，それは主観的な信頼の度合いと，あらゆる場合の列挙により各々の場合の等しい可能性を宛てがう客観的な仕掛けとが混在したものだった．安定した長期にわたる相対頻度の傾向をもつ確率計算の一歩手前まで来ていたが，同時に主観的と客観的な確率の二面性も持ちつつあったことも事実である．

なお，マイモニデスの切手は1953年イスラエルで発行されている．

第 2 部　確率計算の曙

＜参考文献＞

[1] N.L.Rabinovitch "*Probability and Statistical Inferance in Acient and Medieval Literature*" (1973 年, Tront Univ.Press)
は本章の骨格をなす．マイモニデスについては，ラテン語訳は

[2] Rabbi Moses Maimonidis "*Liber Doctor Perplexorum*" (1629 年, 1969 年にリプリント, Gregg Inter.Pub., England)
がある．II 部，23 章には Probabiles の語が出ている．英訳は

[3] Shlomo Pines "*The Guide of the Perplexed*" (1963 年, シカゴ)
がある．確率のもつ二面性の歴史については

[4] Ian Hacking "*The Emergence of Probability*" (1975 年, Camb.Univ.Press)
が詳しい．ハッキングの説に反論したのは

[5] D.Garber & S.Zable "*On the Emergence of Probability*" (Arch.Hist.Exac. Sci.21 巻, 1979 年, 33 － 52 頁)　である．聖書は

[6] 『旧約聖書』(日本聖書協会, 1955 年)
によった．マイモニデスの考え方が西欧で拒否されることはなかったが，不信と不満をもたれた理由については

[7] G．ショーレム (高尾利数訳)『ユダヤ教神秘主義』(1975 年, 河出書房新社) の第 2 章に詳しい．

第8章　トマス・アクィナス

8.1.　ユダヤ教徒たち，特にラビたちの間では，偶然性の研究は旧約聖書の解釈から，ごく自然に行われた．一方，キリスト教徒の間では偶然性の研究は否定されるべきものだった．新プラトン学派の**プロティノス**の流出説（emanation theory）——万物の根源「一者」から存在の高低の系列が生まれるという説——を読んで，自分自身の中にあったものが触発され，三位一体説，神人説，原罪説に基づくキリスト教神学を創ったのが**アウグスティヌス**である．従って，多神教の世界に居たギリシャ人たちが僅かながらでももっていた偶然性の概念などは，アウグスティヌスの考えの中から完全に消滅してしまった．偶然性に依拠する賭博は，中世キリスト教世界では当然のこととして禁止の対象になったことは，第4章で見て来た通りである．だから，キリスト教神学のなかで偶然性が復権してくるとすれば，ある意味ではアウグスティヌス以上の神学者の力に頼らねばならない．信仰と理性を統一し，異教徒たるアリストテレスをキリスト教徒に改造するという大胆な試みをする人が現れねばならない．そんな人として，我々は**トマス・アクィナス**（Thomas Aquinas；1225-1274.3.7）を見いだす．

8.2.　トマス・アクィナスは1225年ナポリ近郊のアクィノの領主ランドルフ伯爵の7人兄弟の末子として生まれた．6歳でモンテ・カシノ（Monte Cassino）のベネディクト会修道院に預けられ，幼少時代の教育を受ける．14歳でナポリ大学に入学し，ドミニコ会修道士たちと交際し，18歳でドミニコ会に入る．ドミニコ会はトマスの神学研究を完成させるため，また入会に反

第 2 部　確率計算の曙

対する家族から彼を引き離すため，彼を神学の中心地パリへ送ったが，途中トスカニアで追っ手に捕らえられ，生まれたロッカセッカ（Roccasecca）城に幽閉される．20 歳のとき母に許されパリに赴く．当時パリでは自然学に対し広い知識をもち，大いにアリストテレス研究をしていたアルベルトゥス・マグヌス（Albertus Magnus；1206–1280）に師事し，大きな感化を受ける．トマスが来る 5 年前の 1240 年，パリではキリスト教神学者とユダヤ人学者の間で，有名な激しい論争がなされた．異端尋問の際に出てくる証言などから，ユダヤ人たちに対し，ラビの教えがキリスト教徒に対する憎しみと犯罪を唆しているのではないかとの疑いをもったパリ大学の神学者たちが，ラビ・イェヒェール（Rabbi Yehiel）らを尋問した．ラビたちは決疑論の伝統的な方法で反論し，キリスト教徒たちは我慢するのが当然という論陣を張った．要するに，キリスト教徒たちはラビたちに負けたのだが，その興奮の余波はパリにまだ残っていた．それで，アクィナスがユダヤ人学者の著作に，特にマイモニデスの考えを検討したとしても不思議ではない．神が人々にうまく真理を明らかにしたという事実に彼は多様な理屈を与えたが，その大半はマイモニデスからの贈り物だとジルソン（Etienne Henry Gilson；1884–1978）はいう．

23 歳で師アルベルトゥスとともにケルン（コローニュ）のドミニコ神学校

図 8.1　アルベルトゥス・マグヌス

図 8.2　トマス・アクィナス

建設の事業に携わる．1252年27歳のときパリに戻り，聖ヤコブ修道院で神学を講ずる．この講義はパリ大学の講義に代替されたので，多くの学生が聴講した．31歳で神学の最高学位magisterを取得，34歳でイタリアに帰り，以後9年間ローマ法王庁に出仕し，法王の知遇を得た．アリストテレスの主要著作の注釈はこの時期から始まる．1268年43歳のとき，3年がかりの大作『**神学大全** (Summa Theologiae)』第Ⅰ部が完成する．第Ⅱ部のⅠは1270年，Ⅱは1272年に完成した．47歳でアリストテレスの『天空論』，『生成消滅論』の注釋を書いたものと思われる．1274年法王グレゴリウスⅩ世の招きで，リヨン公会議に出席するため，ナポリを出発したが，旅の途中で病を得て，フッサヌオーヴァ (Fossanuova) にあるシトー会修道院で死去する．

$8.3.$　アウグスティヌスが否定した偶然について，アクィナスはどのように係わっていったか，見てみよう．『神学大全』第Ⅰ部（神についての論説）で，彼は宿命について論じている：

「宿命的に (fato) 行われるところの事柄は，予見されない事柄だと言い得ない．けだし，アウグスティヌスが『神の国』第5巻にいう如く"宿命 (fatum) なる語の由来は fari (語る) ということにあると理解する"のであって，だから"宿命的に生ずる"といわれる事柄は，それを決定する何物かによって，既に予め語られていることに外ならない．だが予見されている事柄ならば，それは偶運的 (fortuita) でもなければ自己偶発的 (casualia) でもない．それゆえ，もし物事が宿命でもって行われるとするならば，偶運 (fortuna) とか自己偶発 (casus) とかは，実在の世界から排除されることになろう…

　下界の物事にあっては，そのある物は偶運により，ないしは自己偶発によって起こるのが見られる．時として，しかし，事柄が下位の諸因 (caussae inferiores) に関係付けられる限りは，偶運的ないしは自己偶発的でありながら，それが何らかの上位の因 (causa superior) に関係付けられるに

おいては，やはりそれ自身意図されているものであることが分かる．例えば，今，ある主人に仕える 2 人の下僕が，彼らの主人によって，一方は他方のことを知る由もなく，同一の場所に使いに出される場合，彼ら 2 人の下僕の出会いは，もし下僕たち自身に関連せしめるならば‥‥自己偶発的な事柄である．しかし，もしそれが，こうしたことを予め企んだ主人に関連せしめれば，事柄は自己偶発的ではなく，却ってそれ自身意図されたものに外ならない．

　だから，一部には，下界の物事におけるこうした自己偶発的な事柄や偶運的な事柄を，いかなる上位の因にも決して還元しようとしなかった人々がいる．」[第 116 問題，第 I 項]

このような人々の代表が**キケロ**で，宿命を，そして摂理 (providentia) をも否定する．

　「その反面，他の一部には，自然的な事柄においてであれ，およそ下界の物事において起こる偶運的な事柄，自己偶発的な物事は，すべてこれを天体という上位の因に還元しようとする人々がいた．彼らに従えば，宿命とは "各人がそれに際して懐妊された，ないしは出生したところの，星々の構成(dispositio　siderum)" ということ以外の何ものでもない．」[同上]

この立場の人々は占星術師で，ユダヤ人やアラブ人が多かった．以上，2 つの立場をとる人々にアクィナスは反論し

　「我々はこの世界において行われるところのすべての事柄が，神の摂理によって予め定められた事柄，いわば "予め語られた事柄 (praelocuta)" として，この摂理のもとに立っているという意味における限り，宿命を措定できる．聖なる学匠たちは "星々の位置の力" という意味に，この名称を曲解する人々のゆえをもって，かかる名称 (宿命) を用いることを拒否したのである‥‥　近接因への関連においては，事柄が偶運的ないしは自己偶発的でありながら，それでいて，それが神の摂理への関連においてはそうでないといった事態は，何ら差し支えないところである．この意味

において，まことにアウグスティヌスが『八十三問題集』[問題24]の中でいうように，"この世において何事も闇雲に生ずるものはない"のである．」[同上]

このようにアクィナスは神の摂理を肯定しながらも，アリストテレスの偶然性の研究を詳解し，下位の諸因の中に偶然性によるものがあることをも，きっぱりと否定している訳ではない．

8.4. 偶然と必然との間の関連について，アクィナスは『神学大全』第Ⅰ部の86問題，第三項「知性は非必然的な事柄を認識し得るものであるか」に答えている：

> 「非必然的（contingens）ということは，およそいかなる場合でも素材（materia）の面に基づく．けだし，非必然的なものとは"存在することも，存在しないことも可能なもの（quod potest esse et non esse）"のことであり，しかるに可能態は素材に属する．これに対し，必然性は形（forma）を伴う．すなわち，形に基づくところのものは，必然的な仕方で内在するのだからである．しかし，素材は個体化の根源であるし，これに対し普遍概念は個別的素材から形を切り離し，抽象することによって始めて得られるものである……

図8.3 『神学大全』(1698年版) の銅版口絵

第2部　確率計算の曙

非必然的なものは，それが非必然的である限りにおいて，直接的には感覚によって認識され，間接的には知性によって認識される．しかし非必然的なものにあっても，その普遍的・必然的な特性は知性によって認識される．それゆえ "知識される事柄 (scibilla)" の普遍的特質に着目していえば，すべての**知識** (scientia) は必然的なものに関わる．だが，知識される事柄それ自身に着目していうならば，この意味では，ある知識は必然的なものに関わるし，ある知識は非必然的なものに関わっている．」

このようにして，トマス・アクィナスは個別化に対応して非必然性（**偶然性**）の概念を広げ，個別化と普遍化を弁証法的に対置して述べることにより，アリストテレスから離脱して行った．偶然性に関わる知識（学と呼んでよい），自由意志に基づく人間活動 (actus humani) に関する倫理学，生成・消滅すべきものを扱う部分に関する限りの自然学がある．しかし，彼の提示した知識 (scientia) を 2 つに分けることには，彼は成功しているようには思われないが，その影響は後に**ディドロ** (Denis Didorot：1713.10.5 - 1784.7.31) が

「［いろいろな科学 (science) を］それらの対象によって 3 つのクラスに分ける：まず，形而上学や数学のような必然性の科学・・・第二に偶然性の科学．この名称のもとに創造的な精神の科学，肉体の科学が含まれる；第三の最後のクラスに文法や論理学の一部など，言葉や思考を記号化したものを位置付ける」［『百科全書』「帰納」15 巻，208 頁，1786 年］

と述べていることからも分かる．こうして神の御手のもとに抑圧されていた偶然性の考え方は，トマス・アクィナスによって少なくとも市民権を回復する契機にはなった．

8.5. 次にアクィナスの確率概念について見てみよう．

「聖なる教え［神学］は，哲学者たちが自然理性により真理を知り得た場合には，彼らの権威をも用いる・・・・しかし，聖なる教えはかかる権威を，

112

いわば教えの外の**蓋然的論拠**（Argumenta probabilia）として用いるにすぎない.」[『神学大全』I 部, 問 1, 7 項]

ここでいう蓋然的論拠とは, 絶対に真であるというのではなく, 真だという意見（臆断 opinio）にすぎない.

　　「もしも論証的学によって認識できることが, 何らかの蓋然的理由によって捉えられ, 臆断として持たれている場合は, そのことは把握されていない. 例えば, 三角形の内角の和は 2 直角に等しいことが論証によって分かっている場合, その人はこのことを把握している. ところが, もしも誰か, 智者や多くの人々にそう言われたからというだけの理由で, 蓋然的な仕方でこのことを臆断として抱いている場合は, その人はこのことを把握していない.」[『神学大全』I 巻, 12 問, 7 項]

この文脈で, トマス・アクィナスの probabilis は**臆断‐確率**（opinion-probability）の意味に取られ, 非確実, 非証明さらに非科学的に捉えられている. 精度を問題にしないで, 覚醒もしくは意識を含む意味にとられ, 確信の度合といった概念と同じと考えられる. その意味で**バイルン**（Edmund F.Byrne；1933-）の言うように, アクィナスの臆断‐確率は命題の確率に相当し, 20 世紀になって数学基礎論の研究者**カルナップ**（Rudolf Carnap；1891-1970）のいう（確率）₁ に相当する. バイルンはこの概念を

　　「臆断に対して確からしさを付与することは, いろいろな含蓄をもつものである. まず第一に, それは所与の臆断を受け入れた人々の権威が引き合いに出される；そして, この観点から "確からしさ" は受け入れられた命題に関して実証（approbation）を示唆するし, それを受け入れた権威者たちに関しては正直さ（probity）を示唆する. 第二に, "確からしさ" は件の臆断を支持して提示された推論に関わりがある；そしてこの観点から（必ずしも論証されないけれども）provability, すなわち証明されるための可能性を示唆する. 第三に, "確からしさ" は件の命題が単に蓋然的（probable）である限り, まさしく偽かも知れない（pejorative）

第 2 部　確率計算の曙

という含みも帯びている；なぜなら，この観点から命題は**試みのもの**（probationary）にすぎないのであって，全く科学的である命題のように厳密に証明されたものではない」[Byrne『確率と臆断』188 頁]

というように要約している．

8.6.　トマス・アクィナスは非必然性 (contingentia) の問題に対して，確率の頻度説の萌芽を思わせることも述べている．

「汝ら未来に来るべきところを示せ．さすれば我らは，汝らが神であることを知るであろう」[『イザヤ書』41, 23]

という聖書の章句から，未来を知ることはどういうことかが論じられた．トマス・アクィナスはそのことについて

「未来は 2 通りの仕方で認識される．第一には，その原因 (causa) においてである．この場合，それが未来の事柄といえども，その原因から必然的に (ex necessitate) 起こり来るものである限り，確実な知識 (certa scientia) をもって認識される．すなわち"太陽が明日昇る"というようなことはそれである．だが，もしもその原因から**大概の場合において** (ut in pluribus) 起こり来るのでしかないような事柄であれば，これは確実性 (certitudo) をもって認識されず，臆測 (conjectura) をもって認識されるにとどまる．医師が病人の健康を予知するような場合がそうである・・・・それは丁度，病気の原因をより的確に知っている医師であればある程，それだけ病気の先行きをよりよく察知できるのに似ている――また，もしもその原因からして**ごく少数の場合において** (ut in paucioribus) しか起こらないような事柄であれば，これは知識されることの全くないものなのである．偶然的な事柄 (casualia)，運・不運による事柄 (fortuita) がそれである．

　第二の仕方においては・・・未来の事柄はそれ自身において認識される．こうした仕方で未来の事柄を認識するということ――そこには，単に必

114

然的に，ないしは大概の場合において起こり来るところのもののみならず，偶然的な事柄・運不運による事柄までもが含まれているのであるから——これはひとり神のみが能くするところである.」[『神学大全』I部，問 57, 3項]

以上の説明からも朧げながら分かるであろうが，バイルンによると「大概の場合において (ut in pluribus) 起こる」とか「ごく少数の場合において (ut in paucioribus) 起こる」ということは，一種の数学的解釈で，それらを包括すれば事象のクラスの確率の意味をもつことになり，カルナップのいう (確率)$_2$ に相当するという.

8.7. だからといって，トマス・アクィナスが今日的な意味での確率概念を把握していたわけではない．にもかかわらず，彼は現在につながる確率論の基本概念の萌芽らしきものはところどころで述べている.

「[犯罪者が]生きている限り存在するところの[他の人々への]危険は，彼らの名誉回復から期待し得るところの善意以上に大きく，またずっと確実なものである．なおその上，死の瞬間においてさえ，彼らが悔いる機会をもち，神への信仰に入ることができる．それゆえ，もしも……死の瞬間においてさえ，彼らの心が悪意に満ちていたとしたら，彼らが悪意を追い払うことは決してないだろうということは，**十分な確からしさをもって推定し得る.**」[『神学大全』II部，問25, 6項]

この章句から，アクィナスは**道徳的な大数の法則**を考えていたのかもしれない．さらに

「……他人を疑うことによって，その人を誤って判断するという危険を稀に犯すよりも，他の人々に善意をもつことによって欺かれる危険を犯す方がずっとよい」[『神学大全』II部，同上]

ということから，**第一種過誤と第二種過誤の概念**も紹介されている．しかし

115

第2部　確率計算の曙

これらの過誤が量的に取り扱われるのは，実に20世紀に入ってからのことで
あった．

　トマス・アクィナスの神学は，後にイングランドで科学の発展の牽引車的役
割を果たした「自然神学」の匂いがしないでもない．トマスのいう「聖なる教
え」とは自然神学と，それに対する啓示神学をも包含する，とても大きな包容
力をもったものだった．彼が数学的な確率論へ直接的な刺激を与えたとはい
えないにしても，間接的な影響は無視できない．

＜参考文献＞

　確率論とトマス・アクィナスの神学の関係を論じたものは

[1] Edmund F.Byrne "*Probability and Opinion ; A study in the medieval presuppositions of post medieval theories of probability*"（Martinus Nijhoff, ハーグ, 1968 年；XXX ＋ 329 頁）
　が詳しい．また

[2] D.J.Bartholomew "*God of Chance*"（SCM Press, 1984 年, X ＋ 181 頁）
　にもトマスの確率への貢献が述べられている．

[3] Ian Hacking "*The Emergence of Probability*"（Camb.Univ.Press；1975 年）
　の第二，第四，第五章は本章に関係ある説明がなされている．ハッキングの説に
　反対の

[4] D.Garber & S.Zabell 'On the Emergence of the Theory of Probability'（Arch. hist.Exact Sci.21 巻, 1979 年, 33 - 52 頁）
　も参考になる．

[5] O.B.Sheynin 'On the Prehistory of the Theory of Probability'（Ibid.12 巻, 1974 年, 97 - 141 頁）
　は博学な前史である．また，ほんの少し

[6] Ian Hacking "*The Taming of Chance*"（Camb.Univ.press；1990 年, X II ＋ 264 頁）

[6'] [6] の翻訳, 石原英樹・重田園江訳『偶然を飼いならす（統計学と第二次科学革命）』（木鐸社, 1999 年）

116

にアクィナスが出てくる．トマス・アクィナス自身の作は

[7] 高田三郎監訳『神学大全』(全 24 分冊，1960 − 1996 年；創文社)
　によった．

第2部　確率計算の曙

第9章　12世紀から15世紀まで の西欧でのいろいろな研究

9.1.　　我々は 'probabilis' を「確からしさ」と訳しているが，元来は「信じ得る」とか「受け入れられる」の意味をもち，一般的認知を指す．'probabilis' の用法について自由な判断で蓋然的論理を書いたのは，ソールズベリーのジョン（John of Salisbury；1120-1180.10.25）である．ジョンはプランタジネット朝の創始者ヘンリーⅡ世により暗殺されたカンタベリー大司教ベケット（Thomas Becket）の友人である．

　　「もしも命題が見識のある人々にとって明らかであると思われるならば，その命題は確からしい．そして，もしもそれがすべての事例において，またすべての時刻において生ずるならば，あるいは生じない時は例外的な事例で，ある稀な機会においてのみ生ずるならば，命題は確からしい．常に，あるいは日常的にそうであるのは，たとえそれがそうでない場合に可能だとしても，確からしいか，あるいは確からしく思われる（Quod e nim semper sic, aut frequentissime, aut probabile est, aut videtur probabile, et si aliter esse posit.）」［『メタ論理学』2, 14］

蓋然的命題（probable proposition）はこのような一般的認知と，生起の頻度をもっていなければならない．この点についても，ジョンは

　　「［一つの命題の］確からしさは，判断した人により，より容易に，そしてより確実に分かっているとき，比率において増大する．確からしさが非

118

第 9 章　12 世紀から 15 世紀までの西欧でのいろいろな研究

常にすっきりと明らかになったので，それらは必然と見られるようになった；ところが，我々にとって非常に親しみのないものがあるので，我々は確からしさのリストの中にそれを含めたがらない．もしも臆断が弱ければ，それは不確実さを持って変動する；ところが，もしも臆断が強ければ，それは信頼と近似的な確実さに変換される点まで増大するかもしれない」[同上]

と述べている．**臆断の強弱を生起の頻度の大小で判断する**という，一種の確からしさの等級付けをジョンは行った．しかし，このような等級付けはジョンに始まるのではなく，1000 年も昔，**クインティリアヌス** (Marcus Fabius Qiuntilianus；33？- 100？) が，

$$\text{確かなこと (credibilis) を} \left\{ \begin{array}{l} \text{通常起こること} \\ \text{大いに確からしいこと (propensius)} \\ \text{対立証拠がないこと} \end{array} \right.$$

と 3 分類した（『弁論家教育論』5 部，10 章，15 項）ことがある．

9.2.

その後 'probabilis' について書いた人は，イギリスのスコラ学者で，唯名論の創始者といわれる**オッカムのウイリアム** (William of Ockham；1300？- 1349) である．オッカムはロンドン南部の地名である．彼はイギリス科学の特徴である帰納法を取り扱った最初の一人であり，「僅かなものをもってなし得ることを，より多くのものをもってなすのは無駄だ」という**オッカムの剃刀** (Ockham's razor) と呼ばれる原理を提唱したので有名である．彼はフランチェスコ会に属す僧侶であるが，蓋然性についても次のように書いている：

「蓋然的命題は，すべての人によって真であるか，大多数の人々にとって真であるか，あるいは最も賢明な人にとって真であるか，どれかである．この記述は次のように理解せねばならない；蓋然的命題は，それらが真で，必

第2部　確率計算の曙

然であるけれども，それにもかかわらず，それらは自体知られてないし，それ自体によって既知の命題から三段論法の過程によって得ることができるものでもなければ，経験から明らかに分かってくるものでもない．それらは真であるが故に，それらはすべてに対して，あるいは大多数に対して真であるように思われる．」
[『オッカム，哲学選集』83頁]

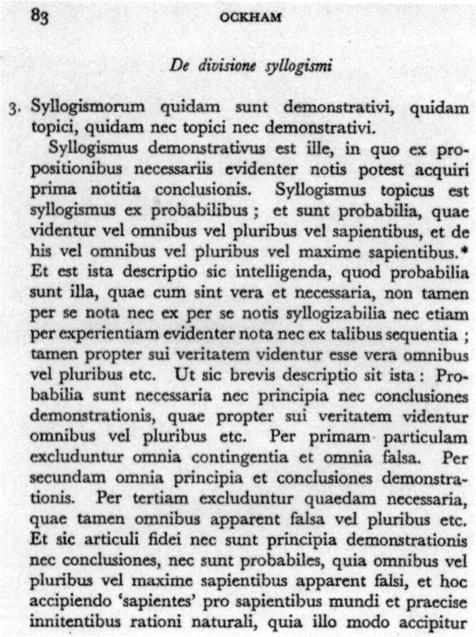

この引用の初めの部分はアリストテレスの『トピカ』[100b]から借用したものである．オッカムは

83　　　OCKHAM

De divisione syllogismi

3. Syllogismorum quidam sunt demonstrativi, quidam topici, quidam nec topici nec demonstrativi.
　　Syllogismus demonstrativus est ille, in quo ex propositionibus necessariis evidenter notis potest acquiri prima notitia conclusionis. Syllogismus topicus est syllogismus ex probabilibus; et sunt probabilia, quae videntur vel omnibus vel pluribus vel sapientibus, et de his vel omnibus vel pluribus vel maxime sapientibus.* Et est ista descriptio sic intelligenda, quod probabilia sunt illa, quae cum sint vera et necessaria, non tamen per se nota nec ex per se notis syllogizabilia nec etiam per experientiam evidenter nota nec ex talibus sequentia; tamen propter sui veritatem videntur esse vera omnibus vel pluribus etc. Ut sic brevis descriptio sit ista: Probabilia sunt necessaria nec principia nec conclusiones demonstrationis, quae propter sui veritatem videntur omnibus vel pluribus etc. Per primam particulam excluduntur omnia contingentia et omnia falsa. Per secundam omnia principia et conclusiones demonstrationis. Per tertiam excluduntur quaedam necessaria, quae tamen omnibus apparent falsa vel pluribus etc. Et sic articuli fidei nec sunt principia demonstrationis nec conclusiones, nec sunt probabiles, quia omnibus vel pluribus vel maxime sapientibus apparent falsi, et hoc accipiendo 'sapientes' pro sapientibus mundi et praecise innitentibus rationi naturali, quia illo modo accipitur

図9.1　『オッカム哲学選集』83頁

'probabilis' の意味を一般的認知にとどめ，ジョンよりは後退している．

9.3.　　'probabilis' が少し数学的な装いをもって登場してくるのは，**ニコル・オレーム**（Nicole Oresme；1320?−1382.7.11）の論述からである．ノルマンディのカーン近郊で生まれ，1348年パリ大学ナヴァル学寮の学生として記録され，1355年頃その学寮長となる．シャルルⅤ世がまだ皇太子の頃，養育係として王室に出入りする．1370年から78年にかけてシャルルⅤ世の要請で，アリストテレスの仏語訳を行う．その中に『天体・地体論』があり，次のような陳述がある：

　　「星の数は偶数である；星の数は奇数である．［これらの陳述の］一つは必然で，他は不可能である．しかしながら，我々は必然であることに疑いをもつ．それで，我々はあり得るということを，それぞれについて述べ

120

第 9 章　12 世紀から 15 世紀までの西欧でのいろいろな研究

る……星の数は立方数である．さて実際，それは有り得るか．しかしながら，それは確からしくないし，推測し得ることもないし，尤もらしくもない (non tamen probabile aut opinabile aut verisimile)．なぜなら，かかる数は他の数よりずっと小さいから・・・・星の数は立方数ではない．それは有り得るし，確からしいし，尤もらしいという．」[『比の比について』385 頁]

ここでは probabile (確からしい), opinabile (推測し得る), verisimile (尤もらしい) は同義語として並べられている．ゲームでも，起こりそうにない状態

図 9.2　ニコル・オレームと天球儀

が起こるかと人に尋ねられたら，否定の返事をしておくのが安全である．とい

121

うのは，否定した方が，より確からしく，より尤もらしく思われるからであると，オレームは説いている．

9.4. 近代確率論の研究者だったポーランド生まれで，ナチスに追われて米国に亡命した**ボッホナー** (Salomon Bochner；1899.8.20–1982.3.2) は，1963 年に大変含蓄のある次のような説を述べた：

図9.3　サロモン・ボッホナー

「ギリシャ数学は実数という概念を創造せず，量という多少ともあやふやなアイデアで満足していて，そこで前進を止められてしまった．ギリシャ人はこの量を数学の内でも外でも，全く定義をしなかったが，実のところ，それは実数に対して彼らが用意した代用品だった．すなわち，例えば長さは一種の量，面積はまた別種の量，重さもさらに別種の量という次第だった‥‥古典ギリシャ数学は，一般に2つの量PとLに対して，概念上の積P・Lを表すことは最後までできなかった‥‥実数に対する積 ab の創造は，ギリシャ人の進歩が行き詰まった終末段階ではなく，今日の発展に対する準備段階の一歩だった．」[「物理学における基本的数学概念の意義」1, 1]

ボッホナーがいう最初の一歩を印した人がオレームで，彼は真に数の乗法と除法を定義し，図的代数を創造した．オレームの『**質と運動の配図について** (De configurationibus qualitatum et motuum)』(1350 年頃) において，彼は量の

質の違いを論じ
  拡がりをもつもの（extensio）
    ……横に
  強さを表わすもの（intensio）
    ……縦に

幅をとり，これら2種の量の係わり合いを面積をもって表した．等速運動している物体は，相次ぐ等しい時間間隔ごとに等しい距離を進んでいるから，変化は均一的で，配図は長方形になる．加速または減速運動では，相次ぐ等しい時間間隔ごとに等しくない距離を進むので非均一的な変化で，配図は複雑な幾何図形になる．しかし，加速または減速が均一的ならば，配図は直角三角形になる．量の変化の基本的な型は

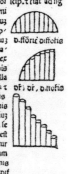

図9.4　オレーム『質と運動の配図』(1486年)

1. 一様な量（強さと拡がりの長方形で表現される）
2. 一様・非一様な量（強さと広がりの関係は直角三角形で表現される）
3. 非一様・非一様な量（簡単なものは4種類，強さの線が円と円以外に分かれ，さらに凹凸も考慮される）

の3つになる

図9.5　1. 一様な量　　2. 一様・非一様な量　　3. 簡単な非一様・非一様な量

4. 上記以外で複雑な非一様・非一様な量では，強さと拡がりの関係は複雑な幾何図形になるが，1から3までの6種類の量の変化の法則を組み合わせて，

(図9.6)のような複雑なものも考えられる．

図9.6　複雑な非一様・非一様な量

1.から3.までの6つの量の変化の法則の中から，2, 3, 4, 5, 6個を取る組合せで作られる変化法則は，全部で
$$6 + 15 + 20 + 15 + 6 + 1 = 63$$
通りある．オレームは組合せの記号は使わず，修辞的な文章で述べているにすぎない[『質と運動の配図について』I部，XVI章]．このことから判断するに，オレームは
$$_nC_1 + {}_nC_2 + \cdots + {}_nC_n = 2^n - 1$$
は知っていたと思われる．

　オレームはニュートンより200年以上も前に力学の問題を幾何学的に解決することができた．

　それからおよそ100年後，**デカルト**（Rene Descartes；1596.3.31–1650.2.11）は1626年頃書いた『精神指導の規則』（死後の1701年に発行）の中で，加減法は線分図の結合・削除で，乗法は面積図で表現すればよいと述べている．

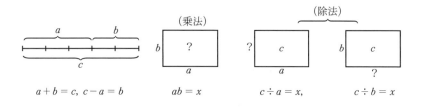

　確率計算に必要な分数の乗除が，オレームからデカルトまでの間で，西欧では使用できるようになっていた．

第 9 章　12 世紀から 15 世紀までの西欧でのいろいろな研究

9.5.　オレームより少し溯るが，西欧での組合せ論の発達について述べ

よう．12 世紀前半スペインのトレドに住んでいた占星術師で数学者の**イブ
ン・エズラ** (Rabbi Abraham ibn Ezra;1093-1167) はアラビア語の文献をヘ
ブライ語に訳して，当時は先進的だったアラブの科学を吸収しようとした学
者である．相互に，自然に関連して行動する星々により表現される自然の力
の見掛け上の多様性は，星のいろいろな組合せと，人間の生命に及ぼす星々の
考え得る影響によるものと占星術師たちは説明した．つまり，国や個人の運
命が，惑星のいろいろな位置により，天の中で示されていると占星術師は考え
た．イブン・エズラは有名な 9 世紀のアラブの占星術師アブー・マシャル (Abu
Maschar;786?-886.3.8) を激しく攻撃し，「もしも君がアブー・マシャルが
書いた合に関する本を見つけたら，君は彼に同意することも，注意することも
いけない．君は合に関するインドの学者たちの作った表を信じてはならない．
というのは，それらは全く正しくないからである」と述べている．ここで

　　合 (conjunction) とは，太陽を挟んで地球と惑星が 180°離れること

をいう．イブン・エズラは惑星系のいろいろな成員の間の可能な合の数を論じ
ている．これは『**世界の書** (Seger Ha-Olam)』という本に書かれている．3
つの惑星の合は 2 つの惑星の合よりずっと大きい影響をもつ．5 つの惑星の
合は大乱，洪水，ペストなど終末を引き起こすと考えられた．最も恐れおのの
く場合は 7 つの星の合である．

　イブン・エズラは n 個の物から 1 度に r 個とる組合せの数を，より低い次数
の組合せの数で表現する規則を与えた．現代風に書くと，n 個の物の中から
r 個とる組合せの数を $_nC_r$ と書くと

$$_nC_r = {}_{n-1}C_{r-1} + {}_{n-2}C_{r-1} + {}_{n-3}C_{r-1} + \cdots + {}_{r-1}C_{r-1}$$

という公式を使っている．さらに，相続く自然数の和の公式

$$1 + 2 + \cdots + n = n \times \frac{n}{2} + 1 \times \frac{n}{2} = \frac{n(n+1)}{2}$$

も使っている．

　「さて我々は 2 つの星の合の数を求めよう……7 つの惑星の存在が分かっ

125

第 2 部　確率計算の曙

ている．木星は惑星たちと 6 つの合をもつ．［木星を除外し，例えば土星
を取り上げる．土星は残りの惑星と 5 つの合をもつ．土星を除外し前と
同じことを級数 6 ＋ 5 ＋ 4 ＋ 3 ＋ 2 ＋ 1 を得るまで続けて行う．］それか
ら，6 の半分と 1 の半分を加え，それに 6 を掛ける．その結果は 21 で，
これが 2 つの星の合の数である．」

つまり，$_7C_2 = {_6C_1} + {_5C_1} + {_4C_1} + {_3C_1} + {_2C_1} + {_1C_1}$ が計算されたのである．

「さて，我々は 3 つの［星の］合の組合せが何通りか知りたい．木星と土
星を取り出して，これらの星と他の星の 1 つとを［組み合せる］ことから
始める．他の星の数は 5 である．［土星を除外して，火星と木星をとり，
それらに残りの 4 つ星のうちの 1 つを組合わせる．それから火星を除外
すると，空位の場所は 3 通りの方法で満たすことができる，等々．木星を
指定した 3 つの星の合は級数 5 ＋ 4 ＋ 3 ＋ 2 ＋ 1 ＝ 15 である．］結果の
15 が木星を含む 3 つの星の合の数である．

　　土星の合の場合，4 つの惑星が残る．［木星は捨て，土星と，例えば火
星をとる．そのとき前にしたのと同じように，級数 4 ＋ 3 ＋ 2 ＋ 1 ＝ 10
を得る．］結果は 10 である．

　　火星の合は……6 である．太陽の合は……3 である．［3 つのうち惑星
の合は］1 である．全部合わせると，合は 35 となり，これは［7 個の物か
ら 1 度に 3 個取った組合わせの数である．］」

つまり，$_7C_3 = {_6C_2} + {_5C_2} + {_4C_2} + {_3C_2} + {_2C_2} = 15 + 10 + 6 + 3 + 1 = 35$ を
エズラは計算したのである．同じ推理の線を辿って，$_7C_4 = 35$，$_7C_5 = 21$，
$_7C_6 = 7$，$_7C_7 = 1$ であり，合の総数は 21 ＋ 35 ＋ 35 ＋ 21 ＋ 7 ＋ 1 ＝ 120
であることを求めている．組合せ論について，エズラはこれ以上の貢献はしな
かった．

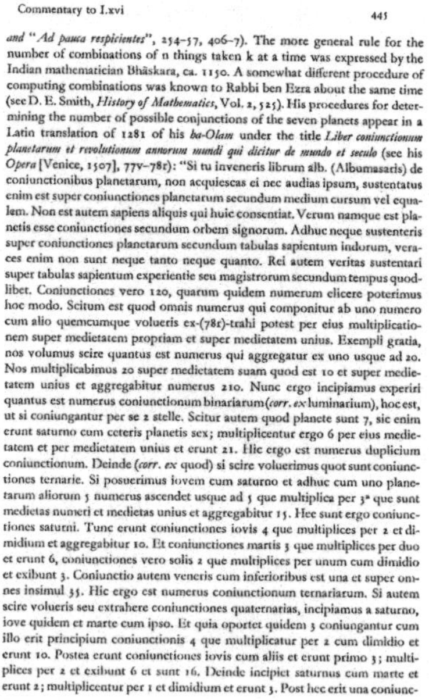

第9章　12世紀から15世紀までの西欧でのいろいろな研究

図9.7　イブン・エズラの組合せ論のラテン訳の一部（1281年）

図9.8　アブー・マシャルの写本（1250年頃），月と木星の合を示す

9.6.　組合せ論に貢献した別の人物は，マジョルカ島に生まれ，カタロニア地方を伝道して廻った詩人の**ルルス**（Raimundus Lullus；1235-1316.6.29）である．ルルスはキリスト教国とイスラム教国が激しく宗教戦争をしていた時代（1235-1315年）に生きた．

「彼は回教とユダヤ教との信仰に精通していたけれども，自己の信仰の優越を深く確信した．また他方，論理的方法の効果を非常に信頼していたので，生涯のある時期に，純粋な知的努力によって異教徒を改宗させる可能性を夢見た．だが，彼は単に夢見るだけではなかった．彼は満身のエネルギーをもって，その夢を現実化させようと切望した．彼は夥しい論文

127

第2部　確率計算の曙

を多くの言語で書いた（主たるものはカタロニア語で書いた）．そして偉
大な論理的技術を意味する『**大いなる術**（Ars magna）』（1275年頃）を説
いた．これによると一切の知識は，文句のつけようのない簡明さと説得
力のある単一体系に関係付けることができるという．この術は，悪く言え
ば愚にもつかぬものであり，よく言えば今日の数学的論理の未熟な先触れ
だった．彼は理論だけに閉じこもらず，その方法をできるだけ多くの科学
部門に応用した．」[サートン『古代中世科学文化史』III, 198頁]

『大いなる術』はその後漸次改良され，1308年に出た『**簡潔な術**（Ars brevis）』
によって大体完成した．彼は主語，術語，問などアルファベット（または術の
原理）と呼ばれる6つの項目をおいた．各項目はBCDEFGHIKで表される
9個の品等（徳目）からなる．アルファベットと9個の品等は下の表に示され
ている．

	A	B	C	D	E	F	G	H	I	K
A.	善性	卓越	不滅	権力	英知	熱意	勇気	公明	名誉	
T.	相違	一致	矛盾	始め	始め	真中	多数	半々	少数	
Q.	…かまたは	何が？	どこから？	何により？	いかに？	どのように?	いつ？	どこに？	どんな風に，何の目的?	
S.	神	天使	天	人	表象	感情	活気	基礎	道具	
V.	正義	予見	勇敢	節制	信頼	希望	慈善	寛大	敬虔	
V.	貪欲	美食	放縦	傲慢	不快	憎悪	慣怒	虚偽	優柔不断	

字母・原理

A. は絶対的述語, T. は相対的述語, Q. は問, S. は主語,
上の V. は美徳, 卜の V. は悪徳を示す.

　ルルスの技術は，中心を同じくし，それぞれが自由にどちら向きでも勝手に
廻る6枚の円盤からなり，それらの円盤が静止したときに，各円盤の9つに分
けられた枠の各々に書き込まれている主語や述語や問の品等を読み合わせ，あ
らゆる神学的真理を発見し得ると称した装置（volvelles という）である．も
しも「あらゆる思想のアルファベット」が見いだされるならば，それを B, C, D,
…の組合せと計算によって，知識の進歩が無限に約束される．品等に BCD…
の記号コードを付けたことにより，キリスト教神学の灰汁を取り除く効果をも

第9章　12世紀から15世紀までの西欧でのいろいろな研究

図9.9　ルルス

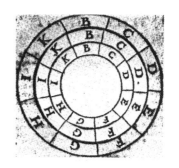

図9.10　volvelles

たらしたものと思われる．その点で，ルルスの術が近代の記号論理学なり計算機科学のルーツといわれる所以である．ルルスの考えは，ライプニッツの『結合法論』に結び付き，さらに18世紀ヒンデンブルクを中心とするドイツ組合せ論学派に受け継がれ，また19世紀の終わり頃ポアンカレーがルーレットを確率研究のモデルとして使ったことの先鞭をつけたことになる．

キリスト教をイスラム世界で広めようとして，ルルスがチュニジアに来たとき，激昂したイスラム教徒たちにより棒や石で撲殺されるという悲劇的な最期を遂げた．

9.7.

南フランスのガール (Gard) 縣に生まれ，モンペリエ (Montpellier) に住んだ**レヴィ・ベン・ゲルション** (Levi ben Gershon; 1288-1344.4.20) は天文学に貢献し，三角法を西欧に紹介した14世紀最大のユダヤ哲学者であり，数学者である．カバリストとしても有名で，イブン・エズラやマイモニデスの後継者と見られる．ゲルションの組合せ論への貢献は，1321年発行の『**計算書** (Maaseh Hosheb)』に出ている．この本は6つの話題

　　　　(1) 加法と減法　　(2) 乗法　　(3) 算術級数と幾何級数
　　　　(4) 順列と組合せ　　(5) 除法と開平・開立　　(6) 比例

が含まれている．このことから見ても，組合せ論が当時の数学で重要な地位を占めていたことが分かる．まず，要素の順序が区別される配列（順列）と，

129

第 2 部　確率計算の曙

要素の順序が問題にならない配列（組合せ）の違いが説明される．それから n 個のものから一度に r 個とる順列の数は

$$_n\mathrm{P}_r = n(n-1)(n-2)\cdots(n-r+1)$$

であること，これに対応する組合せの数が

$$_n\mathrm{C}_r = n(n-1)(n-2)\cdots(n-r+1)/r!$$

であることを，数式ではなく言葉で述べている．さらに

> 「与えられた個数の異なる要素があり，そのうち一度に第二の所与の個数だけ取り出すときの組合せの数を第三の数とする．もしも最初の所与の数と第二の所与の数の差を第四の数と称するなら，最初のものから一度に第四の数に等しい個数を取り出す組合せの数は第三の数に等しい」[定理 68]

ことは，現代記法で

$$_n\mathrm{C}_r = {}_n\mathrm{C}_{n-r}$$

を意味する．数値例として，ゲルションは $n=8$, $r=5$ の場合を説明している．

　レヴィ・ベン・ゲルションの著作の多くは，ラテン世界・キリスト教圏に知られたが，彼の組合せ論だけは評価されることもなく埋もれてしまった．

9.8.　　古代や中世では，中国でも西欧でも商業の盛んなところでは数学の研究が活発に行われるようになる．中世西欧の商工業の中心はヴェネティアである．この地で 15 世紀末，確率計算に関して，とても重要な問題提起が 2 つなされた．その一つは**ダンテ**の『神曲』に関するある注釈書のなかに，3 個のサイコロを振って出る目が，それぞれどんな確率で生起するかを示したものがある．この注釈を発見したのは**リブリ**伯爵 (Guglielmo Bruto Icileo Timoleon Libri：Conte Carucci dalla Sommaja；1803.1.2‒1869.9.28) である．彼は注釈書当該部分を『**イタリアにおける数理科学の歴史** (Histoire des Sciences Mathématiques en Italie)』(1838 年，第 II 巻，188 頁) の中に

130

引用している．この注釈はベンヴェヌト・ディモラ（Benvnuto d'Imola）によって書かれ，1324 年から 28 年にかけてヴェネティアで出版されたものである．

リブリは 20 歳でピサ大学の教授になった程，早くから数学的才能を発揮し，加えて古典語にも熟達していた．政治的な理由でフランスに逃げ，1833 年ルジャンドルの死去に伴い，後任の科学アカデミー会員に指名された．科学アカデミーはフランス国内の方々の図書館に散らばっている古文書のカタログ作成をリブリに委託した．愛書家としてのリブリにとり，この仕事は適任だったが，リブリは仕事の合間に貴重な古文書や稀覯書を盗んだらしい．そして晩年は盗品を高く売り付けたりしていた．こんな破廉恥なことはしていても，ダンテの注釈書を古い写本の中から見つけてきたことはリブリの功績である．ドドハンターはリブリの発見した注釈書の記事をもって，最古の確率計算の典拠としている．

$9.9.$ ヴェネティアに住むフランチェスコ会士**バチォーリ**（Luca Pacioli; 1445-1514）は 1494 年『**算術・幾何・比および比例大全**』を出版した．この本は史上最初の複式簿記の本として会計学上重要視されているが，それ以外にも注目すべき内容がある．それは次の問題の登場である．すなわち

> 「遊び仲間の賭事で 60 点勝負のゲームがある．1 回のゲームで勝つと 10 点貰える．ある事情で勝負が完了しないで，一人が 50 点，他がそれより 20 点不足の 30 点取ったところで中止になると，賭金 1 デュカはどのように分配されるか？」［197 葉右］

> 「3 人が石弓を競う．最初に 6 回 1 位になった人が勝つと決める．甲が 4 回，乙が 3 回，丙が 1 回 1 位になったとき，これ以上試合を続けないことになった．賭金の公平な分配方法は如何？」［198 葉上］

が件の問題である．パチォーリはこれらの問題を比例配分の問題と考え，単純に前の問題は 5/11:3/11［11 は決着がつくまでの最大ゲーム数］，後の問題は 5:3:2 に分ければよいとした．これらは後に**点の問題（分配問題）**と呼

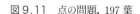

図 9.11 点の問題, 197 葉   図 9.12 『大全』の扉頁

ばれるものである．

　前の問題は，具体的な賭事ではなくて，抽象的な賭事という設定になっている．また，後の問題は，ギリシャ以来大人のやるべき試合とか競技に関するもので，単純にゲームとはいえない．カトリックの僧職にあるパチョーリとしては，素直に具体的な名称の賭事の問題として提示する訳にはいかなかったのであろう．

第9章 12世紀から15世紀までの西欧でのいろいろな研究

図9.13 パチョーリ；後ろの人物はウルビノ公グイドバルド

9.10. 確率論史の最初の成書はグーロー (Charles Gouraud) の『確率計算の歴史 (Histoire du Calcul des Probabilité, depuis ses origins jusqu'a nos jours)』(1848年) である．グーローも古い時代の著作者たちの中から，我々の主題である確率論の足跡を探り出している．その一節を引用しておこう．

> 「昔の人々は，こういう類いの計算は全く無視してきたように見えるが，現代の考証学によって明らかになったところによれば，実際には，東ローマ帝国の修道士による『古き事について』という題名の，変則的なラテン語で書かれた詩篇のなかに，また15世紀末に書かれたダンテについての注釈書のなかに，中世およびルネッサンス期の多くの数学者たち，とりわけパチョーリ，タルタニア，ペヴェローネの著書の中に，そのいくつかの痕跡を見いだすことができる．」[3頁の脚注]

133

第 2 部　確率計算の曙

＜参考文献＞

本章での中心的な参考文献は

[1] Daniel Garber & Sandy Zabell 'On the Emergence of Probability' (Arch. Hist.Exact Scie. 21 巻, 1979 年, 33 - 52 頁)

[2] Ian Hacking "*The Emergence of Probability*" (Camb.Univ. press, 1975 年) である. その他に

[3] クインティリアヌス『弁論家の教育』(小林博英訳, 明治図書, 1981 年)

[4] Nicole Oresme (Edward Grant 訳編) "*Tractatus de proportionibus Proportionum*" (Madison, 1968 年)

[5] Marshall Clagett "*N.Oresme and the Medieval Geometry of Qualities and Motions*" (Madison, 1968 年)

[6] デカルト (野田又夫訳)『精神指導の規則』(岩波文庫, 1974 年)

[7] Salomon Bochner "The significance of some basic mathematical conceptions for physics" (Isis, 54 巻, 1963 年, 179 - 205 頁)

[8] Jekuthiel Ginsburg 'Rabbi ben Ezra on permutations and combinations' (The Mathematics Teachers, 15 巻, 1922 年, 347 - 356 頁)

[9] R.Rashed 'Nombres amiables, parties aliquots et nombres figurés au XIIIme et XIVeme siècles' (Arch.Hist. Exact Sci. ;28 巻, 1983 年, 107 - 147 頁)

[10] Mohammad Yadegari 'The Binomial theorem; A widespread concept in medieval islamic mathematics' (Hist.Math. , 7 巻, 1980 年, 401 - 406 頁)

[11] Frances A.Yates 'The Act of Ramon Lull: An approach to it through Lull's theory of the elements' (Jour.of the Warburg and Courtauld Institute, 17 巻, 1954 年, 115 - 173 頁)

[12] Robert Ineichen 'Dante - Kommentare und die Vorgeschichte der Stochastik' (Hist.Math. , 15 巻, 1988 年, 264 - 269 頁) を参照した. パチォーリ簿記論に関しては

[13] 片岡義雄『パチォーリ簿記論の研究』(第二版, 森山書店, 1963 年) が詳しい. しかしこの本はパチォーリの数学には言及されていない.

　　　リブリの本は全 4 巻が Johnson Reprint から, パチォーリの『大全』は臨川書店から, それぞれ写真復刻版が出ている.

[14] サートン (平田寛訳)『古代中世科学文化史』(全 5 巻, 岩波, 1967 年)

第3部

古典確率論の陣痛期

第3部 古典確率論の陣痛期

第10章 カルダーノ

10.1. いよいよ古典確率論誕生の時期, ルネサンスを迎える. 史上初めて確率論の本を書いたのは**ジロラモ・カルダーノ** (Girolamo Cardano; 1501.9.24-1576.9.21) である. カルダーノを有名にしたのは, その自叙伝『**我が人生の書** (De Propria Vita)』である. これはアウグステイヌスの『告白』, 彫金師チェリーニの『自伝』と併せて, 西欧の三大自伝の一つとされている.

『我が人生の書』の13章「性癖, 悪徳, 過失」で

「若いころからチェスに明け暮れた. そのお陰でミラノの貴族フランチェスコ・スフォルツァと知り合いになり, さらにたくさんの高貴な人々とも交遊した. 賭博への情熱は休みなく何年もの間, ほとんど40年間も私を虜にした. しかし, 何ら益なく, どれだけ家庭に迷惑をかけたことか. サイコロ遊びのため, 長い間, 私の生活は窮屈なものだった. 息子までもが賭博をやるようになった. 遊び人で我が家が溢れることなどざらであった. このような賭博癖のため, 若いころは貧困に耐え, 偶運に伴うある種の狡猾さとプレーの技量をいささか獲得したという, 大して価値もない口実以外, 得るものは何もなかった」

と述べている. さらに19章「賭博とサイコロ遊び」では

「私にはどう見ても称賛に値しないと思われるものがある; というのは, 私は途方もなくチェス盤やサイコロ卓に耽るという点で, もっとも厳しい非難を受けてしかるべきだと考えるから. チェスは40年以上, サイコロは25年間もやってきた. 単に年月が長いだけではない. 恥ずかしいことながら, その間, 毎日やっていたのだ！評判も悪くなったし, 金も時間も

136

第10章 カルダーノ

失ってしまったので，弁解の余地はない．もしも弁護に立ってもよいとすれば‥‥私は賭事が好きだったのではなく，引きずり込まれたのだ．人々から中傷を受け，侮辱され，哀れみをかけられ，横柄な態度に出られ，秩序を乱したように思われ，軽蔑され，その上体も虚弱だった．結局，ひどい怠け癖のせいなのだ」

とも述べている．これ程はっきり賭博をしたと宣言した学者は他にいない．

10.2. こんな破天荒なことを書くカルダーノは，ミラノ近郊のパヴィアで法律家の**ファジオ・カルダーノ**（Fazio Cardano；1444 – 1524）の庶子として生まれた．パデュア大学に学び，医学の学位を受ける．医者として生活しながら，数学・占星術・自然哲学・手相学など多面的な知識を蓄えた．鋭い知性の持ち主だったが，庶子であるため内科医の開業を妨害されたりした．当時のミラノは独仏両軍の角逐の場で，飢饉と疫病で国も荒れ，カルダーノは貧窮の中で荒んだ生活を送った．

代数学者としては3次方程式の解の公式を発見したが，先取権を巡ってタルタニアとの間で苦々しい論争が起こったことは衆知の通りである．

1543年パデュア大学の医学教授に任命され，ヴェサリウスに次ぐ人気のある内科医になった．1547年スコットランドに渡ってハミルトン大司教の持病を治し，帰途ロンドンで国王エドワードⅥ世の運勢を占い，王の長寿を予言するが，間もなく王は若くして逝去し

図10.1　パデュア大学の建物

137

第3部　古典確率論の陣痛期

た．1562 年ボローニャ大学の医学教授となった．この大学は法王庁の管轄下にあったので，待遇が良く，カルダーノの生活は安定した．しかし，長男は売春婦の妻を殺して死刑，次男は窃盗犯で投獄，娘婿は金銭問題で義父を告訴と，カルダーノは子供に恵まれなかった．

　70 歳になって，カルダーノは突如投獄され，宗教裁判に掛けられる．キリストの運星表を作ったからだといわれているが，彼の日常生活全般にわたって法王庁には目障りだったのだろう．結局，教授職は剥奪され，著作の出版は禁止され，ローマで軟禁されたが，不思議なことに法王は年金だけは支給している．この軟禁中にカルダーノは『我が人生の書』を書いて死ぬのである．

10.3.　さて，我々の注意をひくのは『**サイコロ遊びについて**』と題する

カルダーノの論文である．この論文は死後随分たった 1663 年に出版された『**カルダーノ全集**』第 I 巻に掲載されたので，初めて存在が明らかになった．

　この論文は「博識と道徳的省察以外の何ものも見いだせない」（モンモール）という評価と，「組合せ解析に関する多くの問題が解かれている」（リブリ）という相対する評価がなされているが，古典確率論では大変大事な文献なので，以下に詳述したい．

　カルダーノの論文は 2 つ折り版 15 頁からなり，各頁左右 2 段組みになっている．印刷はあまりよくない．カルダーノ自身，根っからの賭博師だったので，賭博師の指導書としては大変良くできている．この論文には賭博に関して，本当にいろいろなことが書かれている．例えば，ゲームの仕方が書いてあったり，騙そうと思っている相手に対して取らねばならない防衛策が説明されていたりという具合である．論文は全部で 32 節に別れているが，そのうち偶然に関する議論に 8 節を割いている．以下，『サイコロ遊びについて』の内容を吟味することにしよう．

10.4.　1 節は「**ゲームの種類について**」と題する．ゲームは体力による

138

第 10 章　カルダーノ

もの（ボーリング），技量によるもの（チェス），偶然によるもの（サイコロやアストラガルス），技量と偶然の両方に依存するもの（サイコロ箱ゲーム）がある．後の2種類のゲームを同じ名称，alea と呼んでいる．

図 10.2　『サイコロ遊びについて』1 頁目（『全集』1 巻，262 頁）

2節は「**遊びの条件について**」と題されている.

「大きな心配事があり，心の安らぎを求めたい時には，賭事は許されるの
みならず，有益なものだと考えられる・・・・とかと，たとえ賭事が正当化さ
れようとも，誰も確実に賭事に出費する価値を認めないだろう・・・・賭ける
お金には節度がなければならない・・・・重要な仕事から逃れて気分転換を
はかることは，[絵を画けば] 何かが創造されるし，[音楽を奏すれば] 自然
の節理に従うし，[読書やお喋りは] 人から何かを学ぶから，賭事より称賛
に値しよう・・・・賭事は骨折って行われるため，意に反し，所要時間が必要
以上に長くなる．**セネカ**が『生命の短く脆きことについて』で述べている
ように，時間は最も大切なものだ・・・・賭事は人を怒りっぽくさせ，精神の
動揺をもたらし，嵩ずると金銭関係の争いを起こす．それは不名誉極ま
りなく，法でも禁じられている.」

3節は「**誰と何時ゲームをすべきか**」が論じられる.

「・・・・・・相手となる人は社会的に適当な地位にいる人で，たまに勝負するに
限る．そして，ほんの短時間，適当な場所[自宅か相手の家]で，少しの
賭金で，しかるべき時間[休日]にでもするべきである・・・・法律家や医者
や，その類いの職業の人は，賭事をすれば損である．というのは，彼らは
暇人と思われているからである．さらに，もしも勝てば博奕打ちではない
かと疑われ，負けると腕が未熟と笑われる.」

4節は「**賭博の効用と損失**」を論じている.

「うまく運営された賭博から・・・・精神的緊張が緩むし，重大な仕事が課せ
られたと同じような喜びを感ずる．プレー中，相手の性格，例えば怒りっ
ぽいとか，貪欲だとか，正直だとか，不正直だとかが明らかになる・・・・賭
事は一面では友情を得る手段でもある・・・・賭事はその人間の忍耐力の有
無を試す良い機会である．賭事の良さはゲームの進行中は少しも現れな
いが，忍耐力のテストとしては大いに効用がある．なぜなら，忍耐力のあ

る人はゲームに負けた悔しさを，少しの間でも抑えておれるだろうから．

　昔かなり名声を博した人でも，賭事で蒙った損害のため評判を落とした例は数え切れない．これに賭事に要した時間的ロス，神々に対する無駄な呪いの言葉，自分の仕事の放擲，賭事が病み付きになってしまう危険性，損をどう取り戻すかの思案‥‥その上，口論も起こる．時に最も性悪なことは，人を故意に怒らせたり，一人が高い賭金でゲームしたいと夢中になり出したり，相手の感情の中に落ち込み，もはや自分を律し切れなくなって大金を投じたりする．そんな大金を賭けて勝負するくらいなら，金を捨てた方がましなことだってある．」

では「**なぜ私は賭事を論ずるのか**」ということになる．それは 5 節で

「よしんば賭事が一般的に悪だとしても，賭事をする人間はたくさんいるのだから，それは必要悪と見なすべきである．それは医者から見た不治の病のようなものである．医者は不治の病だからといって，治療しないだろうか……怒ることは悪徳であっても，それから利益が引き出されることだってあろう．**それで悪徳を論ずることは哲学者の習慣になっている．だから，私にとって賭事を論じることは不条理でもなければ，賛美されることでもない．賭事のもつ利点と，それゆえ当然欠点とを指摘するためであり，それにより不利なことを可能な限り少なくできるかもしれない．」**

と開き直る．そして 6 節で「**賭博の基本原則**」が提起される．

「賭事の第一原則は，簡単に言って同等の条件のもとで行われなければならないことである．試合の相手も，立会い人も，賭金も，ゲームをする場所も，サイコロ箱も，サイコロ自体も，すべて相手と同等のものでなければならない．この同等性が崩れて，相手に傾くと馬鹿を見るし，自分の方に傾くと不正をしていることになる．

　立会い人が相手側に付く場合，大いに危険である．大勢の人が見ているなかでプレーするとき，次のような事態が発生する．もし彼らが賭けの

141

図10.3 カード・ゲームに夢中の4人．周囲の見物人に注目．

相手の味方なら……いろんな方法で邪魔できる．例えば，相手に明け透けな忠告や助勢をする．それは相手を助けるだけでなく，こちらを怒らせ，邪魔するので2倍の害がある‥‥明け透けな情報を与えるまでもなく，だらだらと話をし，こちらを苛立たせることもある．当方に重要な仕事の用件を何気なしに相談しに来る者もいる．こちらに口論を吹っかけ，図々しく邪魔立てする者もいる．からかう者もいる．足や手で相手にそれとなく情報を送っているらしい素振りの者もいる．少し離れた所からうなづいて見せる者もいる……サイコロの落ち方がいかがわしいと難癖をつける者もいる……不正をしてでも勝ちたいと思えば，上述の人たちを自分の味方につけることである．」

カルダーノの原則論で大事なことは，**同等の条件下で賭事をすること**であり，このことは自然に**根源事象の等確率性にもつながる感覚を持ち得た**ものと思われる．

29節「**演技者の性格について**」の中で

「強盗や海賊にも掟があるように，悪事にも規則がある．プレー中，しゃべり過ぎるより，寡黙であることが一番良い戦術である‥‥怒らないこと，相手を怒らせないこと，恐れないこと，無意味な事は言わぬこと，(特

に相手が負けている時）相手を困らせないことが，勝利に向かって役立つ
プレーの仕方である」

と述べているが，果たしてここで書かれているような人格者ばかりが賭事をす
るのであろうか．そうではない．最後の方の 26 節で，彼は弁解めいた弁「**よ
く知る人はうまくゲームをするか**」を吐いている．

「賭事の規則を知っている人は，うまくゲームできるかどうか……知るこ
とと，実行することとは別である……学識ある医者は，腕のいい医者とは
限らないのと同じである……ましてや，時間もなく，奸計が効果を現すよ
うな事柄では，知ることと，知った知識を他人に適用することとは別であ
る……賭事，戦争，決闘，商売では（眼識の）鋭さは知識と実行力に依存
するが，それでもなお実践と経験は知識以上のことをする．」

これは賭博の勧めでもある．

10.5. 『サイコロ遊びについて』のなかで，確率計算に関わるのは 9 節「1 個のサイコロ投げについて」から始まる．

「［サイコロの］面の総数の半分はつねに同等（aequalitas）を表す．だか
ら，ある与えられた目が 3 回の投げの中で出現する可能性は半々である．
なぜなら，6 回の投げで目の数は完全に一巡（circuitus）するか，それと
も再び与えられた 3 つの目のうち，ある目が 1 回の投げで上を向くであろ
うから．例えば，1, 3, 5 のどれかの目を出すように，2, 4, 6 の目を出す
ことができる．それゆえ，もしもサイコロが公正なら，この aequalitas に
より賭金を出す．もしもサイコロが公正でなければ，この aequalitas か
ら離れる度合いの大小によって賭金の額も調整される．しかし，これらの
事実を理解するのは大いに結構だが，実際の勝負には役立たない．」

このことを現代用語で言えば，標本空間の大きさを c，ある事象に好都合な

第3部　古典確率論の陣痛期

場合の数を f とすると

$$\text{circuitus} = c, \quad \text{aequalitas} = c/2$$
$$\text{普通の確率} = p = f/c, \quad \text{同等比率} = p_e = 2f/c$$

となる．公平なゲームでは，好都合な場合と不都合な場合の数は同じでなければならないとすると，各々のプレイヤーの勝つ確率 p, q は $p = q = 1/2$ である．これを同等比率に直すと，各プレイヤーの勝つ割合は $p_e = q_e = 1$ となる．勝つ確率をそれぞれ 1 になるように調整されたものが同等比率で，カルダーノはそのことを「aequalitas が存在する」というように表現している．最後の文章から**サイコロ 1 個でやる賭博はなかった**ことが分かる．

10.6.　11 節は「**2 個のサイコロ投げについて**」論じられる．

「2 個のサイコロを投げた場合，同じ目の出るのは 6 通り，異なる目の組合せは 15 通りであるから，2 回重複して数えると 30 通り，全部で 36 通りの投げの結果がでる．」

ここまでは正しい．この後

「1 のゾロ目 [(1, 1) の目] に関しては，aequalitas は 18 回の投げで成立する．なぜなら，18 回の投げの中で 1 のゾロ目が出るか，出ないかは同等であるから」

という文章が出てくる．分かりにくい言い方だが，このときの aequalitas は期待値の意味にとると正しい．ある事象の起こる確率を p とすると，1 回の試行でその事象は平均して p 回起こるであろう．1 のゾロ目の場合，$p = 1/36$，$np = 1/2$ とおくと，$n = 18$ となる．1 のゾロ目が出るまでサイコロを投げ続けるとして，その確率が $1/2$ になるのは，100 年後にパスカルが**ド・メレ**の問題として解決するもので，正しい答は $24 < n < 25$ である．次に

144

「しかし，(1, 2) という目は 2 通りの仕方で出る．それで (1, 2) という目
　に対しては，9 回投げると aequalitas になる．」

この文の解釈も先の場合と同じで，(1, 2) の目の出る確率は $p = 2/36$，$np = 1/2$
とおくと，$n = 9$ となる．この場合も正しい答は $12 < n < 13$ である．
　このカルダーノの論法をアメリカの数学者**オーレ** (Oystein Ore；1899–
1968) は**平均結果に関する推理**と呼んだ．この推理を用いたカルダーノの記
述はすべて間違っている．
　次にカルダーノの記述を読みにくくしているのは，「**少なくとも**」という論理
的概念がはっきり打ち出せていないので，「少なくとも 1 個」なのか，「ただの 1
個」なのかが判然としない点にある．その点を考慮して

　「［少なくとも］1 個のサイコロが 1 の目を出す投げの数は，36 通りのう
　ち 11 通り：つまり aequalitas の半分よりやや大きい．そして 2 個のサ
　イコロを 2 回投げて，毎回［少なくとも］1 個 1 の目の出る仕方の数は，
　aequalitas の 1/6 より大きく，1/4 より小さい」

という部分の記述は正しい．なぜならば，
$$\text{circuitus} = c = 36 \times 36 = 1296, \quad \text{aequalitas} = e = c/2 = 648$$
だから
$$e/4 = 162 > 11 \times 11 > 108 = e/6$$
となる．

　「2 個のサイコロを 3 回投げたとき，3 回とも続けて［少なくとも］
　1 個 1 の目を出す仕方の数は，一巡の数に達しない．しかし，それは
　aequalitas の 1／12 とそれとの差のほぼ 2 倍だけ異なる‥‥この推論は，
　かかる知識に基づく近似に過ぎず，計算は細部にわたって正確ではない．
　しかも，多くの場合，事態は推測したものから，かなりずれることがある．」

この文章の解釈も難しい．前半は
$$11^3 < 36^3$$

であるのか，それとも

$$(11/36)^3 ≒ 1/35.05$$

で分母が 36 に達しないことを指しているのか不明である．

後半は一巡の数

$= \text{circuitus} = c$,

$\text{aequalitas} = e$, $x = 11^3$

とおくと，

$$(e/12 - x) \times 2 ≒ x;$$

これを解いて $e/6 ≒ 3x$ であることを述べている．事実，

$e/6 = c/12$

$= 36 \times 36 \times 36/12 = 3888,$

一方，

$3x = 3 \times 11^3 = 3993$

図 10.4 『アルティス・マグナ（大技術）』の扉頁

である．この場合カルダーノが述べている 1/12 という係数は，平均結果に関する推理を使い

$$np = 3 \times (11/36) = 11/12$$

であるから，同等比率の 2 倍である 1 との差は 1/12 であるとしているのであろう．**オーレ**はこの部分を

> 「3 回の投げのうち，[少なくとも] 2 回 1 個以上の 1 の目の出るのは，同等比率の 1／12 だけ異なる」

と解釈し，正しい確率は

$$p = 3 \times \left(\frac{11}{36}\right)^2 \times \left(\frac{25}{36}\right) + \left(\frac{11}{36}\right)^3 ≒ 0.22$$

であり，aequalitas または $p = 1/2 = 0.5$ とは全く異なると述べている．この辺のカルダーノの記述は全く混乱している．

第 10 章 カルダーノ

10.7.　12節は「3個のサイコロ投げについて」と題する．3個のサイ
コロを投げた時のあらゆる目の出方は 216 通りで，カルダーノは circuitus ＝
216，さらに aequalitas ＝ 108 と求めている．だが，ここでも

　　「(1, 2, 3) のような 3 個とも違う目は，aequalitas の数に対し，2 個のサ
　　イコロを投げたときのゾロ目におけるのと同じ比率を保つ．なおその上，1
　　個のサイコロでは個々の目自体は aequalitas の 1/3 である．それゆえ，3 個
　　のサイコロがあるのだから，それらは同等比率を得るだろう．それで 216 通
　　りの可能な結果から，個々の目は 108 通り出てきて，それ以上ではない」

と意味の取れない書き方がされている．最初の部分は

　　　　$3!/108 = 1/18 = (1, 1)$ の目の出方) / (2 個投げの aequalitas)

となって正しい．次の行の aequalitas は 1/2 と解釈すると，$1/6 = (1/2) \times (1/3)$
＝ (aequalitas)×(1/3) の意味ととれる．しかし，「それゆえ」以下の部分
は [少なくとも] 1 個特定の目が出る確率を求めようとして，平均結果の推
理を使ったため，$3 \times (1/6) = 1/2 = 108/216$ としたものらしい．正しくは
$1 - (5/6)^3 = 91/216$ である．

10.8.　カルダーノの論文の中でも特に難解なのが，13節「**2 個または
3 個のサイコロ投げにおける 6 点までと，6 点以上の数の構成について**」の
内容である．そこでは，普通のサイコロ投げとフリティルルスなるゲームと 2
通りのものを紹介している．2 個のサイコロ投げの場合，得点は次の表

得点 (sors)	2	3	4	5	6	7	8	9	10	11	12
目の出方	1	2	3	4	5	6	5	4	3	2	1
フリティルルス	12	13	14	15	16	17	5	4	3	2	

のようになる．**フリティルルス** (fritillus) は，サイコロを入れて振る壺（素焼
きのものと革製のものと 2 種類ある）か，サイコロ箱と呼ばれ，いずれも古代

第3部　古典確率論の陣痛期

図 10.5　左はサイコロ箱，右は壺袋（いずれもフリティルルスという）

ローマ時代からあったものらしい．素焼きの壺はポンペイの灰の遺跡の中からも出土している．サイコロ箱は上からサイコロを落として前方に転がり出るような装置らしい．ここでいうフリティルルスはそんな道具ではなく，そのような道具を使ってする賭博の名称らしい．その清算規則は上表から類推するしかない．カルダーノは

> 「フリティルルスにおいては，11 通りの点の出方があり，それは 1 個のサイコロで示すことができる」

と述べている．これはどういう意味か考えてみる．2 個のサイコロを投げたとき，出た目の数があらかじめ決めておいた数に合致したと見なすのは，2 個のサイコロの目の数の和がそれと一致した場合だけでなく，2 個のうちのどちらか一方の目だけでもその数に一致すればよいというものらしい．このように考えてみると，目の和が 6 以下の数を勝ちの目としたとき，勝ちとなる場合がさらに 11 通り出てくる．

次に 3 個のサイコロを投げたとき，勝ちの目の出方は何通りあるかが示される．また，フリティルルスの場合の数も示される．

第 10 章　カルダーノ

sors		
3.	18:	1 通り
4.	17:	3
5.	16:	6
6.	15:	10
7.	14:	15
8.	13:	21
9.	12:	25
10.	11:	27

Fritillus	
3:	115　通り
4:	120 (原文は 125)
5:	126
6:	133
7:	33
8:	36
9:	37
10:	36
11:	33 (原文は 38)
12:	26
13:	21
14:	15

1 点は 108 通り
2 点は 111 通り

　フリティルルスの表について，カルダーノが語っていることと照らし合わせて，明らかに誤植と判った 2 ケ所は訂正した．ところで，この表が何を表したものなのか，判然としない．しかし，既に述べてきたことから類推して，次のように考えることができる．

　3 個のサイコロの出た目の和がその数になる場合，3 個のうちの 2 個の目の数の和がその数になる場合，3 個のうちの 1 個だけがその数になる場合，これらの場合の数の総計の表が上の表である．ところが，こう考えても，カルダーノの表と一致しない箇所がある．というのは，勝ちの目が 1 の場合，3 個のうち少なくとも 1 個が 1 の目を出す場合の数は $6^3 - 5^3 = 91$ となり，カルダーノの表の 108 と合致しないからである．

　トドハンターは，普通のサイコロ遊びの場合の数と，カルダーノが示した場合の数の関係を次のように類推した．3 個のサイコロを用い，普通の仕方で所定の目の出る場合の数を n，カルダーノの仕方で同じ所定の目が出る場合の数を N とする．また，2 個のサイコロを用いる普通の仕方で，同じ所定の目が出る場合の数を m とする．このとき，目の和が 13 以上の場合は $N = n$．目の和が 7 から 12 までの場合は $N = 3m + n$，目の和が 6 以下の場合は $N = 108 + 3m + n$ となる．この法則に合致しない場合が，上の表で 1 ケ所ある．それは目の和が 12 のときの場合の数 26 通りに対し，この法則では

第3部　古典確率論の陣痛期

$3 + 25 = 28$ 通りになる．トドハンターは「この法則にかなうような 3 個の
サイコロ遊びとして，どんな単純な遊び方があるのか，よく分からない」と書
いた．

10.9. それに反し，**オーレ**はカルダーノの陳述とうまく合致する複雑
な 3 人ゲームの規則を与えている．それによると，3 個のサイコロを投げ終
わったプレイヤーは出た目の結果により，次の規則いずれかに基づいて，1 人，
2 人，3 人の動作の選択ができるものとする．

(1) 3 個のサイコロすべての目の和が，1 人の人間の動作に対して用いられる．
　（これは Sors の場合の数と同じ可能性をもつ．）

(2a) 2 個のサイコロが同じ目を出し，残り 1 個が異なる目を出すとき．
　例えば，$(3, 3, 4)$ の目が出たら，2 つの異なる目の和 $3 + 4$ はある 1 人の得
　点になり，ゾロ目の残りの目の 3 が第二の人の得点となる．

(2b) あるゾロ目の中の第三の目が 6 であるとき，つまり $(4, 4, 6)$ の場合，
　ゾロ目の中の 2 つの同じ目の和 $4 + 4 = 8$ が 1 人の人のみの得点となる．

(3) サイコロの 3 つの目に対し，3 人がそれぞれ 1 つの目だけに注目し，それ
　を得点にする．（この場合，少なくとも 1 個特定の目の出る可能性は
　$6^3 - 5^3 = 91$ であるが，カルダーノは例の平均結果に関する推理で
　$3 \times (1/6) - 1/2 - 108/216$ から 108 という数値を出した．）

　これらの規則に基づき，いくつかの場合を計算してみよう．

(例 1) 12 点の場合．規則 (1) で 25 通り．規則 (2b) で $(6, 6, 6)$ の 1 通り．
計 26 通り．

(例 2) 9 点の場合．規則 (1) で 25 通り．規則 (2a) で $(5, 4, 4)$, $(5, 5, 4)$, $(6,
6, 3)$, $(6, 3, 3)$ 各 3 通り．計 $25 + 4 \times 3 = 37$ 通り．

(例 3) 7 点の場合．規則 (1) で 15 通り，規則 (2a) で $(4, 3, 3)$, $(5, 2, 2)$, $(6,
1, 1)$, $(4, 4, 3)$, $(5, 5, 2)$, $(6, 6, 1)$ 各 3 通り．計 $15 + 6 \times 3 = 33$ 通り．

150

(例4) 6点の場合．規則 (1) で 10 通り．規則 (2a) で $(5, 1, 1), (5, 5, 1), (4, 2, 2)$ 各 3 通り．規則 (2b) で $(6, 3, 3)$ から 3 通り．規則 (3) で 108 通り．計 $10 + 4 \times 3 + 3 + 108 = 133$ 通り．

(例5) 3点の場合．規則 (1) で 1 通り．規則 (2a) で $(2, 1, 1), (2, 2, 1)$ 各 3 通り．規則 (3) で 108 通り．計 $1 + 2 \times 3 + 108 = 115$ 通り．

(例6) 2点の場合．規則 (2b) で $(6, 1, 1)$ 3 通り．規則 (3) で 108 通り．計 $1 \times 3 + 108 = 111$ 通り．

というように一応の理屈はつくが，それにしてもこんな複雑なゲームが実際に行われたのだろうか？

10.10.　次は「**前後につながりのある得点について** (De punctis geminatis)」と題する 14 節である．2 個のサイコロの場合

1点に対する場合	11 通り	少なくとも 1 個 1 の目が出る場合
上記に加える 2 点	9	1 の目が出ず，少なくとも 1 個 2 の目が出る場合
3 点	7	1 と 2 の目が出ず，少なくとも 1 個 3 の目が出る場合
4 点	5	1,2,3 の目が出ず，少なくとも 1 個 4 の目が出る場合
5 点	3	1,2,3,4 の目が出ず，少なくとも 1 個 5 の目が出る場合
6 点	1	6 のゾロ目しか出ない場合

左側はカルダーノの表現であり，右側の小文字の部分は現代の解釈である．もしも誰かゲームをするのがいて，「私は 1 か 2 か 3 の目を出したい」ということに賭けるなら，勝ち目は $11 + 9 + 7 : 5 + 3 + 1 = 27 : 9 = 3 : 1$ である．カルダーノは現在の確率の分数表現ではなく，このような場合とそうでない場合の比較 (**勝ち目**, odds) という形式で確率を間接的に表現した．

　3 個のサイコロの場合も同様で「私は [少なくとも] 1 個 1 の目を出すことに賭ける」と言えば，勝ち目は $91 : 125$ であるとし，この場合は正しい値に達している．そして「[少なくとも] 1 の目を 1 個，2 回続けて出すことに賭ける」時の勝ち目は $91^2 : 125^2$ であるとして，間違った答を出している．正しくは $91^2 : 216^2 - 91^2$ である．

151

第 3 部　古典確率論の陣痛期

10.11.　16 節は「**カード・ゲーム**について (de Ludo Cartharum)」と題する．

「もしもカード・ゲームのすべてを話そうとすれば，多分果てしなく話が続くだろう．しかし，このゲームは，計画を立ててやるのと，そうでないのと 2 種類ある‥‥サイコロ・ゲームは開けっ放しであるのに，カード・ゲームはカードを伏せておくわけだから，言わば待ち伏せ式である．」

図 10.6　カルダーノ『全集』第一巻の扉頁

この説明で「計画を立ててやる」というのは，種々の詭計を使って人を煙りに巻くことを指す．そうでないのは普通の偶然ゲームである．

4 スート（フランス人，ドイツ人，スペイン人，イタリア人），各スート 13 枚；そのうち 1 から 10 まで数カードとジャックとキング，クイーン（イタリア人カードは騎士）をもち，計 52 枚が 1 パックである．カルダーノが例示しているゲームは**プリメロ**（primero）である．これはポーカーの前身と見られているが，'最初'とか'第一人者'を意味する名称が付けられていることからも，当時流行の人気ゲームだった．プリメロでは 8, 9, 10 のカードは除かれ，それ以外のカードの得点は

カ ー ド	1	2	3	4	5	6	7	絵札
得 点	16	12	13	14	15	18	21	各 10 点

のようになる．もしも 3 枚のカードの数を加えて 5 になると，そのとき同じスートのこれらのカードすべては 70 点とされる．**ビット**（bids；切札を決めるため競うこと）は，numerous, primero, supremus, fluxus, chorus である．いろいろな手（事象）の起こる場合の数を列挙する．

	手	最低得点	最高得点	場合の数	計算方法
	同じスート 2 枚	20		54000	${}_4\mathrm{C}_3 \cdot {}_{10}\mathrm{C}_2 \cdot {}_{10}\mathrm{C}_1^2 \times 3$
numerous	同じスート 3 枚		54	14280	${}_4\mathrm{C}_2 \cdot {}_{10}\mathrm{C}_3 \cdot {}_{10}\mathrm{C}_1 \times 2 - 120$
	two pair			12150	${}_4\mathrm{C}_2 \cdot {}_{10}\mathrm{C}_2^2$
primero	異なるスート 4 枚	40	81	9990	$10^4 -$（chorus の数）
supremus	同じスートの 7, 6, 1		55	120	4×30
fluxus	同じスートの 4 枚	42	70	840	$4 \times {}_{10}\mathrm{C}_4$
chorus	同じ数字のカード		84	10	
			計	91390	${}_{40}\mathrm{C}_4$

カルダーノは上の表の場合の数（計算方法の欄）を求めていない．求めようとしたらしいが，複雑すぎて手におえなかったらしい．だが，続く 17 節「**この種のゲームにおけるイカサマについて**」と 18 節「**プリメロにおける習慣的な約束**」，さらに 19 節「**プリメロにおける得点または数の多様性について**」をよく読んでみると，プリメロの遊び方がはっきり分かる．

153

ゲーム開始前，各プレイヤーは賭金を供託し，2枚のカードを胴元から受け取る．誰もが自分の気に入ったカードをもたなければ，1〜2回カードの分配をし直す．その後で誰かが自分にとって非常に有利だと思った段階で "vada（ゆくぞ！）" と宣言し，ビッド（競い値）

図 10.7　カルダーノの頃のイタリアン絵札

を公開する．他のプレイヤーは自分の希望にしたがって call する（他のプレイヤーが賭けたのと同じ賭金を出してプレーに残ること）か，drop（手札が悪くて，これ以上賭けることを諦めプレーを降りる．賭金は戻らない）するか，raise（前のプレイヤーの賭金をさらに競い上げる）する．しかし，もし誰もレイズする者がなければ，'vada' を掛けた後，最後の人まで1回だけカード交換ができる．それから rest（決算）の段階に入り，2枚のカードが分配される［19節］．最終段階で，primero もしくは fluxus を手札にもったプレイヤーは，手の型を宣告する義務を負わされている［18節］．

だから相手側は当方のチャンスにある程度気づいている．他方，より低い得点をもつプレイヤーたちは，show-down（持ち札全部を見せること）により，ゲームが決着する以前に，1枚ないし2枚のカードを捨てたり，抽出したりする権利がある．ゲームのこの段階で，しばしば行われる習慣は fare a salvare（救済をなす）協定の提案である．2人のプレイヤーがいて，1人は高い得点，もう1人は低い得点を手札にもつとき，しかし後1回の抜き方いかんでは，うまく相手をやっつけるチャンスがなくもない．そこで2人の相手のそれぞれのチャンスに対応する比率で，積立てられた賭金を分配する協定が fare a salvare である［16節］．この協定は全く尊敬すべき，勇気ある手段と見る人もいた．しかし，この種の無気力な協定を咎めて，1527年頃活躍したヴェネティアの毒舌家アレッティーノ（Pietro Aretino; ? - 1556）は，戦争が

第 10 章　カルダーノ

不気味に迫ったとき逃げ去る兵士のようだと非難した.

16 節の終わりの方で, カルダーノは慣習的な救済方法の申し出でを紹介し, 分け前の規則を批判的に吟味している.

第一の例. 最高点の切り札をもつ人が比較的低い得点, 例えば 45 点の 3 枚 fluxus をもち, 最低点の切り札をもつ人が高い得点の 2 枚 fluxus, 例えば 5 と 7 のカードで 36 点だけもっているとする. この場合, 後者は 2 枚のカードを抽き, それらのうち 1 枚が手元の fluxus と同じスートの札なら, 後者の勝ちとなるだろう. そのとき賭金は平等に分割されると, カルダーノは説く.

分かりにくい説明であるが, 平等な賭金分配は 2 枚の fluxus をもつプレイヤーに有利だと言いたかったのだろう. 例えば, 切札がハートの場合, 抽くときに取り損なった 2 枚のハートが 1 組のカードの中にあるから, もしも残り 36 枚のスートの中に 8 枚のハートが残っているとしたら, 2 枚抽いても 1 枚もハートの出ない確率は $q = 28 \cdot 27/3635 \fallingdotseq 0.6$, 従って勝つ確率は 0.4 となり, カルダーノの言っていることが裏付けられる. しかし, 彼は何の計算もしていない.

第二の例. 最高点の切り札をもつ人が 3 枚 fluxus をもち, 一方相手はたとえ 2 枚の fluxus に 3 枚目のふさわしいカードを得て 3 枚 fluxus にできたとしても, 得点が不足して彼を打ち負かせないときに起こる. そのとき, 1 枚のカードを捨てて, 異なるスートの 3 枚のカードにし, 4 番目のカードを抽いて primero にする期待がもてる. この場合, 分配は 3:1 とせよとカルダーノは説く. しかし, 終わりの方で, それを 5:2 にせよと修正している. それには異なるスート 3 枚をもつプレイヤーが, 取り損なったスートを 4 番目に抽いて primero にしたい. 36 枚の残りカードのうち, 手中の 4 枚のカード以外のスートが欲しいから, 成功の確率は $p = 10/36 = 0.278 \fallingdotseq 2/7$ となって, カルダーノの言い分はほぼ妥当である.

第三の例. 1 人が既に primero をもっており, 相手が 3 枚 fluxus をもっている場合, 相手は full fluxus にしたいため, 半端のカードを 1 枚捨て, 代わ

155

第3部　古典確率論の陣痛期

りに1枚抽く．この場合の分け前は2:9, 1:5, 1:4と，カルダーノは正解を
出しあぐねている．この場合，10枚のハートのうち3枚は出ているから，後1
枚ハートの出る確率は $p = 7/36 = 0.197 \fallingdotseq 1/5$ となって，最後の1:4の分け
前が大体正解に近い．

　以上のことから，サイコロ賭博に反して，カード・ゲームでは複雑な組合せ
の数に関して，カルダーノがてこずっていたことは明白である．

　カルダーノが具体的な賭博の例として，数学的考察をしたのは以上である．

10.12.　　『**サイコロ遊びについて**』の20節は「**プレー中の運について**」
と題する．この節で，彼は若い頃の賭博の体験を語っており，イカサマ・カー
ドですっからかんになったことが述べられている．『我が人生の書』30章の記
述によると，このときの相手を短刀で切りつけたという．このとき行ったゲー
ムは**バセット**（Bassette）で，このゲームの数学解析はおよそ200年後にド・
モワブルによって行われた．

　20節以降は，31節の「**アストラガルスのゲームについて**」を除いて数学的
なことはほとんど出ていない．しかし，彼の皮肉な発言が目立つのは20節以
降である．例えば

> 「サイコロをおずおず振る人は，なぜ負けるのか？‥‥運命の女神が見放
> したから人が不運になる．不運だから，サイコロの目が不都合に出たので
> あり，不都合な目が出たから彼は損をしたのであり，損をしたからおずお
> ずとサイコロを振るのである．おずおずサイコロを振るのは4番目で，不
> 都合な目が出るのは2番目である．4番目のことが2番目の原因になり
> 得ない．」[21節]

これは極めて皮肉で，辛辣な表現である．カルダーノのこの論説で特に関心の
持たれることは，**シェークスピア**の『**ハムレット**』の中の名句 'to be, or not to
be" のヒントになる句が『サイコロ遊びについて』の中に出ていることである．

156

> 「人が年齢，月日など時間とともに変わるように，運も時間とともに変わる……［賭事によって］未来があるか，あらざるか（futurum est, aut non）という問題は，医者が病を治すか治さざるか，床屋が髪をうまく切るか切らざるか，将軍が戦に勝つか勝たざるか，といったようなことが，魔徐けによって［良い方にいくはずもないのと］同じ論法で証明できる.」
> ［27 節「技以上の何かがあるのだろうか」］

カルダーノの印刷された本は多くの言語に訳された．1573 年英訳された『慰め』が大法官オックスフォード伯爵ハットン（Christopher Hatton；1540－1591）に献呈されたが，その献呈本を借りて読んだ一人にシェークスピアがいる．『慰め』の中にも，ここで述べたような文句がある．

10.13. カルダーノが『サイコロ遊びについて』の中でカード・ゲームを取り上げたことは，後に彼が宗教裁判に掛けられる一因になったかもしれない．当時，カード・ゲームは政治的色彩に富むゲームだった．というのは，ルネサンスの時代，後世の人々は文化の華々しさに目を奪われるのと裏腹に，イタリアの政情は混沌を極め，小公国が乱立し，相互に政治的・軍事的駆け引きを行い，それらをさらに法王庁，ドイツ，フランス，スペインが領土的野心をもって狙っていた．プリメロに出てくるカードのスートが French, Spanish, Germans, Italians となっているのも意味ありで，人々はプリメロをやることで王侯貴族の政治駆け引きの気分を代行して味わった．プリメロを演ずるプレイヤーたちの手が，絶対的永続的な優位さを持たないように，現実の政治情勢もフランス，ドイツ，スペインのどれもがイタリアでの永続的な優位を占めることができず，消長を繰り返していた．プリメロのプレイヤーを取り巻く見物人はイカサマの張本人たちであるが，彼らは直接戦闘に参加するわけではなく，各種の同盟の中で何を企んでいるか分からぬ小公国になぞらえることができる．このような情勢をゲームになぞらえて，その解析を図ったのはカルダーノの最大の皮肉と言えよう．10 節「**なぜ賭事はアリストテレスに非難さ**

第3部　古典確率論の陣痛期

れたか」で，カルダーノは

「喜んで百も承知で勝負する人からの儲けは最高，

　百も承知だが，しぶしぶ勝負する人からの儲けは次善，

　百も承知だが，嫌がる友人に強制した勝負からの儲けは三番目の善，

　何も知らないで，しぶしぶ勝負する人からの儲けは詐欺，

　何も知らないで，喜んで勝負する人からの儲けは略奪」

と述べていることなど，上記の観点から，『サイコロ遊びについて』を読んで見ると，マキァヴェリの『君主論』とは違った諧謔政治論が読み取れると思う．

$10.14.$　カルダーノは 1539 年『**実用算術** (Practica Aritmeticae)』で，確率論への貢献を 2 つ行っている．

　第一は組合せ論への貢献で，第 51 章「各種の不完全なものについて (De Modis omnibus Imperfectis)」に出てくる．n 個の物から一度に 2 個以上取った組合せの数を求めること，つまり

$$_nC_2 + {_nC_3} + \cdots + {_nC_n} = 2^n - n - 1$$

というものである．左辺を求めるには，幾何級数 $1 + 2 + 2^2 + \cdots + 2^{n-1}$ の和から個数 n を引けばよいと述べているが，証明は与えていない．$n = 7, 11, 22$ のときには，それぞれ 140, 2036, 4194281 であることを計算しているにすぎない．これは『カルダーノ全集』第IV巻 73 頁右上に再録されている．

　『実用算術』の最終章は「**ルカ修道士の誤りについて** (De erroribus Fratris Luca)」と題し，パチォーリの分配問題について新しい解釈をしている．つまり，既に勝ったゲーム数に比例して賭金を配分するのは不合理で，プレイヤー各人がこれから勝たねばならないゲーム数を考慮しなければならないと，指摘している．このことを現代記法で書くと，勝負の決着に必要な得点を S，現在までの得点をそれぞれ p, q とすると，賭金は

$$1 + 2 + \cdots + (S - q)$$

158

第 10 章　カルダーノ

: $1+2+\cdots+(S-p)$ の割合で配分すべきだとしている．パチョーリの問題では，$S=6, p=5, q=3$ だから，$1+2+3:1=6:1$ の比に分配するというのが，カルダーノの修正説明である．この部分は『カルダーノ全集』第Ⅳ巻 214 頁右に再録されている．

図 10.8　『実用算術』の扉挿絵 (38 歳のカルダーノ) 周囲に「予言者故郷に入れられず」の銘が見られる．

10.15.　1550 年カルダーノは当時ベスト・セラーになった『繊細なことについて (De Subtilitate)』(全 21 巻) を出版した．この本は挿絵など珍しい図が掲載された一種の百科全書である．『カルダーノ全集』第Ⅲ巻に再録されている．この本の第 X 巻に，漸化式

$$_n\mathrm{C}_r = \frac{n-r+1}{r} {}_n\mathrm{C}_{r-1}$$

と，公式

$$_n\mathrm{C}_r = {}_n\mathrm{C}_{n-r}$$

を使って，20 種類の薬物から何種類か取って，薬を作る方法の数を計算している．すなわち，

$$_{20}\mathrm{C}_2 = 190 = {}_{20}\mathrm{C}_{18}, \ {}_{20}\mathrm{C}_3 = (18/3){}_{20}\mathrm{C}_2 = 1140 = {}_{20}\mathrm{C}_{17},$$
$$_{20}\mathrm{C}_4 = (17/4){}_{20}\mathrm{C}_3 = 4845 = {}_{20}\mathrm{C}_{16}, \ {}_{20}\mathrm{C}_5 = (16/5){}_{20}\mathrm{C}_4 = 15504 = {}_{20}\mathrm{C}_{15},$$
$$_{20}\mathrm{C}_6 = (15/6){}_{20}\mathrm{C}_5 = 38760 = {}_{20}\mathrm{C}_{14}, \ {}_{20}\mathrm{C}_7 = (14/7){}_{20}\mathrm{C}_6 = 77520 = {}_{20}\mathrm{C}_{13},$$
$$_{20}\mathrm{C}_8 = (13/8){}_{20}\mathrm{C}_7 = 125970 = {}_{20}\mathrm{C}_{12}, \ {}_{20}C_9 = (12/9){}_{20}\mathrm{C}_8 = 165970 = {}_{20}\mathrm{C}_{11},$$
$$_{20}\mathrm{C}_{10} = (11/10){}_{20}\mathrm{C}_9 = 184756$$

と計算している．$_{20}C_1 + \cdots + _{20}C_{20}$ は $2^{20} - 1 = 1048575$ となることを述べている．

10.16.　1570年バーゼルでカルダーノの『比例についての新しい書(Opus Novum de Proportionibus)』が発行された．これは『カルダーノ全集』第IV巻に再録されている．この本の（命題137）は「数列の数値計算の明示」と題し，数列の和

$$1 + 2 + 3 + \cdots + n = n(n+1)/2$$

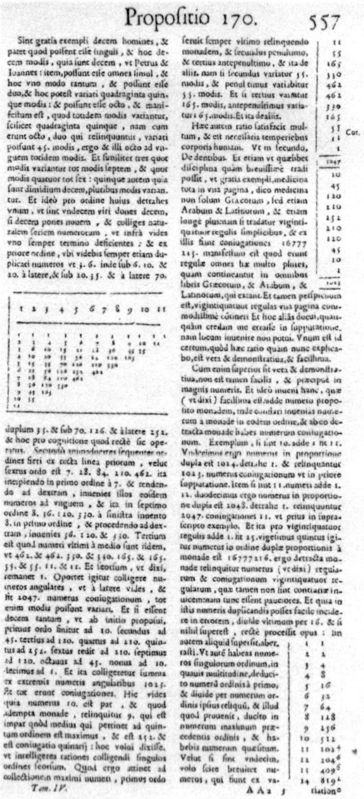

Propositio 170.　557

Sint gratia exempli decem homines, & patet quod possent esse singuli, & hoc decem modis, quia sunt decem, vt Petrus & Ioannes: item, possunt esse omnes simul, & hoc vno modo tantum, & possunt esse duo, & hoc potest variari quadraginta quinque modis: & possunt esse octo, & manifestum est, quod totidem modis variantur, scilicet quadraginta quinque, nam cum erunt octo, duo qui relinquuntur, variari possunt 45. modis, ergo & illi octo ad vnguem totidem modis. Et similiter tres quot modis variantur tot modis septem, & quot modis quatuor tot sex: quinque autem quia sunt dimidium decem, pluribus modis variantur. Et ideò pro ordine huius detrahes vnum, vt sint vndecem viri dones decem, si decem pones nouem, & colliges naturalem seriem numerorum, vt infrà vides vno semper termino deficientes: & ex priore ordine, vbi videbis semper etiam duplicari numeros vt 3. 6. inde sub 6. 10. & 10. à latere, & sub 10. 35. & à latere 70.

1	2	3	4	5	6	7	8	9	10	11
1	1	1	1	1	1	1	1	1	1	1
2	3	4	5	6	7	8	9	10	11	
3	6	10	15	21	28	36	45	55		
4	10	20	35	56	84	120	165			
5	15	35	70	126	210	330				
6	21	56	126	252	462					
7	28	84	210	462						
8	36	120	330							
9	45	165								
10	55									
11										

duplum 35. & sub 70. 126. & à latere 252. & hoc pro cognitione quod rectè sic operatus. Secundò animaduertes sequentes ordines fieri ex recta linea priorum, velut sextus ordo est 7. 28. 84. 210. 462. ita incipiendo in primo ordine à 7. & tendendo ad dextram, inuenies illos eosdem numeros ad vnguem, & ita in septimo ordine 8. 36. 120. 330. à sinistra inuento 8. in primo ordine, & procedendo ad dextram, inuenies 36. 120. & 330. Tertium est quod numeri vltimi à medio sunt iidem, vt 462. & 462. 330. & 330. 165. & 165. 55. & 55. 11. & 11. Et seorsum, vt dixi, remanet 1. Oportet igitur colligere numeros angulares, vt à latere vides, & fit 2047. numerus coniugationum, tot enim modis possunt variari. Et si essent decem tantum, vt ab initio proposui, primus ordo finitur ad 10. secundus ad 45. tertius ad 120. quartus ad 210. quintus ad 252. sextus redit ad 210. septimus ad 120. octauus ad 45. nonus ad 10. decimus ad 1. Et ita colligeretur summa ex extremis numeris angularibus 1023. & tot erunt coniugationes. Hic vides quia numerus 10. est par, & quod adempta monade, relinquitur 9. qui est impar quòd medius qui pertinet ad quintum ordinem est maximus, & est 252. & est coniugatio quinarij: hoc volui dixisse, vt intelligeres rationes colligendi singulos ordines seorsum. Quod ergo attinet ad collectionem maximi numeri, primus ordo seruit semper vltimo relinquendo monadem, & secundus penultimo, & tertius antepenultimo, & ita de aliis. nam si secundus variatur 55. modis, & penultimus variabitur 55. modis. Et si tertius variatur 165. modis, antepenultimus variatur 165. modis. Et ita de aliis.

Hæc autem ratio satisfacit multum, & est necessaria temperiebus corporis humani. Vt in secundo, De dentibus. Et etiam vt quælibet disciplina quàm breuissimè tradi possit, vt gratia exempli, medicina tota in vna pagina, dico medicina non solum Græcorum, sed etiam Arabum & Latinorum, & etiam longè plus: nam si tradatur viginti-quatuor regulis simplicibus, & ex illis fiunt coniugationes 16777215. manifestum est quod erunt regulæ omnes hæ multo plures, quam continentur in omnibus libris Græcorum, & Arabum, & Latinorum, qui extant. Et tamen perspicuum est, vigintiquatuor regulas vna pagina commodissimè cõtineri Et hoc aliàs docui, quanquàm credam me errasse in supputatione, nam locum inuenire non potui. Vnum est id certum, quòd hæc ratio quam nunc explicabo, est vera & demonstratiua, & facillima.

11
55
165
330
462
462
330
165
55
11
1
1047
10
45
120
210
252
210
120
45
10
1
1023

Cor. 11

Cum enim superior sit vera & demonstratiua, non est tamen facilis, & præcipuè in magnis numeris. Et ideò inueni hanc, quæ (vt dixi) facillima est: adde numero proposito monadem, inde duplati inuenias numerum a monade in eodem ordine, & ab eo detracta monade habes numerum coniugationum. Exemplum, si sint 10. adde 1 fit 11. Vndecimus ergo numerus in proportione dupla est 1024. detrahe 1. & relinquantur 1023. numerus coniugationum vt in priore supputatione. Item si sint 11. numeri adde 1. 12. duodecimus ergo numerus in proportione dupla est 2048. detrahe 1. relinquuntur 2047. coniugationes 11. vt prius in suprascripto exemplo. Et ita pro vigintiquatuor regulis adde 1. fit 25. vigesimus quintus igitur numerus in ordine duplæ proportionis à monade est 16777216. ergo detracta monade relinquitur numerus (vt dixi) regularum & coniugationum vigintiquatuor regularum, quæ tamen non sint contrariæ inuicem: nam tunc essent pauciores. Et quia in istis numeris duplicandis posses facile incidere in errorem, diuide vltimum per 16. & si nihil superest, rectè processit opus: sin autem aliquid supersit, aberrasti. Vt autẽ habeas numeros singulorum ordinum, in quauis multitudine, deducito numerũ ordinis à primo, & diuide per numerum ordinis ipsius reliquũ, & illud quod prouenit, ducito in numerum maximum præcedentis ordinis, & habebis numerum quæsitum. Velut si sint vndecim, volo scire breuiter numeros, qui fiunt ex variatione

1	1
2	2
3	4
4	8
5	16
6	32
7	64
8	128
9	256
10	512
11	1024
12	2048
13	4096
14	8192

Tom. IV.　AA 3

図10.9 『比例について』(命題170)(『カルダーノ全集』IV巻，557頁

第10章　カルダーノ

と，組合せの数の生成規則

$$_n\mathrm{C}_k + {_n\mathrm{C}_{k+1}} = {_{n+1}\mathrm{C}_{k+1}}$$

を説明している．一般公式は与えず，いくつかの数値例から帰納する方法を採用しているのは，彼の論説の特徴である．

また，(命題170)には算術三角形が説明されている．そして

$$_n\mathrm{C}_1 + {_n\mathrm{C}_2} + {_n\mathrm{C}_3} + \cdots + {_n\mathrm{C}_n} = 2^n - 1$$

が成り立つことを，$n = 11, 10$ の場合に対して説明している（図10・9の右端）．

以上がカルダーノの確率論への貢献のすべてである．

＜参考文献＞

カルダーノの全集は死後1世紀近く経った1662年に出版されたが

[1] Girilamo Cardano "*Opera Omnia*"（全10巻，Johnson Rep. Co；1967年）
の版が利用できる．有名な彼の自伝と『サイコロ遊びについて』は全集第Ⅰ巻に収録されている．数学関係は第Ⅳ巻にまとめられている．自伝は

[2] 青木靖三・榎本恵美子訳『我が人生の書』(1980年7月，社会思想社)

[2′] 同上書の文庫版 (現代教養文庫130, 1989年, 社会思想社)

[3] 清瀬卓・澤井茂夫訳『カルダーノ自伝』(1980年11月, 海鳴社)

[3′] 同上書の文庫版 (平凡社ライブラリー93, 1995年)
と2つの異なる訳本が同じ年に出版された．数学にかかわる伝記は

[4] Oystein Ore "*The Gambling Scholar*"（Princeton Univ. Press, 1953年）

[4′] 安藤洋美訳『カルダノの生涯』(東京図書, 1978年)
がある．

[5] Sydney Henry Gould "*G.Cardano；The Book of Games of Chance*"（Holt, Rinehart and Winston；1960年）
は『サイコロ遊びについて』の英訳本である．これは[4]の中に付録としても収録されている．

[6] Jean Stoner "*The Book of My Life*（『我が人生の書』の英訳；1962年；Dover）
カルダーノの占星術については

第3部　古典確率論の陣痛期

[7] Anthony Grafton "*Cardano's Cosmos; The Worlds and Works of a Renaissance Astrologer*" (Harvard Univ. Press, 1999 年)
が詳しい.

[8] Peter L.Bernstein '*Against the Gods*' (Jhon Wiley & Sons, 1996 年)

[8'] ピーター・バーンスタイン (青山護訳)『リスク, 神々への反逆』(日本経済新聞社, 1998 年)
は金融工学との関わりで述べられた異色の確率論史で,「ルネサンスの賭博師」の章にカルダーノが登場する.

[9] A.Hald "*A History of Probability and Statistics and their Applications before* 1750" (J.Wiley, 1990 年)
の第4章はカルダーノに割かれている. 組合せ論については

[10] A.W.F.Edwards "*Pascal`s Arithmetical Triangle*" (1987 年, Charles Griffin)

[11] E.Knobloch "*Die mathematischen Studien von G.W.Leibniz zur Kombinatorik*" (Franz Steiner Verlag, 1973 年)
が参考になる. カルダーノの研究は

[12] 安藤洋美「確率論前史 (カルダーノの『De Ludo Aleae』) (1) 〜 (6)
(Basic 数学, 1976 年 8 月号から 1977 年 10 月号まで隔月ごと)

[13] 安藤洋美「カルダノの確率研究について」(『数学史の研究』(数理解析研究所講義録 1064 号, 1998 年)
が詳しい.

162

第11章 16世紀の いろいろな研究

11.1. フエラーラに生まれ，そこの大聖堂の評議員，そこの大学の文学教授で，その地で死んだ**カルカニーニ** (Celio Calcagnini；1479.9.17 – 1541.8.27) は哲学者，詩人，天文学者であった．この人も高位聖職者の庶子だった点でカルダーノと似た境遇のもとに育ったが，父親が認知したので聖職に就けた．天文学については『**どうして天は固定し，地球は動くのか．特に永久に地球が動くことの考察** (Quomodo caelum stet, terra moveatur, vel de perenni motu terrae commentatio)』を彼はいつ発表したか不明だが，漠然とした形にせよ，地動説を唱えている．コペルニクスが 1543 年に地動説を発表したときは，カルカニーニは既に死んでいた．彼の著作で，やはり発表の日付がはっきりしない『**タリとテッセラ，そして古代から伝わるゲームの計算について** (Detalorum ac tesserarum et calculorum ludis, ex more veterum)』がある．これらはいずれも稀覯本であるが，幸いにもカルダーノが『サイコロ遊びについて』の 30 節「**古代人の間の偶然ゲームについて**」と 31 節の「**タリ・ゲームについて**」はカルカニーニの本からの引用だと言っているので内容は推察できる．．

その記述によると，サイコロはギリシャでは tessera と呼ばれたが，他の国々では cubes（立方体）と呼ばれたこと；材質は象牙が多く，時に水晶で目の部分に金泥を塗ったものもあったこと；サイコロ・ゲームは 2 個または 3 個で勝負し，それ以上の個数を使用することはなかったこと；サイコロは落ちる (lapso) とか，投げる (jacto) と言われ，日本語の振るという言葉は使われて

163

図 11.1　多様な知的水準のゲーム；ペトラルカ『運と不運』(1572 年)

いないこと；投げの不正手段は馬乗り (equitare；1 個のサイコロが他のサイコロの上に乗ること) とか，サイコロ交換 (aleamutare) とか，Spuntonum (サイコロ卓の 1 辺か 2 辺に固定さすように投げること) とか，出したい目をある方向に向けて弾みをつけて投げること等，多彩だったこと；不正手段を防止するためサイコロ箱 (fritillus) が考案されたが，それを人々はプルゴス ($\pi \nu \rho \gamma o s$, 塔の意味) とか，オルカ (orca, 小魚を食うシャチ) と呼んだのは，形状と機能からの愛称だったこと；fritillus がサイコロ箱からゲーム盤の意味に転化したこと；ゲーム盤を使用するサイコロ・ゲームは西洋双六で，運によるものや頭を使うものなど，いろいろなゲームの情報を，古代の作家たちの著作の引用も交えて提供してくれている．

　アストラガルス (タルス) のゲームは 4 個のタルスを投げるが，目の出方は

⟨Ⅰ型⟩ (1, 1, 1, 1), (3, 3, 3, 3), (4, 4, 4, 4), (6, 6, 6, 6)

⟨Ⅱ型⟩ (1, 1, 1, 3), (1, 1, 1, 4), (1, 1, 1, 6), (3, 3, 3, 1), (3, 3, 3, 4),
　　　(3, 3, 3, 6), (4, 4, 4, 1), (4, 4, 4, 3), (4, 4, 4, 6),
　　　(6, 6, 6, 1), (6, 6, 6, 3), (6, 6, 6, 4)

⟨Ⅲ型⟩ (1, 1, 3, 3), (1, 1, 4, 4), (1, 1, 6, 6), (3, 3, 4, 4), (3, 3, 6, 6),
　　　(4, 4, 6, 6)

⟨Ⅳ型⟩ (1, 1, 3, 4), (1, 1, 3, 6), (1, 1, 4, 6), (3, 3, 1, 4), (3, 3, 1, 6),

$$(3, 3, 4, 6), (4, 4, 1, 3), (4, 4, 1, 6), (4, 4, 3, 6), (6, 6, 1, 3),$$
$$(6, 6, 1, 4), (6, 6, 3, 4)$$

〈V型〉(1, 3, 4, 6)

の型分けで 35 通りの型がある．全部の目の出方は

$$4 + 4 \times 12 + 6 \times 6 + 12 \times 12 + 4! = 256$$

通りある．〈V型〉が<u>ヴィーナスの投げ</u>であるが，全体の 1/11 の出現確率である．その投げは＜Ⅰ型＞に比べて 6 倍も出やすいだろうと，カルカニーニは述べている．また，目の和が 8 になる<u>ステシコルスの投げ</u>は (1, 1, 3, 3) からなり 6 通りの出方がある最も珍しい投げである．これはステシコルス (Stesichorus; B.C.640?–555?; 叙情詩人) の墓が八角形だったことに由来する．4 個とも 4 の目を出す<u>エウリピデスの投げ</u>は極めて出にくいこと；4 個とも 1 の目を出す<u>バシリクスの投げ</u>は禿鷹の投げとか犬の目と呼ばれていること；目の和が 40 になる投げはないことを述べている．タルスの場合，面は等確率で出ないのに，カルカニーニも，それを引用したカルダーノも，いずれも等確率を前提として話を進めている．

「［サイコロで］3 個 6 の目の出ることは，［タルスで］4 個禿鷹の目を出すより有利でなかったのか？と言うかもしれない．しかし，テッセラのゲームとタルスのゲームは似通っていない．タルスのゲームの投げの総数は 256，テッセラのゲームの投げの総数は 216 だから，テッセラのゲーム以上に起こり得る場合は多いようだ．だが，投げの型の違いはテッセラの場合の 56 に対して，タルスの場合は 35 に過ぎない．」［『サイコロ遊びについて』31 節］

11.2. 中世の認識論では，臆断は確からしさの仲間だった．そのことと同等な重要性をもつ概念で，主として医者仲間でよく用いられたのは**徴候** (sign) である．

ルネッサンスの病理学者・医者・自然科学者で詩人であった**フラカストーロ**

(Girolamo Fracastorius；1483-1553.8.6）は羊飼いのシュフィルスの病気が梅毒であることを突き止めて，梅毒の学名を Syphilis と命名したので有名である．彼は病気の第一原因は病原菌によるという説を立てたことでも知られている．

「接触感染は，それ自体特異な徴候を示す．そのことについて，何人かの人はあらかじめ接触感染が起こることを述べている．一方，他の人々はすべて感染していることをしめしている前兆と呼ばれるところの徴候は，空や空気からくるし，土や水の近くからもやってくる．そしてこれらの間で，いくつかは殆ど常に信用し得るし，他はしばしば信をおける．それゆえ，人々はそれらすべてを，前兆と見なすべきではなく，**確からしさの徴候と**みなすべきである．」[『感染について』Ⅰ巻，ⅩⅢ章]

このような徴候は，惑星の合が起こるとか，彗星がしばしば見られるとか，肥沃な海が泡立つと大嵐が起こるとか，東風吹かば乾いたリンネルの上にウドンコ黴が生えるというような異質なものの集まりである．中央ヨーロッパの町を一斉に侵略した鼠の大群が，瀕死状態に陥って町中の堀や川が泡立つように見えると，それは実際にペスト（黒死病）がやってくる蓋然的徴候だった．この点について，イアン・ハッキングは

図11.2　ジロラモ・フラカストーロ

「徴候と確からしさの間の関連はアリストテレス学派のものである．しかしながら，ルネッサンスにおいて'徴候'はそれ自身の生命をもち，我々の目には一風変わった異国の生命と写る．しかし，もし我々が確率の出現を悟るならば，理解せねばならない生命である．古い確からしさは臆断の属性である．臆断は権威者により認可されるとき，また臆断が古代の本によって支持されていることが検証さ

れるとき，蓋然的なものとなる．しかしフラカストーロと他のルネッサンスの著者たちに，我々は確からしさをもつ徴候を読み取った．これらの徴候は自然の徴候で，書かれた言葉の徴候ではなかった．しかも……その自然も［数学という］書かれた言葉であり，自然の著書（神）の文書である．徴候は確からしさをもつ．なぜなら，それらはこの究極の権威者からきたからである．［16世紀］確率の出現と呼ばれる突然変異に対して，素材を創造したのは，この徴候の概念からである」［『確率の出現』第3章］

と述べている．

11.3. 16世紀の天文学・地理学・実用算術の先駆者として有名なアピアヌス（Petrus Apianus；1495.4.16–1552.4.21）は，南ドイツのインゴルシュタットに住んで，その地で長く研究した．1520年に彼が出版した地図は，アメリカ大陸が示されている最初のものである．1527年発行の商業算術の本の扉頁には算術三角形が出ている．

図11.3　アピアヌスの算術三角形　　図11.4　シュティフェルの算術三角形

シュティフェル（Michael Stifel；1487？-1567.4.19）も南ドイツを中心に活動したアウグスティヌス派の修道士だったが，個人的に親しかったルーテルの教義に次第に染まり，最後には「ローマ法王レオⅩ世は獣である」ことを論証したことで有名である．このことは彼がカバラにも関心を持ち，言葉遊びにも熟達していたことを示す．1533年9月28日がこの世の終末という宣伝をしたが，嘘だったので，彼の予言を信じて身を持ち崩した農民たちに襲われ，ルーテルの庇護の下に監獄に入って難を避けた．この人もまた『**総合算術**（Arithmetica Integra）』(1544年) で算術三角形を紹介している．

シュティフェルと同時代の**ショイベリウス**（Johannes Scheubelius；1594.8.18-1570.2.20）は，シュティフェルとは極めて対照的な人物である．シュティフェルが異彩を放ち，受けが良く，常軌を逸し，感情をあらわにしたのに対し，ショイベリウスは学究的で，生真面目で，情緒は安定し，威厳があって冷静な人だった．シュティフェルが牢獄に避難している頃，ショイベリウスはチュービンゲン大学教授に任命された．彼は『数と種々の計算について (De Numeris et Diversis Rationibus)』(1545年) の中で二項係数に近い形で算術三角形を表示している．

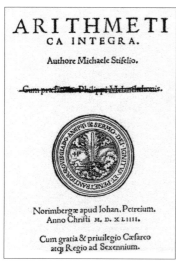
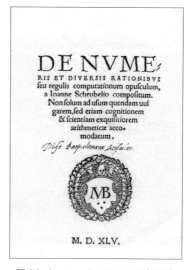

図 11.5 　シュティフェルの『総合算術』扉　　図 11.6 　ショイベリウスの本の扉

第 11 章　16 世紀のいろいろな研究

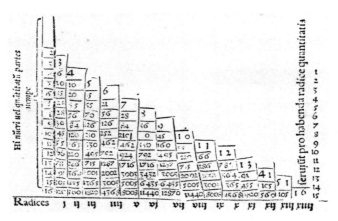

図 11.7　ショイベリウスの算術三角形

11.4.

シュティフェルとショイベリウスが対照的な人であったように，カルダーノと**タルタニア**（Nicolo Tartaglia；1506?–1557.12.13）もまた対照的な人物である．彼らが3次方程式の解の公式発見の先取権を巡って，激しく論争したことは数学史上の最も有名な史実である．確率計算を巡っても，タルタニアはカルダーノと並行して研究を進めた．1556年から死後の1560年にかけて出版された『**一般数量論**（General Trattato di numeri et misure）』（全2巻）のなかで，n（$1 \leq n \leq 8$）個のサイコロを投げて，出る目の種類の総数を求めているが，それは現代風の求め方ではない．すなわち

「1個のサイコロを投げると［目の出方は］6通り．というの

図 11.8　タルタニア，『一般数量論』の扉頁

169

第3部 古典確率論の陣痛期

は，1, 2, 3, 4, 5, 6 と刻まれた6面があるから．2個のサイコロを投げて何通りの目の出方があるか．上の数列を思い起こし，それを加算すると$[1+2+3+4+5+6=]$ 21通りある．3個のサイコロを投げて出る目の出方は，数列 1, 3, 6, 10, 15, 21 と6項を加えて 56 となる．4個のサイコロ投げの場合の目の出方は $1+4+10+20+35+56=126$ 通りある．」[17葉右]

5, 6, 7, 8 個のサイコロ投げの目の出方の総数は，（図 11.9）の右下の表の横の数列を加算すればよい．これらの数列は，例えば 3 個のサイコロ投げでは，（図 11.10）のように，目の数字の辞書的配列によって，加算の各項を求めたものである．

k 個のサイコロ投げの結果を $a_1 a_2 \cdots\cdots a_k$ で表す．ここで a_i は 1 から 6 までの正整数のいずれかを表す．そして $a_1 \geq a_2 \geq \cdots \geq a_k$ という条件をつけると，辞書的配列ができる．$a_1 = 1$ をもって始まる投げの結果の個数を K_1；$a_1 = 2$ をもって始まる投げの結果の個数を K_2；……，$a_1 = 6$ をもって

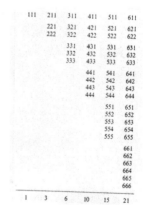

図 11.9 『一般数量論』17 葉右　　図 11.10　3 個のサイコロの目の出方

始まる投げの結果の個数を K_6 で表す．$(k+1)$ 個のサイコロの場合

$a_1 = 1$ をもって始まる投げの結果の個数は $\quad K_1,$

$a_1 = 2$ をもって始まる投げの結果の個数は $\quad K_1 + K_2,$

$a_1 = 3$ をもって始まる投げの結果の個数は $\quad K_1 + K_2 + K_3,$

$\quad$………

$a_1 = 6$ をもって始まる投げの結果の個数は $K_1 + K_2 + K_3 + K_4 + K_5 + K_6$

であることを用いたのが，タルタニアの方法である．

　次にパチォーリの提案した分配問題について，タルタニアは『一般数量論』第 I 部，265 葉で，反例から入っていった．

　「ルカの規則は賛成しがたい．なぜなら，たまたま 1 人が 10 点，相手が 0 点だったら，10 点取った者が賭金全部を取ってしまうからだ」

と述べ，2 人のプレイヤーの得点差と必要得点との比で考えるべきだとした．s をゲームに勝つのに必要な得点，s_1 をあるプレイヤーの得点，s_2 をその相手の得点とすると

$$1 + (s_1 - s_2)/s : 1 - (s_1 - s_2)/s$$

に分配したらどうかというのである．$s = 60,\ s_1 = 10,\ s_2 = 0$ とすると，配分は 7:5 となる．パチォーリの例では $s = 60,\ s_1 = 50,\ s_2 = 30$ であるから，配分は 8:4 = 2:1 になる．

　ところが $s = 100,\ s_1 = 99,\ s_2 = 89$ とおくと，配分は 110:90 = 11:9 となる．後 1 回勝てば賭金を独占できるのに，この場合の配分は負けている方に分があるように思われる．それで彼は

　「このような問題の解答は数学的なものというより，むしろ司法的なものと思われる．分配がどんな方法でなされようと，訴訟の原因になるだろう．答は訴訟に勝てる理屈によって出すべきである」

と述べている．

11.5.
1558年ペヴェローネ (Giovanni F.Peverone；1509–1559) は『算術と幾何』を出版した．算術の部において，10点ゲームにおいて，Aが7点，Bが9点得たときの分配問題が扱われている．（1人はまだ3点を必要とするのに，他の1人は1点だけ取ればゲーム・セットとなる．）ペヴェローネの推論は

「Aは2クラウン，Bは12クラウン取るべきである．なぜなら，もしAがBと同様，後1ゲーム勝てばゲーム・セットになるとき，2クラウンずつ見積もればよい．もしも後Aが2ゲーム，Bが1ゲーム勝てばセットになるとき，Aは6クラウン，Bは2クラウン見積もればよい．というのは，2ゲーム勝つことによってAは4クラウンを得る．しかし，第一ゲームで勝った後，第二ゲームで負ける危険性も考慮しておく必要があるからである．そしてAが後3ゲーム勝たねばならないとしたら，Aは12クラウン見積もっておくべきである．なぜなら，困難と危険は倍増するから」

図11.11 ペヴェローネ『算術と幾何』の扉頁

と推論した．

ケンドールによると，もしもペヴェローネが自分自身の立てた規則に執着しておれば，16世紀の中頃に正解に達した筈だと指摘した．もしもBが後1ゲームするとして2クラウンを賭ける．そのとき，Aとしては

第 11 章　16 世紀のいろいろな研究

　　　後 1 ゲームやるとすると賭金は 2,

　　　後 2 ゲームやるとすると賭金は 2 ＋ 4 ＝ 6

　　　後 3 ゲームやるとする賭金 2 ＋ 4 ＋ 8 ＝ 14

となり，分配比率は 2:14 ＝ 1:7 となる．こういった観点から，ケンドールは
ペヴェローネの研究は至近弾の一つであったと，公正に判定している．

11.6.　　　1552 年**ラビ・モーゼス・コルドヴェロ**（Rabbi Moses Cordovero；
1522 – 1570.6.25）は『**ザクロ園**（Pardes Rimmonim）』という本をサロニカ
（ギリシャ北部の都市）で出版した．この本は 32 章からなり，第 30 章が順列
論になっている．彼は『創造記』の順列論を深く研究した（6.4. 節参照）．n
個の異なる物から一度に r 個取って一列に並べる順列の数を求めるのに，彼
は漸化式

$$_nP_r = n \times {}_{n-1}P_{r-1}$$

を使ったことは明らかである．一般的な公式は与えず，いくつかの n の値を
与えて，この漸化式の用法を説明している．

　さらに，4 文字のうち同じものが 2 つ，あるいは 3 つある場合；つまり
$aabc$, $aaab$ の並べ方の数はそれぞれ 4!/2!, 4!/3! であることを求めてい
る．また 5 文字の場合，同じ文字が 2 つ，3 つ，4 つある場合；つまり $aabcd$,
$aaabc$, $aaaab$ の並べ方の数もそれぞれ 5!/2!, 5!/3!, 5!/4! であることを求め
ている．

　コルドヴェロについてはパレスチナのサフェドで生まれ，そこで死んだこと
以外，詳しいことは分からない．

11.7.　　　シュテイフェルやイタリアの学者たちから大いに影響を受けた
らしいのは，フランスの**ブテオ**（Joannes Buteo；1492？ – 1564？）である．彼
は口減らしのため，セント・アントワーヌ（St.Antoine）修道院に入り，そこ

173

で語学と数学の勉強をし，ギリシャ語でユークリッドが読める程度にまで学力が進んだという．一時パリに留学したが，修道院に戻り，後に修道院長になった．1562年に始まった宗教戦争（ユグノー戦争）のため，兄弟の家に避難して身を隠し，失意と退屈の中で死んだ．

1559年ブテオは『**論理学，および一般に知られた算術**』（全5巻）をリヨンで出版した．この本は初等的な算術と代数入門の本であるが，実用的な算術ではなかったのは，修道院という彼を取り巻く環境のせいかもしれない．この本の中に4個のサイコロ投げの結果を求めたもの，これらの結果はすべて

図11.12　ブテオ『論理学』の扉頁

（図11.13）のような数個の回転可能なシリンダーをもつ**組合せ鍵**（combination Lock）を使えば表現できると述べている．

図11.13　ブテオの組合せシリンダー

11.8.　地理的な位置関係か，ルネサンスの影響が一番遅く現れたのはイギリスである．1567年に出版された『**記憶の算術**（Arithmetica memorativa）』

第 11 章　16 世紀のいろいろな研究

の中に,「n 個の物の中から 2 個を取る組合せの数」に関する考察がある．この
本の著者**バックレイ**（William Buckley；1519 – 1571）はケンブリッジ・キング
ス・カレジで算術とユークリッド幾何学を教え，エドワードVI世を指導した人
である．『記憶の算術』では，算術の規則が覚えやすいように，詩の形で規則
が書かれている．この中に「組合せの規則（Regula Combinationis）」の詩が
ある．

　トドハンターによると，この規則は**ジョン・レスリー卿**（Sir John Leslie；
1766.4.16–1832.11.3）の　『**算術の哲学**（The Philosophy of Arithmetic）』
1817 年）に全文引用されているというが，私はそれを確認できなかった．私
の持っているレスリーの本は 1820 年発行なので，版が違うから削除されてい
たのかもしれない．「組合せの規則」を全文掲載しているのは**ジョン・ウォリ
ス**（John Wallis）の『**代教学**』である．

Regula Combinationis.

Quot fuerint Numeri, quos Combinare velimus;
Tot fint & Series, quibus eft proportio Dupla;
Quarum principium *ducatur femper ab Uno.*
Omnes has Series conjunge per Additionem.
Producto numerum, quot Combinatio conftat,
Aufer. Quod fupereft, numerum citat; unde patebit,
Quot faciant numeros diftinctos, undique fiquis
Propofitos numeros velit·in fe multiplicare.
Si nihil a fumma prædicta furripiatur;
Reftabunt partes Aliquotæ, quæ numerabunt
Illum, qui numeros eft inter Maximus omnes,
Ex ductu in fefe numerorum provenientem.

図 11.14　バックレイの「組合せの規則」（ウォリスの本からの抜粋）

「組合せたいと思っている数字の個数と同数の数字があり，個数が増す
ほどその数字も大きくなる．まず，それらの数字にそれぞれ 1 を掛ける．
それらの積を全部加える．それから組合せる数字の個数を引く．残りが，
誰かが与えられた数字を相互に掛けたとして，あらゆる場合を尽くして得
る異なる数の総数であることは明白だろう．もしも上述の和から何も引
かなければ，それ以外の部分は，与えられた個数の数字を 1 個ずつ取った

175

場合の数に等しく，それは与えられた数字の最大のものを示す.」

分かりにくい表現であるが，求める数は
$$1\times 1 + 2\times 1 + 3\times 1 + \cdots + n\times 1 - n$$
であること，
$$1\times 1 + 2\times 1 + 3\times 1 + \cdots + n\times 1 \ [= {}_nC_2 + {}_nC_1]$$
であることを述べている．このような計算法が覚えやすいかどうかは疑問である．16世紀のイングランドが先進的なイタリアに比べて，遥かに遅れていたことの証拠にはなろう．

11.9. 16世紀最後を飾る研究は，文字の使用で有名な**ヴィエト** (Francois Viète; 1540-1603.2.23) の三角関数値に関係するものである．1591年頃，ヴィエトは『**切断角について** (Ad Angulares Sectiones)』を書き，その中で $2\cos\frac{nx}{2}$ と $2\sin\frac{nx}{2}$ を $\cos\frac{x}{2}$ を使ってどう表すかを説明した．$u_n = 2\cos\frac{nx}{2}$ とおく．

$$u_{n+1} = u_1 \cdot u_n - u_{n-1} \quad (n=1,2,3,\cdots)$$

ただし，$u_0 = 2$, $u_1 = 2\cos\frac{x}{2}$

すると
$$u_0 = 2,$$
$$u_1 = u_1,$$
$$u_2 = u_1^2 - 2,$$
$$u_3 = u_1^3 - 3u_1,$$
$$u_4 = u_1^4 - 4u_1^2 + 2,$$
$$u_5 = u_1^5 - 5u_1^3 + 5u_1,$$
$$\cdots\cdots\cdots$$

第一行と負号を省略すると，係数の配列は

図11.15 フランソワ・ヴィエト

第 11 章　16 世紀のいろいろな研究

$$
\begin{array}{llll}
2 & & & \\
3 & & & \\
4 & 2 & & \\
5 & 5 & & \\
6 & 9 & 2 & \\
7 & 14 & 7 & \\
8 & 20 & 16 & 2 \\
\end{array}
$$

....

正弦 $v_n = 2 \sin \dfrac{nx}{2}$ に関しては

$$v_{n+1} = u_1 \cdot v_n - v_{n-1} \quad (n = 1, 2, 3, \cdots)$$

$$\text{ここで } v_0 = 0, \; v_1 = 2 \sin \frac{x}{2}$$

すると

$$
\begin{aligned}
v_1 &= v_1, \\
v_2 &= v_1 u_1, \\
v_3 &= v_1 (u_1^2 - 1), \\
v_4 &= v_1 (u_1^3 - 2u_1), \\
v_5 &= v_1 (u_1^4 - 3u_1^2 + 1), \\
\end{aligned}
$$

....

となる．余弦の場合と同様，第一行と符号を無視すると，係数の数は

$$
\begin{array}{llll}
1 & & & \\
2 & & & \\
3 & 1 & & \\
4 & 3 & & \\
5 & 6 & 1 & \\
6 & 10 & 4 & \\
7 & 15 & 10 & 1 \\
\end{array}
$$

....

という表を得る．さて，方程式

$$f_k^m = f_k^{m-1} + f_{k-1}^m \;;\; m = 2, 3, 4, \cdots \;;\; k = 1, 2, 3, \cdots$$

177

第3部　古典確率論の陣痛期

を満たし，初期条件が $f_k^1 = f_0^m = f_0^1 = 1$ である数 f_k^m を**図形数**(figurate number)という．図形数と二項係数の同一性がだんだんと認められだしたが，その先鞭をつけたのがヴィエトである．特に，$2\sin\dfrac{nx}{2}$ を $\cos\dfrac{x}{2}$ で展開したときの各累乗の係数で，この同一性は認められる．

＜参考文献＞

本章では主として

[1] F.N.David (安藤洋美訳)『確率論の歴史』(海鳴社, 1975 年)

[2] Ian Hacking *"The Emergence of probability"* (Camb.Univ.Press；1975 年]

[3] A.W.F.Edwards *"Pascal's Arithmetical Triangle"* (Charles Griffin；1987 年)

[4] D.E.Smith *"History of Mathematics"* (第Ⅱ巻, 1953 年；E.W.L.Smith)

[5] D.E.Smith *"Rara Arithmetica"* (Ginn and Company；出版年不祥)
　この本はニューヨークの George A. Plimpton 図書館所蔵の 1601 年以降出版の算術書の大部なカタログである．

[6] O. Ore (安藤洋美訳)『カルダノの生涯』(東京図書；1978 年)
　以上6冊を参照した．論文では

[7] M.G.Kendall 'The beginning of a probability' (Biometrika, 43 巻, 1956 年, 1–14 頁)

[8] Ernest Coumet 'Le problème des parties avant Pascal' (Arch.Internat. d'Histoire des Sciences；18 巻, 1965 年, 245–272 頁)

[9] Morris Turetsky 'Permutations in the 16th century cabala' (Mathematics Teachers, 16 巻, 1923 年, 29–34 頁)

[10] C.B.Boyer 'Cardan and the Pascal Triangle' (American Math. Monthly, 57 巻, 1950 年, 387–390 頁)
　を参照した．

第12章　ガリレオ・ガリレイ

12.1.　　シエクスピアが生まれた年に**ガリレオ・ガリレイ**（Galileo Galilei；1564.2.18–1642.1.8）もピサに生まれた．彼はヴァロンブローサ（Vallonbrosa）の修道院で教育された．そこでは修練士（novice）として留まりたいと思う程，楽しい生活を送ったらしい．しかし父は彼を商人にしたかった．ガリレオは16歳で学校を退学したが，商売には適さなかった．そればかりか，彼はレオナルド・ダ・ヴィンチもかくあったと思われるほど，機械いじりに取り付かれた．彼は医学の勉強のためにピサ大学に学んだが，トスカナ大公フェルディナンド・ディ・メディチ（Ferdinando I de' Medici；在位1587–1609）の推薦で，1589年ピサの数学教授に選出された．1592年彼はパデュア大学の数学教授になった．パデュアはヴェネティア共和国のもとにあったので，もし彼に十分な先見の明があり，そこに留まって居たら，異端尋問から免れたに違いない．しかし1613年トスカナのコシモⅡ世（Cosimo II de' Medici；在位1609–1620）が彼をピサ大学第一数学者兼特別任用数学者および大公殿下の顧問数学者の地位を提供し，高給をもって迎え，雑務を免除したので，ガリレオはパデュアを去りフィレンツェへ移った．彼がこれらの高い堂々たる地位をいつ辞めたのか，または免職されたのかは不明である．1613年以降フィレンツェかアルチェトリ（Arcetri）の別荘か，いずれかに住んでいたことは分かっているが，両地は数マイルしか離れていない．1632年彼は異端審判所で調べられ，ニュートンの生まれる8ケ月前にアルチェトリで死んだが，すべての人々に知れ渡った十分な業績を挙げた生涯だった．彼の原稿と諸論文はすべて，死後，修道女の娘によって焼却された．

　16世紀から17世紀初頭にかけて，多くの学会がイタリアで設立され，その

数は 700 以上と言われる．大部分はローマにあったが，フィレンツェでも 20 を下回らない学会があったと報じられている．これらの学会は，後にアカデミーに淘汰されて行くが，そこでは真面目に芸術や文学，そして時折科学に対する論文が読まれることもあったが，普通は宴会・酒盛りだったように思われる．賭博の問題が酒の肴に論じられることもあっただろう．その可能性は大きくないにしても，あったことは事実である．

12.2.　我々が注目しなければならないのは，『**サイコロ遊びについての考察**』と題するガリレオの研究である．この作品がいつ書かれたかは分からないが，ガリレオの死んだ 1642 年以前であることは確かである．

> 「さて，私は，その問題に関わりないとしても，そうしなさいと命じた方を満足させるために，私の考えを説明しよう‥‥」

という文句が見いだされる．ガリレオは不承不承考えざるを得なかった人は誰か．彼に給与を支払っているトスカナ大公以外に思い当たる人はいないだろう．大公が持ちかけたのは，3 個のサイコロを投げると，9 の目と 10 の目の出る組合せはともに 6 通りであるのに，経験によると 9 の目より 10 の目の方がよく出るというのである．ガリレオは起こり得るすべての場合を注意深く，正確に分析し，216 通りの可能性の中で，10 の目の出るのは 27 通り，9 の目の出るのは 25 通りであることを示した．

CONSIDERAZIONE
DI
GALILEO GALILEI
SOPRA IL GIUOCO DE' DADI.

CHe nel giuoco de i dadi, alcuni punti ſieno più vantaggioſi di altri, vi ha la ſua ragione aſſai manifeſta, la quale è, il poter quelli più facilmente, e più frequentemente ſcoprirſi, che queſti, il che depende dal poterſi formare con più ſorte di numeri: onde il 3. e il 18. come punti, che in un ſol modo ſi poſſon con tre numeri comporre, cioè queſti con 6. 6. 6. e quelli con 1. 1. 1. e non altrimenti, più difficili ſono a ſcoprirſi, che v. g. il 6. o il 7. li quali in più maniere ſi compongono, cioè il 6. con 1. 2. 3. e con 2. 2. 2. e con 1. 1. 4. ed il 7. con 1. 1. 5., 1. 2. 4., 1. 3. 3., 2. 2. 3. Tuttavia ancorche il 9. e il 12. in altrettante maniere ſi compongano in quante il 10. e l'11. perlochè d'egual uſo duvriano eſſer reputati; ſi vede nondimeno, che la lunga oſſervazione ha fatto da i giuocatori ſtimarſi più vantaggioſi il 10. e l'11. che il 9. e il 12.

E che il 9. e il 10. ſi formino (e quel che di queſti ſi dice intendaſi de' lor ſoſſopri 12. e 11.) ſi formino dico con pari diverſità di numeri, è manifeſto; imperocchè il 9. ſi compone con 1. 2. 6., 1. 3. 5., 1. 4. 4., 2. 2. 5., 2. 3. 4., 3. 3. 3. che ſono ſei triplicità, ed il 10. con 1. 3. 6., 1. 4. 5. 2. 2. 6., 2. 3. 5., 2. 4. 4., 3. 3. 4. e non in altri modi, che pur ſon 6. combinazioni. Ora io per ſervire a chi m'ha comandato, che io debba produr ciò, che ſopra tal difficoltà mi ſovviene, eſporrò il mio penſiero, con ſperanza, non ſolamente di ſciorre queſto dubbio, ma di aprire la ſtrada a poter puntualiſſimamente ſcorger le ragioni, per le quali tutte le particolarità del giuoco ſono ſtate con grande avvedimento, e giudizio compartite, ed aggiuſtate. E per condurmi colla maggior chiarezza, che io poſſa al mio fine, comincio a conſiderare, come eſſendo un dado terminato da 6. faccie, ſopra ciaſcuna delle quali gettato, egli può indifferentemente fermarſi: ſei vengono ad eſſere le ſue ſcoperte, e non più, l'una differente dall'altra. Ma ſe noi inſieme col primo getteremo il ſecondo dado, che pure ha altre ſei faccie, potremo fare 36. ſcoperte tra di loro differenti, poichè ogni faccia del primo dado può accoppiarſi con ciaſcuna del ſecondo, ed in conſeguenza fare 6. ſcoperte diverſe: onde è manifeſto tali combinazioni eſſer 6. volte 6. cioè 36. E ſe noi aggiugneremo il terzo dado, perchè ciaſcuna delle ſue faccie, che pur ſon ſei, può accoppiarſi con ciaſcuna delle 36. ſcoperte delli altri due dadi, averemo le ſcoperte di tre dadi eſſere 6. volte 36. cioè 216. tutte tra di loro differenti. Ma perchè i punti de i tiri di tre dadi non ſono ſe non 16. cioè 3. 4. 5. ſino a 18. tra i quali ſi hanno a compartire le dette 216. ſcoperte, è neceſſario, che ad alcuni di eſſi ne toc-

H 4　　chi-

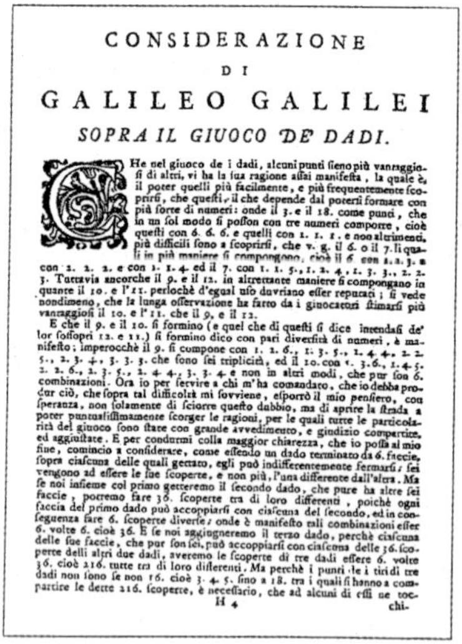

図 12.1　ガリレオのサイコロ投げの論文

第 12 章　ガリレオ・ガリレイ

この論文は，日本では昔から中学・高校の教科書に数学史の例として載せられているものである．これは『ガリレオ・ガリレイ全集 (Le Opere……di Galileo Galilei)』（フィレンツェ，1855 年，114 巻，293–296 頁）に収められている．このガリレオ全集の第 15 巻に掲載されている『ガリレオ著作目録 (Bibliografia Galileiana)』を見れば，この作品が初めて世に出たのは，1718 年のことだという．この年，フィレンツェでガリレオの著作集が出版され，その中に『サイコロ遊びについての考察』が収録されていたのである．

12.3.　トドハンターの『**確率論史**』の中で紹介されているガリレオの研究で，同一物の価値の評価額が違う場合，どれが法外な評価か判断する基準値として，算術平均をとるか，幾何平均をとるかを論じているものがある．ガリレオはこの場合には算術平均が意味がないことを直観的に把握したようである．例えば，100 フランの値打ちの馬を，甲は 1000 フラン，乙は 10 フランと値踏みした場合，評価値の幾何平均 G は 100 フランで，1000:G ＝ G:10 であるから，2 つの評価値は同等の偏りのものであるとする．この場合，算術平均の 505 フランは実際値の 100 フランと余りにも懸け離れている．

12.4.　1572 年 11 月 1 日**チコ・ブラーエ** (Tycho Brahe；1546–1601) がカシオペア座の中に輝く新星を見つけた．この新星は長く人々の関心を引き付けた．ピサの天文学教授**キアラモンテイ** (Scipione Chiaramonti；1565–1652) が 1628 年に，この新星に関する 12 人の天文学者の観測値を 2 つずつ組合せて，地球と新星との距離を計算した．その結果は『**1572 年，1600 年，1604 年に現れた 3 つの新星**』と題して出版された．1572 年の新星に対して，キアラモンティは次の表で示すデータを使用した．高度の意味を示す鳥瞰図を（図 12.2）に，天頂と天底と星を通る子午線を含む平面で切った断面を（図 12.3）で示す．地球は天球に比べると点とみなすことができる．

181

第3部 古典確率論の陣痛期

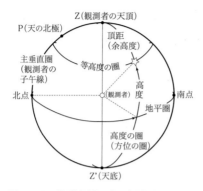

図12.2 地平座標を示す鳥瞰図

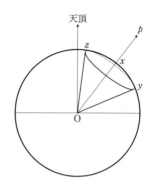

図12.3 Oは地球，円は天球，xは北極星の高度，yとzは日々の地球の回転に対する最小高度と最高高度

観測者		極高度 x	星の最小高度 y	星の最大高度 z
1a	Tycho	55°58′	27°57′	84°00′
1b	Tycho		27°45′	–
2a	Camerarius	52°24′	24°28′	80°30′
2b	Camerarius		24°20′	80°27′
2c	Camerarius		24°17′	80°26′
3	Peucer	51°54′	23°33′	79°56′
4	The Landgrave	51°18′	23°03′	79°30′
5	Reinhold	51°18′	23°02′	79°30′
6	Busch	51°10′	22°40′	79°20′
7	Gemma	50°50′	–	79°45′
8	Ursinus	49°24′	22°	79°
9a	Hainzel	48°22′	20°09′40″	76°34′
9b	Hainzel		20°09′30″	76°33′45″
9c	Hainzel		20°09′20″	76°35′
10	Hagek	48°22′	20°15′	–
11	Muñoz	39°30′	11°30′	67°30′
12	Maurolycus	38°30′	–	62°

表12.1 1572年の星の観測値

キアラモンティの計算法を説明しよう．例えば，(表12.1)のうち，No.1aのチコ・ブラーエの観測値とNo.10のハゲクの観測値を組合わせて，

$$\text{地球と新星の距離} = 32.0r \,;\, r = \text{地球の半径}$$

と計算した．それ以外にも2つずつ観測値を組合わせて計算すると，すべて

182

$32r$ より小さかった．ギリシャ時代の天文学者プトレマイオスは月と地球の距離は $33r$ であると観測していたので，キアラモンティは新星が月下にあると結論付けた．キアラモンティの計算結果は（表 12.2）の通りである．

（表 12.1）の i 番目の観測値で 3 つの高度を (x_i, y_i, z_i) とし
$$d_{ij} = x_i - x_j,$$
$$\text{星の視差 } p_{ij} = (y_i - y_j) - (x_i - x_j)$$
とおく．2 つの観測点は同じ経度の子午線上にあって，緯度が違うだけとすると，（図 12.4）の $\triangle SA_iA_j$ において正弦法則を適用すると
$$\frac{A_iA_j}{A_jS} = \frac{\sin p_{ij}}{\sin(180° - y_i - p_{ij}/2)}$$
となる．また $\triangle OA_iA_j$ に第二余弦法則を適用すると
$$A_iA_j = 2\sin d_{ij}/2$$
が得られる．それで
$$A_iS = \frac{2\sin(d_{ij}/2)\sin(180° - y_i - p_{ij}/2)}{\sin p_{ij}}$$
と推定される．この式にチコ・ブラーエとハゲクの観測値 $p_{ij} = 7°42' - 7°36' = 6'$, $d_{ij} = 7°36'$ を代入すると
$$A_jS = 31$$
を得る．（図 12.4）では地球の半径 $r = 1$ とおいているから，これに地球の半径を加えて，新星と地球の距離＝ 32 を得る．このようにして得た結果が（表 12.2）である．

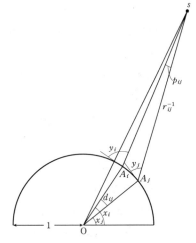

図 12.4　O は地球の中心，S は新星，A は観測点を示す．

第3部　古典確率論の陣痛期

観測者	視差 p_{ij}	地球の中心から新星までの距離
12, 9a	4°42′30″	3.0r
9a, 3	8′30″	25.0r 以上
1a, 9a	10′	19.0r 以下
1a, 4	14′	10.0r
9a, 7	42′30″	4.0r
4, 2a	8′	4.0r
1a, 10	6′	32.0r
10, 8	43′	0.5r
4, 6	15′	1/48r
12, 11	4°30′	0.2r
11, 7	55′	13.0r
11, 8	1°36′	7.0r

表 12.2　各観測値の対から計算した新星への距離

　この結果に噛み付いたのがガリレオである．ガリレオは，キアラモンティの観測値の対がすべて，著しく異なる距離を与えることに疑問をもった．ガリレオは『**天文対話**』の第三日の中で，キアラモンティを批判して次のように語る．

(1) **地球の中心から星までの距離 —— 真の距離を与える唯一の数がある**筈である．このように距離がデータにより異なるのは，すべて**計算規則に欠陥があるわけではなく，角と距離を確定するときに犯される誤り（誤差）に依拠する**からである．

(2) **すべての概測値は，観測者，観測器具，他の観測条件に由来する誤差で妨げられる**．天文学者たちが自分の器具で……**ある星の地平線上の高さを求める際，誤って真実より高いとする度数と，真実より低いとする度数とは等しい**．

(3) **観測誤差は真の値の周りに対称分布している**．

(4) **小さな誤差は大きな誤差よりずっと頻繁に起こる**．つまり，真実の位置は可能な場所の間にあって，最も正しい観測に基づいて計算された大部分の距離がそこに集中する．

184

このようにガリレオは述べているが，このことは誤差分布をはっきり認識していたことを示している．ただ，誤差分布を表現する数学的武器がまだ十分に開発されていなかったので，その集大成はラプラスの時代まで待たなければならなかった．

ガリレオはキアラモンティが利用した観測値のうち，マウロリクス（Franciscus Maurolycus；1494.9.16–1575.7.21）の観測値を**外れ値**として採用せず，他の11人の観測値を使用して再計算した．その結果は（表12.3）に出ている．

図12.5　49歳のガリレオ
（太陽黒点を論じた論文の扉）

観測者	視差 p_{ij}	地球から新星までの距離
1b, 4	2′	61r
2a, 11	4′	61r
1, 11	2′	479r
3, 11	2′	358r
4, 9b	0.25′	716r
2c, 3	0	∞
4, 9a	0	∞
1, 3	0	∞
5, 9a	0	∞

表12.3

かくしてガリレオは「新星が遙かかなたの空に位置付けられることの方が，どれほどより大きな蓋然性をもっているか理解できるでしょう」（邦訳の『天文対話』下巻，45頁）と結論付けた．

第3部　古典確率論の陣痛期

＜参考文献＞

[1] F.N.David（安藤洋美訳）『確率論の歴史』（海鳴社，1975 年）

[2] Anders Hald "*A Hisyory of Probability and Statistics, and their applications before* 1750"（John Wiley. 1990 年）

[3] Stephan M.Stigler "*The History of Statistics, the measurement of uncertainty before* 1900"（Harvard Univ. Press；1986 年）

[4] ガリレオ・ガリレイ（青木靖三訳）『天文対話』（岩波文庫；上巻 1959 年，下巻 1961 年）

[5] 安藤洋美『最小二乗法の歴史』（現代数学社，1995 年）

186

第13章 1600年から1650年までのいろいろな研究

13.1. 古代から天文学者たちは，観測に伴う系統的誤差と偶然誤差の両方の重要性に気づいていた．かかる誤差の影響を最小限に抑えるように，データ解析に工夫をこらしたのは**チコ・ブラーエ**である．彼の手元で精度の高い惑星の観測値が多数得られた．チコが観測所（天の城）のあったデンマークのフベン島を追われてプラハに亡命した．1599年，神聖ローマ皇帝ルドルフⅡ世の庇護により，彼は帝室数学者としてプラハに定住した．チコが1601年に死んだ後，彼の地位と観測値をそっくり継承したのが**ケプラー**（Johannes Kepler；1571.12.27-1630.11.15）だった．ケプラーは直接確率論に貢献したわけではないが，データ解析については後世に残る偉大な仕事（ケプラーの3法則）をした．その中でも，データ解析の典型的な例として第三法則をあげよう．惑星は太陽を焦点とする楕円を描く（第一法則）．その楕円の長軸の長さを2R，地球が太陽の周囲を1周

図13.1　ヨハンネス・ケプラー

第3部　古典確率論の陣痛期

する時間を，1年とし，それを時間の単位にしたときの各惑星の公転周期を T で表す．観測結果はケプラーの『**宇宙の調和（Harmonice Mundi）**』(1619年)の中で，次のような結果を与えている．[『ケプラー全集』6巻, 311頁, 358頁]

惑星	T	$\sqrt[3]{T^2}$	R
水星	245,714	392	388
金星	612,220	721	724
地球	1,000,000	1000	1000
火星	1,878,483	1523	1524
木星	11,877,400	5206	5200
土星	29,539,960	9556	9510

こうして，ケプラーは

$$T^2/R^3 = 一定$$

という法則を発見した．このことは，ケプラーが統計家としても優れた人物であることを示している．というのは，彼はモデル設定の原理が単純で，美的で，調和の取れたものであり，しかも観測値にうまく適合することを理解していたからである．

この他に，ケプラーは『**ヘビ座の裾における新星について**』という論文の中で，「サイコロ投げのような事象でも，それが起こるには必ず原因がある」と述べ，その原因は固有の原因によると断ずる何の根拠もないと，偶然の問題に言及している．詳しいことは**トドハンター**の『**確率論史**』に出ている．

13.2.　確率論とはほとんど無関係なことだが，歴史的に悪名高い組合せの例をあげておこう．

トドハンターの『**確率論史**』によると，1617年の**エリキウス・プテアヌス**（Erycius　Puteanus;1574 − 1646）による『**バウフシウスの詩の中で，プテアヌスが見つけた神意に適った奇蹟**』と題する本の中で，アナグラム（anagram）が取り上げられている．それによると，イエズス会所属のプロテウス修道院の**ベルナルドゥス・バウフシウス**（Bernardus Bauhusius;1575−1619）が聖母

188

マリアを讃えて

“Tot tibi sunt dotes, Virgo, quot sidera caelo.”
[かくも多く貴女に徳あり，マリア様，天の星の数よりも多く]

という詩を詠んだ．この詩句は，先の本の中で 1022 通りに並べ替えられている．Tot tibi で始まるもの 54 通り，次は Tot sunt で始まるもの 25 通り……等々といった具合である．1022 という数字は，プトレマイオスの目録による星の数と一致する．この一致をプテアヌスはバウフシウスの偉大なる功績だと考えた．

注意しておかねばならないことは，バウフシウスが上の 1 行の詩句の可能な並べ替えをすべて列挙したのではないことである．彼が聖母マリアの栄光と一致しないような意味にとれる配列の仕方を排除したのは明らかである；すべての配列の仕方は 8! = 40320 通りあるから．例えば

“Sidera tot caelo, Virgo, quot sunt tibi Dotes”
[かくも多くの天の星よ，マリア様，貴女の徳の数以上に]

は，悪魔が潜む思いがする程だとプテアヌスは戦慄する．

いずれにしても，夥しい並べ方のお蔭で，バウフシウスのこの詩句は，それ以来 100 年間，非常に注目されることになる．ヤコブ・ベルヌイが『推論法』の中でこの問題の歴史を次のように詳述している：

「……聖母マリアを称えようとして，ルヴェン（現在ベルギーの町）のイエズス会士ベルナルドゥス・バウフスシウスの作った六脚韻詩 “Tot tibi sunt dotes, Virgo, quot sidera caelo” によって，あまねく多くの人に知れ渡った著作は，誰もが独特の価値あるものと認識している．エリキウス・プテアヌスが神意に適った奇蹟と題した覚書の中で，その変形された詩を，全部で 48 頁の紙面を用いて数え上げた．彼はマリアの長所と同数，空の星があること，もちろんマリアの徳はそれ以上あるのだが，そういうことを吟味して調べ，そうでないものは注意して除外し，その詩の変形の総数を一般的に調べられている星の数 1022 と合致させた．プテ

189

第3部 古典確率論の陣痛期

アヌスによる 1022 という数を，ヴォシウスが『数学の知識について (De Scienticis Mathematicis)』の第 7 章で再吟味し，意味と韻律を損なうことのない変形詩の数を確定した．フランスの数学者プレステは『数学原論 (Elemens des mathematiques)』の初版 (1675 年) 358 頁で 2198 個の変形詩を魔神が作り出したと言っている．しかし他の版の 133 頁では，このことが実際に改正されて，その数はおよそ 1・5 倍の 3276 個となっている．1686 年 7 月に出版されたウォリスの『代数学教程』を調べてみると，(増えた分をまだ十分吟味していなかったので綿密に検査した結果) 徳を称える詩の数は 2580 と確定した．やがて，ウォリスも 1693 年に出版されたオックスフォード版ラテン語による彼の『全集』の 494 頁で，その数は最終的に 3096 としている．しかし，これらの著者すべては計算を間違っており，この問題の解と誤った数を宛てがっている．彼らの何人かは 2 回以上もその課題を吟味し，最初の計算を修正しているのだから，このことは随分驚くべきことと言わざるを得ない．」[『推論法』78 頁]

この解説に出てくるヴォシウス (Gerard Vossius；1577-1643.3.27) は古典学者でライデンで教えた．また，プレステ (Jean Prestet；1648-1690) は数学教授以外に聖職者で，マールブランシュの弟子であった．

ヤコブ・ベルヌイは，ウォリスの『代数学』第二版ではバウフシウスの詩句の配列数と異なると述べているが，実際はそうでない．この第二版は研究の方法においても，その結果においても一致している．

次いで，ヤコブ・ベルヌイは韻律の法則に従わない場合を除けば，3314 通りの配列があることを発見したと述べている．この場合，句切り (caesura) のないものは含めるが，長々格詩韻 (spondaic lines) のものは除いている．また，配列の数を導き出す解析法も述べている．

13.3. ネピーアの対数を使いやすい常用対数に作り変え，実用的な対数数値表を作ったことで有名なのは，オックスフォードの**ブリッグス** (Henry

Briggs；1561-1630.1.26）である．彼は，ヴィエトと同様，二項展開式と三角
法の計算で，図形数と二項係数を使った．それは 1633 年『イギリスの三角法
（Trigonometria Britannica）』（H.Gellibrand 編；Rammasenius Gaudae 社 ）
の中に出ている．彼はカルダーノからヒントを得たが，組合せの目的で図形
数を使うことには関心がなかった．

13.4. エリゴン（Pierre Herigone；?-1643?）はどんな生涯を送った

人か全く不明であるが，死して**『数学教程（Cursus mathematicus）』**を残した．
この本は記号代数を取り入れたもので，今日でも使用されている多くの記号
を導入した．例えば，幾何の証明に使われる△ ABC という表記も彼の発明
である．その後，この本は 6 巻まで出た．その中の一つ，1634 年の**『実用算術』**
（Arithmétique practique）には 119-124 頁の間に組合せに関する規則，

ボエティウスの規則　　　$_nC_2 = \dfrac{n(n-1)}{2}$

カルダーノの規則　　　　$_nC_n + {}_nC_{n-1} + \cdots + {}_nC_2 = 2^n - 1 - n,$

$$_nC_r = {}_nC_{n-r},$$

$$_nC_r = \frac{n(n-1)(n-2)\cdots(n-r+1)}{1 \cdot 2 \cdot 3 \cdots r},$$

$$_{n+1}C_{r+1} = {}_nC_r + {}_nC_{r+1},$$

異なる n 個の物の順列　$n! = 1 \cdot 2 \cdots n$

が載っている．ヤコブ・ベルヌイは上記の $_nC_r$ の計算式を**エリゴンの規則**と
呼んでいる．しかし，エリゴンは $_nC_r$, $n!$ の記号は使用していないで，言葉で
述べている．

　エリゴンは『代数』の 19 頁で $(x+y+z)^2$, $(x+y+z)^3$ の展開式を与えて
いる．

第3部 古典確率論の陣痛期

13.5. この時期の最も卓越した科学の組織者は**マラン・メルセンヌ**（Marin Mersenne；1588.9.8–1647.9.1）である。彼はカトリックの神父でありながら、かたくなな信仰や思い上がった神学の行き方に内心反対で、感覚と理性で事を処するのが最上と考えた。1623年頃から、彼は注意深く選んだ学者たちの会合のために自分の家を開放し、西欧全体の学問的情報を交換する場として提供した。これが有名な**メルセンヌ・アカデミー**で、1666年のパリ王立科学アカデミーに発展解消するまで続く。1625年メルセンヌは『**科学の真理** (La vérité des sciences)』を書き、その中に組合せに関する章を設け、

図13.2 マラン・メルセンヌ神父

ボエティウスの規則、カルダーノの規則、順列の数 $n!$ の3法則を紹介している。彼はこの知識を**クラヴィウス** (Christopher Clavius；1537–1637.2.6) から得たといっている。イエズス会士として超保守的なクラヴィウスから、啓蒙主義者の始祖ともいうべきメルセンヌが出発していることが面白い。アカデミーを作るまでの彼の思想遍歴こそ、科学史の研究課題として取り上げられて然るべきだと思われる。

　1636年頃、メルセンヌは当時出回っていたもっとも進んだ組合せ論の規則を学んだらしい。特に、カルダーノとレヴィ・ベン・ゲルションから学んだらしい。1636年に『**調和の本** (Harmonicorum libri)』8巻がパリで出版された。その第7巻に順列と組合せの数を求める主たる規則が、応用を伴って、すべて含まれている。特に、メルセンヌはカルダーノが与えた算術三角形の表 [（図10.9）参照] を25行12列まで拡張している。彼の求めた最大の組合せの数は

$$_{36}C_{12} = 1251677700$$

であった。計算は加法規則 $_nC_r = {}_nC_{r-1} + {}_{n-1}C_r$ によって求められているが、

$$ {}_{n}C_{r} = \frac{n(n-1)(n-2)\cdots(n-r+1)}{r!} $$

も知っていたらしい．$n = 36$, $r = 1, 2, 3, \cdots, 20$ の値に対する組合せの数を求めている．$r = 18$ までは ${}_{36}C_{r}$ は増大するが，値は $r = 18$ の回りに対称であること，つまり ${}_{36}C_{r} = {}_{36}C_{36-r}$ が成り立つことも知っていた．

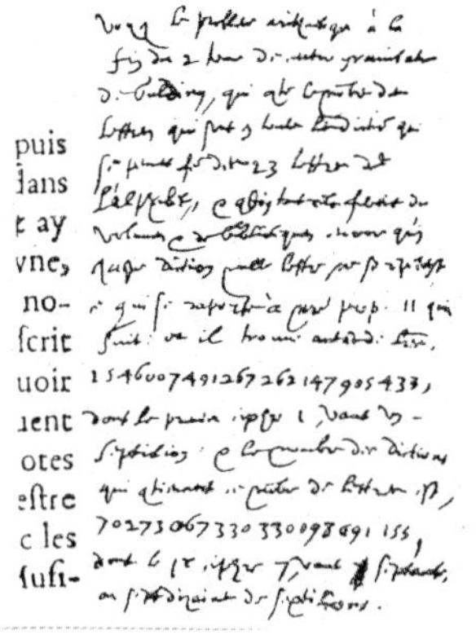

図 13.3 『音楽の理論と実際を含む普遍的調和』(1636 年) 107 頁

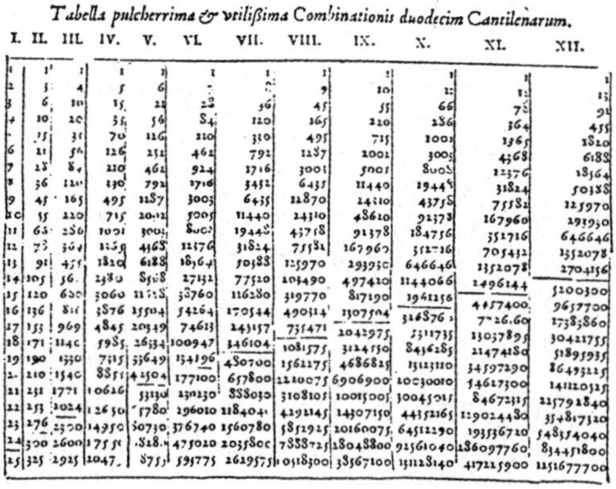

Tabella pulcherrima & vtilißima Combinationis duodecim Cantilenarum.

I.	II.	III.	IV.	V.	VI.	VII.	VIII.	IX.	X.	XI.	XII.
1	1	1	1	1	1	1	1	1	1	1	1
2	3	4	5	6	7	8	9	10	11	12	13
3	6	10	15	21	28	36	45	55	66	78	91
4	10	20	35	56	84	120	165	220	286	364	455
5	15	35	70	126	210	330	495	715	1001	1365	1820
6	21	56	126	252	462	792	1287	2002	3003	4368	6188
7	28	84	210	462	924	1716	3003	5005	8008	12376	18564
8	36	120	330	792	1716	3432	6435	11440	19448	31824	50388
9	45	165	495	1287	3003	6435	12870	24310	43758	75582	125970
10	55	220	715	2002	5005	11440	24310	48620	92378	167960	293930
11	66	286	1001	3003	8008	19448	43758	92378	184756	352716	646646
12	78	364	1365	4368	12376	31824	75582	167960	352716	705432	1352078
13	91	455	1820	6188	18564	50388	125970	293930	646646	1352078	2704156
14	105	560	2380	8568	27132	77520	203490	497420	1144066	2496144	5200300
15	120	680	3060	11628	38760	116280	319770	817190	1961256	4457400	9657700
16	136	816	3876	15504	54264	170544	490314	1307504	3268760	7726160	17383860
17	153	969	4845	20349	74613	245157	735471	2042975	5311735	13037895	30421755
18	171	1140	5985	26334	100947	346104	1081575	3124150	8436285	21474180	51895935
19	190	1330	7315	33649	134596	480700	1562275	4686825	13123110	34597290	86493225
20	210	1540	8855	42504	177100	657800	2220075	6906900	20030010	54627300	141120525
21	231	1771	10626	53130	230230	888030	3108105	10015005	30045015	84672315	225792840
22	253	2024	12650	65780	296010	1184040	4292145	14307150	44352165	129024480	354817320
23	276	2300	14950	80730	376740	1560780	5852925	20160075	64512290	193536720	548354040
24	300	2600	17550	98280	475020	2035800	7888725	28048800	92561040	286097760	834451800
25	325	2925	20475	118755	593775	2629575	10518300	38567100	131128140	417225900	1251677700

図 13.4 『調和の本』(1636 年) の中の算術三角形

『調和の本』第 7 巻の初めの方で，メルセンヌは「指導と例解を明白にする組合せ術 (Arten combinandi praeceptis & exemplis, aperire)」と題する節を挿入している．その節には，n 個の異なる物の配列 $n!$ 規則のみならず，同じ物がいくつかずつある場合の

$$ \text{バースカラの規則} \quad \frac{n!}{a!b!c!\cdots\cdots} $$

も得ている．

このバースカラの規則をメルセンヌは 1627 年には知らなかったようである．というのは，同年出版の『**天地創造に有名な諸問題** (Questiones celeberrimae in Genesim)』の中では，例えば “beresit” を並べ替える方法の数は，この単語が 6 個の異なる文字からなるので，$6! = 120$ であるというように，間違った結果を出している．だから，およそ 10 年間に研究が進んだこ

第3部　古典確率論の陣痛期

とは確かである.

　『調和の本』とほとんど同時に，メルセンヌは『**音楽の理論と実際を含む普遍的調和** (Harmonic universalle, contenant la théorie et la practique de la musique)』を出している．この本は 1636 年と 1635 年と出版年が 2 つ記載されている珍しい本である．この中で，彼は 1! から 50! までの数値表を与え，また 5 つの音符 (notes) ウト（ド），レ，ミ，ファ，ソからなる 120 通りの異なる歌を列挙している．そればかりか，今日**平均律** (temperament) と呼ばれる原理も説明している．この本で彼が扱っている組合せ論の内容は，n 個の異なる物から重複を許して r 個とる配列法は n^r 通りあること，n 個の物から重複を許さないで r 個抽出する方法の数 ${}_nC_r$ を求めることである．その他，n 個の物から重複を許した変種 (variations) の数と，重複を許さない変種の数を求めている．前者は

$$n + n^2 + n^3 + \cdots + n^n = \frac{n(n^n - 1)}{n - 1},$$

後者は

$$1! + 2! + \cdots + (n-1)! + n!$$

であるらしく，字母 $n = 23$ の時の数値は（図 13.3）に示されている数にならない．字母の場合，前者は約 2.18×10^{31}，後者は約 2.71×10^{23} となる．メルセンヌがどのようにして，本の余白に書いた数値を得たのか，全く不明である．

11.6.　　スイスに**パウル・ギュルダン** (Paul Guldin;1597.6.12-1643.11.3) という数学者がいた．彼の本来の名前は Habakuk だったが，12 歳のとき，12 使徒の一人パウロの名前を貰って改名し，イエズス会に入った．1622 年に『**組合せの領域の算術の問題** (Problema arithmeticum de rerum combinationibus)』を出版したが，人々の注目するところとはならなかった．彼は 1641 年に『**重心について** (De centro gravitatis)』を出版し，カヴァリエリやケプラーの求積法を批判したことから注目されるようになった．この本の第 4 巻の末尾に前述の論文が再録された．ギュルダンは 23 文字の重複の

ない順列の数を計算し，それによって一つの文章の中で用いられるすべての単語の和を求め，その結果が 25 桁の数であると結論付けた．このような考察は以下の推論のためである；前もって決められた大きさの本 (最大の本は 500 葉または 1000 頁で，60×100 行が 1 葉の文字の数) の数は 257, 667, 915, 211, 210, 317 冊，それらの本を図書館は 1 館あたり 32, 000, 000 冊収納すると，図書館は 8, 052, 122, 350 館を必要とする．1 図書館の敷地面積は 188, 62 平方歩 (pedes quadrati) とすると，1, 413, 716, 700, 000, 000 平方歩の面積が必要である．しかし地表面で満たせるのは 7, 175, 213, 799 館だけである．従って，将来海面を利用しない限り，すべての図書を収納することはできそうにないと，ギュルダンは主張した．

メルセンヌも他の人たちと同様，ギュルダンの論文を 1641 年まで知らなかった．1641 年の『重心について』を読んだメルセンヌは，組合せ論に関してギュルダンから学ぶべきものは何もないと思った．事実，ギュルダンの数値は恣意的で，組合せ論のどの規則を使ったかは明らかでない．メルセンヌはギュルダンの誤った部分の説明を指摘し，その中に出てくる最大の数 2 つを指名して，正しいのは (図 13.3) の数値であると言っている．この数値は "言葉づかい (dictiones)" の総数であるとメルセンヌは解釈した．もしも同じ文字を数回使うことが許されるならば，言葉づかいは字母の 23 文字によって形成できる．しかも，それはすべての文字の総数である．その数が余程印象に残ったのか，メルセンヌは自分の著書の縁にその数を書き込んだのである．

11.7. 1636 年の 9 月か 10 月に，メルセンヌ宛の書簡でフェルマーは整数冪の加算公式を示唆した．それは階乗関数の現代記法

$$x^{(k)} = x(x-1)(x-2)\cdots(x-k+1)$$

で表現すると

$$\sum_{x=1}^{n} \frac{(x+k-2)^{(k-1)}}{(k-1)!} = \frac{(n+k-1)^{(k)}}{k!}$$

を使っていることが分かる．同じ情報をフェルマーは1636年11月4日付けのド・ロベルヴアール宛の書簡でも伝えている．タンヌリー（P.Tannery）他編『フェルマー全集』II巻（1894年）の70頁と84－85頁参照．

相続く整数冪の和を求めるのは，フェルマー以前にも努力されていた．この努力は最終的にはヤコブ・ベルヌイの『推論術』第II部で終止符を打つが，17世紀の初頭**ヨハン・ファウルハーバー**（Johann Faulhaber；1580.5.5-1635）もその研究に汗を流した一人である．彼は15世紀以来ウルムで代々機織りをしている家系に生まれた．1600年に計算親方として自分で学校をウルムに設立した．彼は中世の神秘的な傾向を引き継ぎ，錬金術にも熱中し，さらに聖書に出てくる数字の占いもして，世界の終末は1605年頃と予言して

図13.5　1615年頃のファウルハーバー　　図13.6　『不思議な算術』の
　　　　　　　　　　　　　　　　　　　　　　　　最初の頁の梭（ひ）

投獄されたりしている．しかし，1622年に出した**『不思議な算術』**（Miracula

Arithmetica)』の中で自然数の冪の級数の和を求めた.

現代記法で

$$\sum n^r = \sum_{x=1}^{n} x^r, \quad \sum \sum n^r \equiv \sum_{t=1}^{n} \sum_{x=1}^{t} x^r$$

と定義する.それから,まず $\sum n$ を求める.

$$\sum n = an^2 + bn$$

とおく.$n = 1$, $n = 2$ とおいて,上式に代入すると二元連立一次方程式

$$\begin{cases} 1 = a + b \\ 3 = 4a + 2b \end{cases}$$

を得,これを解くと $a = b = 1/2$ となる.それで

$$\sum n = n(n+1)/2 = {}_{n+1}\mathrm{C}_2$$

が出てくる.次に

$$\sum n^2 = (an + b) \sum n$$

とおく.先の場合と同様に,$n = 1$, $n = 2$ とおいて a, b を求めると,$a = 2/3$, $b = 1/3$;それで

$$\sum n^2 = (2n+1) \sum n/3 = n(n+1)(2n+1)/6$$

が得られる.$\sum n^3$ を求める段階に至って,ファウルハーバーは奇妙な恒等式

$$\sum \sum n = (n+1) \sum n - \sum n^2 \tag{1}$$

とか

$$n \sum n^2 - \sum n^3 = \sum \sum n^2 - \sum n^2 \tag{2}$$

などを得ている.恒等式 (2) は (図 13.6) のような数値計算から帰納的に求めたものである.(図 13.6) の上の字母はそれぞれ $A = n$, $B = n^2$, $C = \sum n^2$, $D = \sum \sum n^2 = K$, $E = n \sum n^2$, $F = n$, $G = n^3$, $H = \sum n$, $I = n \sum n^2 - \sum n^3$ の値が表示されている.このような数表によって,恒等式 (2), (1) が得られたのであった.このような恒等式の発見の技術を,彼は機織りの機械用語を使って,**梭の技術**(Weberschiffichentechnik)

と呼んだ．**杼**（ひ）とは機織りで横糸を巻いた管を入れる道具のことである．このような技術は自分の置かれている環境から習得したものであろうが，(2) 式から $\sum n^3$ の公式を得るのはそんなに楽ではない．しかし (1) 式は

$$\sum \sum n = \sum {}_{x+1}C_2 = (n+1)\sum n - (2n+1)\sum n/3$$

$$= (n+2)\sum n/3 = {}_{n+2}C_3$$

となり，さらに一般化した恒等式

$$\sum_{x=1}^{n} {}_{x+1}C_k = {}_{n+2}C_{k+1}$$

をも，ファウルハーバーは知っていたらしい．以上挙げた手法で，彼は $\sum n^r$ の総和の形を $1 \leqq r \leqq 13$ まで求めたのだった．

13.8. 17 世紀に入ると，プロテスタントの第一世代でローマ教会の決疑論を弾劾する兆しが見え始める．**決疑論**（casuistry）とは個別の倫理問題を解決するための法を書き記したものである．当然，籤や賭博も禁止するというイエズス会の厳しい決疑論は想像するに難くない．なぜなら，イエスが十字架に懸けられた時，異教徒のローマ兵たちがイエスの着物を籤引きで分けたことに対するキリスト教徒の怨念が『新約聖書』に書かれているので，籤は忌むべきものだった．しかし，プロテスタントの第二世代になると，彼らは籤や占いの実際，賭博についての決疑論手引書を書き始めた．イングランドのピューリタン神学者**ガテイカー**（Thomas Gataker；1574–1654）はある型の賭博は許されるべきだと信じ，1619 年『**籤の性質と用法について**（Of the Nature and Use of Lots)』において強い論陣を張った．彼は「事象の偶然性は単にそれ自体起こるのではなく，神の特別の，または直接の摂理の仕事たらしめる」と，アウグスティヌスと対立する考えを抱いた．偶然のカラクリを使ういろいろな種類の偶然事象を吟味し，結果が神の特別の摂理の下にあると仮定し得るか，仮定し得ないかを判断しようというのである．籤でも本格的な籤は市民社会の構成を決定し，適法に基づいて市長を指名するための無作

為な籤引きもあれば，娯楽用の籤もあり，これらは神への冒涜にはならないとする．しかし，籤占いなどは神の直接意志によるものではないので，この型の籤は排除すべきであるとする．また，籤を反復引く場合，結果がいつも異なるのは，神が気まぐれなのではなく，神が結果を決定しないからに違いないと推理する．ガテイカーの説に対し，1623年**バルムフォード**（James Balmford）が『**カード・ゲームの不法性に関する簡潔で率直な対話**（A Short and Plaine Dialogue concering the Unlawfulness of Playing at Cards）』で，普通の籤でも神意の直接の結果であり，時に神がふざけて籤の結果を出されるのは人間を試しておられるのだ，という風な反論をした．

　教条主義的原則論者はいつの時代でもいる一方，実際的な面に注視する現実論者もいるものである．当時の教条主義者がカトリック信仰者，現実主義者がプロテスタントと図式化すれば，以後の確率論の研究者の思想基盤がはっきりすると思われる．ともあれ，偶然現象を数学的研究の対象にしても構わないという雰囲気が，神学者たちの間から公然と出てきたことは，時代の趨勢といえるだろう．

＜参考文献＞

全般的に

[1] I.トドハンター（安藤洋美訳）『確率論史』（現代数学社，2002年）
　　が参考になるが，ここでは内容が重複しないようにした．ケプラーに関しては

[2] M.Casper編 'Gesammelte Werke'（1937年）の3巻，6巻

[3] Curtis Wilson 'Kepler's Derivation of the Elliptical Path'（Isis；59巻，4-25頁，1968年）

[4] A.Hald "*A History of Probability and Statistics and their applications before 1750*"（John Wiley；1990年）
　　を参考にした．組合せ論に関しては

[5] A.W.F.Edwards "*Pascal's Arithmetic Triangle*"（Charles Griffin；1987年）

[6] Eberhard Knobloch "*Die mathematischen Studien von G.W.Leibniz zur Kombinatorik*"（Franz Steiner Verlag，1973年）

第3部　古典確率論の陣痛期

が全般的に詳しい．メルセンヌに関しては

[7] Eberhard Enobloch 'Musurgia Universalis；Unknown combinatorial studies in the age of Baroque absolutism' (Hist.Sci. 17 巻, 1979 年, 258-275 頁)

[8] Ernest Coumet'Mersenne：denombrements, répertoires, numération' (Math.et sci.humaines；10 巻, 1972 年, 5-37 頁)

を参照した．自然数の冪の和に関しては

[9] P.Tannery, C.Henry 編 'Oeuvres de Fermat" （ 全 4 巻 ）(1819 年, 1894 年, 1896 年, 1983 年)

[10] Ivo Schneider'Potenzsummenformeln im 17 Jahrhunderen' (Hist.Math. 10 巻, 1983 年, 286-296 頁)

[11] Ivo Schneider "*Johannes Faulhaber, 1580-1635*" （ 叢 書 Vita Mathmatica, 第 7 巻, Birkhauser. 1993 年)

を参照した．

　決疑論に関しては

[12] D.R.Bellhouse 'Probability in the 16 th and 17 th Centuries；An Analysis of Puritan Casuistry' (Inter.Stat.Review, 1988 年, 56 巻, 63-74 頁)

が詳しい．なお,

[13] 『新約聖書』「マタイ福音書 27：35 － 37」,「マルコ福音書 15：22-24」,「ルカ福音書 1：9, 11；23；24」,「ヨハネ福音書 19：23-24」

には偶然のカラクリに頼る籤の話が出てくるが，その数は『旧約聖書』に比べると極端に少ない．

第14章 パスカル・ フェルマー・ ホイヘンス

14.1. 　　古典確率論の数学的研究は，パスカル＝フェルマーの 1654 年の往復書簡と，1657 年のホイヘンスの論文によって始まったというのが定説である．そして彼らの仕事は既に多くの人たちによって紹介されている．トドハンターの『確率論史』や筆者の『確率論の生い立ち』の中に，ほとんど余すところなく彼らの仕事が解説されている．それで，この章では，これらの本の内容の落ち穂拾いにとどめておく．

14.2. 　　ブレーズ・パスカル (Blaise Pascal；1623.6.19–1662.8.19) は父エチエンヌ・パスカル (Étienne Pascal；1588–1651) の教育計画によって創造された天才といわれている．1635 年にメルセンヌが正式にアカデミーを開設すると，パスカルは父に伴われて，そのアカデミーに出入りした．そして数多くの学者から知的な刺激を受けた．パスカルが 3 歳のとき妹ジャックリーヌ (Jacqueline Pascal；1625–1661) が産れた後，しばらくして母が死んだこともあって，パスカルは**ポール・ロワイアル修道院**にも出入りする．1651 年に父エチエンヌが死に，1652 年には才媛の誉れ高かった妹ジャックリーヌが出家するなどの出来事が，パスカルに心の空白が生じたのであろう．彼は敬虔

201

な宗教的生活から世俗的生活に向かう．1653年以降しばらくの間，パスカルは隣人の**ロアンネス公爵**（Duc de Roannez；1627-1696）の邸宅に出入りし，社交に精出した．

ロアンネス公爵家に出入りする人間の中に**シュヴァリエ・ド・メレ**（Chevalier de Méré；1610-1684）がいた．シュヴァリエは自称なのか他称なのか不明だが，ド・メレはその称号にふさわしいポワトゥー出身の軍人で，武技に長じた豪傑で，度々の合戦に参加し，帰国すると田園生活を享受し，粋人と交際するのを好しとした．そして，あらゆる卑俗を嫌い，衒学的な形式主義を捨て，気高く美しく，

図14.1　シュヴァリエ・ド・メレ

人に愛される人間＝**教養人**（honnête homme）たらんことを欲した．パスカルはロアンネス公の手引きでド・メレと知り合った．ド・メレがパスカルに教えたことは，形式的推理によって進む科学者の理性とは別に，感情・本能による直観が人間の交わりでは重要であること；科学の論証的認識とは質を異にする直観的認識ないし理解が，独自の明証をもって成立することであった．後にパスカルが方法的に明確に区別する2つの精神；つまり，少数の原理から出発して秩序だてて論証していく科学的認識に向かう**幾何学的精神**（esprit géométrique）と，生きていく上で複雑な人間的意味を一目で見てとる**巧緻の精神**（esprit de finesse）とを対置させたのは，専らド・メレの教示に基づくとされている．ド・メレはこの2つの精神を，合理的な作戦計画立案と，戦機を逸しない直観的行動判断という戦場での経験から得たと思われるが，これら2つの精神を賭博の場でも発揮したものと思われる．

ド・メレがパスカルに賭博の問題を問いかけたのは1653年から54年にかけてのことと思われる．そして，サイコロの問題と分配問題が1654年の7月か

第14章　パスカル・フェルマー・ホイヘンス

ら8月にかけて，パスカルはフェルマーの見解を聞きながら，解いたのである．
ド・メレが出した**サイコロの問題**は要約すると

---

(1) 1個のサイコロを n 回投げ，少なくとも1回6の目がでる確率を $1/2$
にしたい．n の値はいくらか；

(2) 2個のサイコロを n 回投げ，少なくとも1回6のゾロ目がでる確率を
$1/2$ にしたい．n の値はいくらか

というものである．

　(1) は　$1 - \left(\dfrac{5}{6}\right)^n = \dfrac{1}{2}$

　(2) は　$1 - \left(\dfrac{35}{36}\right)^n = \dfrac{1}{2}$

を満たす n の値を求めればよい．(1) の解は $n = 3.8$，(2) の解は $n = 24.56$
となるが，ド・メレは (1) の解：(2) の解 $= 4 : x = 6 : 36$ にならないのか疑問
をもっていたので，パスカルに質問したのである．事実，$24.56 \div 3.8 = 6.46$
であり，$x = 24$ にならないことを，ド・メレは賭博の実際経験から感じていた
のである．

　いま一つの問題は**点の問題**（分配問題）である．

---

(1) 2人のプレイヤーの貯金を各々 A とする．また，ゲームは先に $n+1$
点を得た者が勝ちとする．今，甲が n 点（後1点不足），乙が0点であると
しよう．ここで2人がこれ以上ゲームを続けないで別れることに合意した
とすると，甲の受け取る権利のある金額は $2A - A/2^n$ である．

乙が続けて $n+1$ 回勝つ確率は $\left(\dfrac{1}{2}\right)^{n+1}$，従って甲が勝つ確率は $1 - \left(\dfrac{1}{2}\right)^{n+1}$
となり，これに賭金総額 $2A$ を掛ければ，甲の受け取る権利のある金額となる．

203

> (2) ゲームの賭金や獲得点数は (1) と同じとする．今，甲が 1 点，乙が 0 点であるとする．ここで 2 人がこれ以上ゲームを続けないで別れるとすると，甲が受け取る権利のある金額はいくらか．

甲乙両者は高々 $2n$ 回勝負すれば決着がつき，甲の勝つ確率は

$$\frac{{}_{2n}C_n + {}_{2n}C_{n+1} + {}_{2n}C_{n+2} + \cdots + {}_{2n}C_{2n}}{2^{2n}} = \frac{(1+1)^{2n} + {}_{2n}C_n}{2 \times 2^{2n}}$$

$$= \left\{1 + \frac{(2n)!}{n!n!2^{2n}}\right\}/2 = \left\{1 + \frac{1 \cdot 3 \cdot 5 \cdots (2n-1)}{n!2^n}\right\}/2$$

となり，甲の分配金は甲の勝つ確率に $2A$ を掛ければよい．

パスカルはこの問題を 6 点ゲーム $(n=6)$，$A = 256$ ピストルとするとき，起こり得るすべての場合について，甲の受け取る金額を計算している．パスカルはこの問題を解くために，朧げながら二項分布を使っている．フェルマーは全体の場合の数の列挙という形で標本空間の概念を朧げながら把握していたようである．分配問題もド・メレがパスカルに提起したものであった．

14.3. パスカルとフェルマーの間の往復書簡は，日付のはっきりしているのが 5 通（1654 年 7 月 29 日から同年 10 月 27 日まで）と日付不詳の 1 通の計 6 通ある．うち 3 通はパスカルからフェルマーへ，3 通はフェルマーからパスカル宛てのものである．6 通は『パスカル全集』にあるが，『フェルマー全集』にはパスカルから来た 3 通しか収録されていない．本職は地方裁判所の裁判官で数学が趣味だった

図 14.2　ブレーズ・パスカル

フェルマーにとって，賭博にかかわる問題を研究したという痕跡はできるだけ消したい筈だった．それでフェルマーは当時の慣習に従わず，自分の手紙の草稿を残していないのではないだろうか．また，残していたパスカルからの手紙でも，「ド・メレ氏」と書かれた部分は空白にして名前を消したりしている．さらに，2人の間で論じられたゲームは具体的なゲームではなく，抽象的なゲームで，演じるプレイヤーの技量には差がないことを前提とするに過ぎない．いずれにしても確率に関する研究は，2人の間で3ヶ月以内で終息してしまった．

14.4. 次にパスカルの『**算術三角形論，ならびに同じ流儀で論じた他の小論**(Traité du triangle arithmétique, avec quelque autres petits traits sur la même manière)』を取り上げよう．これは死後3年たった1665年に発表されたもので，算術三角形が確率（主として分配問題）と結び付けて論じられた最初のものである．
パスカルの算術三角形は（図14.3）に示されている．

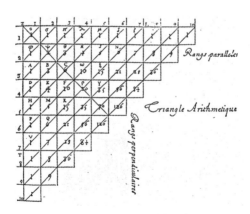

図14.3　パスカルの算術三角形

この表の横行の中には，現在**図形数**と呼んでいるものがある．パスカルは各横行にそれぞれ**位数**(index)をつけて区別している．1行目の1, 1, 1, ……を第一位数の数；2行目の1, 2, 3, 4……を第二位数の数；第三行目の1, 3,

6, 10……を第三位数の数；第四行目の 1, 4, 10, 20……を第四位数の数，等々と呼んだ．当時，第三位数の数は**三角数**，第四位数の数は**ピラミッド数**の名称で知られていた．パスカルによれば，第五位数の数 1, 5, 15, 35……は当時まだ特定の名称がなかったので，**三角型三角数**（triangulo-triangularies）と呼ぶことを提案している．位数は縦列にも付けることができる．かくして，横第 r 位数，縦第 n 位数の枠内（これを**胞**という）の数は

$$\frac{n(n+1)(n+2)\cdots(n+r-2)}{(r-1)!} \equiv {}_rA^n$$

で表すことにする．パスカルは ${}_rA^n$ という記号は使用していないが，ここでは説明を容易にするため記号化する．${}_rA^n$ は斜めの線（底という）で第 $(n+r-1)$ 番目のものの上にある．この場合，底の位数は $n+r-1$ であるという．

　生成規則は

$$_rA^{n-1} + {}_{r-1}A^n = {}_rA^n$$

である．

（第一命題）算術三角形において，横第一位数の胞の中の数と，縦第一位数の胞の中の数は，生成素に等しい．つまり

$$G = \phi = A = \cdots, \quad G = \sigma = \pi = \cdots.$$

これを現代風に書くと

$$_1A^1 = {}_2A^1 = {}_3A^1 = \cdots = 1,$$
$$_1A^1 = {}_1A^2 = {}_1A^3 = \cdots = 1$$

となる．これは初期条件にあたる．

（第二命題） $n-1$ 行目の初めの r 個の胞の中の数の和は，r 行 n 列の胞の中の数に等しい．つまり

$$\sum_{j=1}^{n} {}_{r-1}A^j = {}_rA^n$$

(**第三命題**) $n-1$ 列目の初めの r 個の胞の中の数の和は，r 行 n 列の胞の中の数に等しい．つまり
$$\sum_{i=1}^{r} {}_iA^{n-1} = {}_rA^n$$

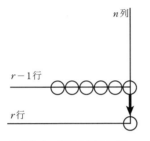
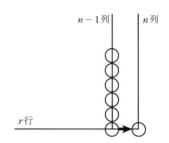

図 14.4　第二命題の図解　　　　図 14.5　第三命題の図解

(**第四命題**) 初めの $r-1$ 行と初めの $n-1$ 列までの胞の中の数のすべての和は ${}_rA^n-1$ に等しい．
$$\sum_{i=1}^{r-1}\sum_{j=1}^{n-1} {}_iA^j = {}_rA^n - 1$$

(**第五命題**) 相反な胞の中の数は，相互に等しい．
$${}_rA^n = {}_nA^r$$

(**第六命題**) k を固定すると　${}_kA^n = {}_nA^k$.

(**第七命題**) 各底の胞の中の数の和は，その前の底の胞の中の数の和の 2 倍に等しい．つまり
$$2({}_{r-1}A^1 + {}_{r-2}A^2 + \cdots + {}_2A^{r-2} + {}_1A^{r-1})$$
$$= {}_rA^1 + {}_{r-1}A^2 + \cdots + {}_2A^{r-1} + {}_1A^r.$$

(**第八命題**) 各底の胞の中の数の和は，底の位数より 1 小さい数を指数にもつ

第 3 部　古典確率論の陣痛期

2 の冪数である．つまり位数 r の底では
$$_rA^1 + {}_{r-1}A^2 + \cdots + {}_2A^{r-1} + {}_1A^r = 2^{r-1}$$

（第九命題） $1 + 2 + 2^2 + \cdots + 2^{n-1} + 2^n = 2^{n+1} - 1$
この命題は（第七命題）と（第八命題）を併用すれば証明できる．

（第十命題） $_rA^1 + {}_{r-1}A^2 + {}_{r-2}A^3 + \cdots + {}_{r-n}A^{n+1}$
$$= 2(_{r-1}A^1 + {}_{r-2}A^2 + \cdots + {}_{r-n+1}A^{n-1}) + {}_{r-n}A^n$$

（第十一命題） 主対角線上の胞（**分水胞**という）について
$$_nA^n = 2{}_nA^{n-1} = 2{}_{n-1}A^n$$

（第十二命題） すべての算術三角形において，同じ底上の相隣る 2 つの胞がある場合，上位の胞の中の数と下位の胞の中の数の比は，上位の胞から底の最上位の胞までの胞の個数と，下位の胞から底の最下位の胞までの胞の個数の比に等しい．つまり，位数 $r + n - 1$ の底において
$$_rA^n : {}_{r-1}A^{n+1} = n : r - 1.$$
パスカルは

　「この命題は無数の場合に成立するけれども，私は次の 2 つの補題を仮定することによって，簡単に証明しようと思う．
　（補題 1） この命題は位数 1 の底では明らか．位数 2 の底では $_2A^1 : {}_1A^2$ $= 1:1$ となって明らかである．
　（補題 2） もしもこの命題がある位数の底で成立するならば，次の位数の底でも成立する．
　このことから，この命題は必然的にすべての場合に対して成立する．」

つまり，位数 $n + r - 1$ の底において
$$\frac{{}_rA^n}{{}_{r-1}A^{n+1}} = \frac{n}{r-1} \tag{①}$$

が与えられているとしよう．生成規則
$$_rA^{n+1} = {}_rA^n + {}_{r-1}A^{n+1}$$
の両辺を $_{r-1}A^{n+1}$ で割ると
$$\frac{_rA^{n+1}}{_{r-1}A^{n+1}} = \frac{_rA^n}{_{r-1}A^{n+1}} + 1 = \frac{n}{r-1} + 1 = \frac{n+r-1}{r-1} \quad ②$$
一方，
$$\frac{_{r-2}A^{n+2}}{_{r-1}A^{n+1}} = \frac{r-2}{n+1} \quad ③$$
さらに，生成規則
$$_{r-1}A^{n+2} = {}_{r-2}A^{n+2} + {}_{r-1}A^{n+1}$$
の両辺を $_{r-1}A^{n+1}$ で割ると
$$\frac{_{r-1}A^{n+2}}{_{r-1}A^{n+1}} = \frac{_{r-2}A^{n+2}}{_{r-1}A^{n+1}} + 1 = \frac{r-2}{n+1} + 1 = \frac{n+r-1}{n+1} \quad ④$$
それで②④から
$$\frac{_rA^n}{_{r-1}A^{n+2}} = \frac{_rA^{n+1}}{_{r-1}A^{n+1}} \times \frac{_{r-1}A^{n+1}}{_{r-1}A^{n+2}} = \frac{n+r-1}{r-1} \times \frac{n+1}{n+r-1} = \frac{n+1}{r-1}$$
であることが，位数 $n+r$ の底において出てくる．

ここでパスカルは**数学的帰納法**を使用している．数学的帰納法の先取権について，1953 年オランダの**フロイデンタール** (Hans Freudenthal) によりパスカルが始めたと主張され，ついで 1960 年**原亨吉**が 1654 年 7 月 29 日から 8 月 29 日の間にパスカルが発見したと報告した．この日付は，パスカルとフェルマーの間で分配問題について書簡が取り交わされた期間に相当する．しかし，数学的帰納法の起源は古く，メッシナの司教**マウロリクス** (Francesco Maurolicus; 1494.9.16–

図 14.6　帰納法の発見者マウロリクス

第3部　古典確率論の陣痛期

1575.7.21）から，さらに**レヴィ・ベン・ゲルション**にまで遡ることが検証されている．

（第十三命題） 同じ縦列にある 2 つの胞において，

下の胞の中の数：上の胞の中の数

＝上の胞の底の位数：上の胞の横行の位数

ならば，2 つの胞は相隣る．

$$_x A^n : _{r-1} A^n = (n+r-2):(r-1) \text{ ならば } x = r.$$

（第十四命題） 同じ横行にある 2 つの胞において

右の胞の中の数：左の胞の中の数＝左の胞の底の位数：左の胞の縦列の位数

ならば，2 つの胞は相隣る．

$$_r A^n : _r A^y = (n+r-2):(n-1) \text{ ならば } y = n-1.$$

（第十五命題） 横第 r 位数の胞の中の数を初めから n 項まで加えたものと，$_r A^n$ との比は，後の胞の底の位数と後の胞の横行の位数の比に等しい．

$$\sum_{x=1}^{n} {}_{r-1} A^x : _r A^n = (n+r-1):(r-1)$$

（第十六命題）

$$\sum_{i=1}^{n} {}_{r-1} A^i : \sum_{i=1}^{n-1} {}_r A^i = r:(n-1)$$

（第十七命題）

$$\sum_{i=1}^{n} {}_r A^j : \sum_{i=1}^{r} {}_i A^n = n:r$$

210

第 14 章　パスカル・フェルマー・ホイヘンス

（第十八命題）

$$\sum_{i=1}^{n} {}_rA^i : \sum_{i=1}^{r+1} {}_{r-1}A^i = n : r$$

（第十九命題）

$${}_rA^r : 4_{r-1}A^{r-1} = (2r-3) : 2(r-1)$$

この後に ${}_rA^n$ の値を実際に求める計算式，つまり現在の記法に直せば

$${}_rA^n = {}_{n+r-2}\mathrm{C}_{n-1}$$

が導き出されたことが問題として与えられている．しかし，その前にこの計算
式を用いなければ，証明できない命題も多い．

14.5.　　パスカルの『算術三角形論』は，今までのどの組合せ論の論述
より系統立ったものであるが，証明は必ずしも厳密とはいえず，多くの命題が
二三の計算例からの類推という形をとっている．しかし，この小著の第二の
特徴は，第二部にあたる後半に，応用例をあげていることである．

　応用例の一つは分配問題である．位数 r の底には左端の 1 から斜めに r 個
の数が並んでいる．位数 9 の底には 1, 9, 36, 84, 126, 84, 36, 9, 1 の 9 個の
数字が並んでいる．さて，甲が勝つためには後 m 点，乙が勝つためには後 n
点が必要としよう．位数 $m+n$ の底をとってみると，

　　甲のチャンス：乙のチャンス

　　　＝位数 $m+n$ の底の最上段から始まる初めの n 個の数の和：残りの m 個
　　　の数の和

である．パスカルが得た結果は次のように証明される．一般的に，1 回のゲー
ムで甲乙の勝つ確率をそれぞれ p, q とするとき，甲が後 m 点必要ということ
が，残る $m+r-1$ 回のゲームで甲が $m-1$ 回勝ち，残る 1 ゲームでも完勝
しなければならないから，そういう事象の起こる確率は

211

第 3 部 　古典確率論の陣痛期

$$\{_{m+r-1}\mathrm{C}_{m-1}p^{m-1}q^{r}\}p = {}_{m+n-1}\mathrm{C}_{m-1}p^{m}q^{r}$$

である．ここで甲が勝つには，$r = 0, 1, 2, \cdots, n-1$ と置かねばならない．それらの総和

$$p^{m}\{1 + mq + {}_{m+1}\mathrm{C}_{2}q^{2} + \cdots + {}_{m+n-2}\mathrm{C}_{n-1}q^{n-1}\}$$

が甲の勝つ確率である．同様にして，乙の勝つ確率は

$$q^{n}\{1 + np + {}_{n+1}\mathrm{C}_{2}p^{2} + \cdots + {}_{m+n-2}\mathrm{C}_{m-1}p^{m-1}\}$$

である．ここで $p = q = 1/2$ と置けば，

　甲のチャンス：乙のチャンス

$$= 1 + m + \frac{(m+1)\,m}{2!} + \cdots + \frac{(m+n-2)\,(m+n-3)\cdots(m-1)}{(n-1)!}$$

$$: 1 + n + \frac{(n+1)\,n}{2!} + \cdots + \frac{(m+n-2)\,(m+n-3)\cdots(n-1)}{(m-1)!}$$

となって，パスカルの結論を得る．

　この分配規則に従って，パスカルは

　　(1) 甲が後 1 点，乙が後 n 点必要とするとき

　　(2) 甲が後 $(n-2)$ 点，乙が後 n 点必要とするとき

　　(3) 甲が後 $(n-1)$ 点，乙が後 n 点必要とするとき

を例示している．

　以上が現存する確率論に関するパスカルの研究のすべてである．そしてこれらの研究は 1654 年の極めて限られた数ヶ月の間に行われたことは確実である．

14.6. 　パスカルはもともと虚弱な体質だった．17, 18 歳頃から健康が衰えたのを切っ掛けにして，ヤンセニスムに改宗している．イエズス会の影響の深化は，さまざまなカトリック司祭や神学者たちに反感を生じさせたが，1636 年イープル (Ypres) の司祭に任命された**ヤンセン** (Cornelius Jansen；1585-1638) の『人間精神の改革 (Réformation de l'Homme Intérieur)』に触発された上，父エチエンヌが脱臼した時ヤンセン主義者に看護されたこともあって，パスカルはヤンセン主義に傾いていった．科学的好奇心は性的恥

溺の別の形式とするヤンセンの教えに 1646 年頃納得したのだが，その信仰は長続きせず，1654 年前後には再び数理科学の研究に戻っている．分配問題の研究はパスカルのほとんど最後といって良い数学研究の内容だった．その研究の直後，1654 年 11 月 23 日の第二回回心の前に，パスカルは科学者たちとの文通を絶ち，パリ西方 30 哩のイヴェット（Yvette）の谷間に建てられたポール・ロワイヤルの修道院に隠遁する．間もなく法王インノセント X 世に反抗して，ヤンセニストの闘士として，有名なアジ演説『田舎人の手紙』を書く．だがパスカルのアジ演説はあまり効果なく，ヤンセニストは次々と迫害され，地下に潜る者も多くなり，ポール・ロワイヤルの尼僧たちも拘禁された．パスカルは極端に禁欲的な環境のもとで生き続け，聖書を読み，ヤンセンの教えに基づく信仰が呼び起こした考え方を書くことに時間を費やした．これらの思想は死後『パンセ』として出版された．

　かつてド・メレが直線の無限分割性を否定したとき，パスカルは反対した．ド・メレは宗教とともに，無限を含む謎に触れまいとする有限主義者だった．それでド・メレは賭事はしたが，人生を無限に向かって賭けようとはしなかった．しかし，パスカルはド・メレと全く対立する考えをもち，人生を無限に向かって賭けようとする．そのことが『パンセ』に出てくる．

　「"神は存在するか，存在しないか"を言明しよう．だが，我々はどちらの側に傾くだろうか？ この場合，理性は何事も決定できない．そこには，我々を隔てる無限の混沌がある．この無限の距離の果てるところで，一つの賭けが行われる．表が出るか，裏が出るかなのだ．君はどちらに賭けるか？理性によっては，君は一方と他方のいずれをも選ぶことはできない．理性によっては，君は二つのうち，いずれかを退けることもできない……一体，君はどちらを取るか？考えてみよう．選ばなければならないからには，どちらが君にとって利益が少ないか考えてみよう．君が失うかもしれないものは二つ，真と善である．賭けるものは二つ，君の理性と意志，つまり君の認識と幸福である．そして君の本性が避けようとするものは二つ，誤謬と悲惨である．どうしても選ばなければならないからには，他方

第3部　古典確率論の陣痛期

を措いて一方を選んだところで，君の理性は別に傷つけられるわけではない……だが，君の幸福はどうなるか？神は存在するという表の側をとって，その損失を計ってみよう．二つの場合の見積もりは，もし君が勝てば君はすべてを得る．もし君が負けても君は何も失わない．だから，ためらわずに，神は存在するという側に賭けたまえ.」［『パンセ』第3篇］

このような説法は次のようにまとめられる．

	神は存在する	神は存在しない
勝運（確率）	1/2	1/2
得られるもの	∞	0
利益（期待値）	∞	0

このようにして，パスカルは極めて恣意的な確率の使い方をしており，中世的な物の見方に戻って行った感がしないでもない．

14.7.　パスカルとフェルマーは確かに確率論に切り込む切っ掛けを作った．だがそれは個人の間の私信の中で論じられたもので，多くの人々に読まれる性格のものではなかった．それに対し，1657年に出た**クリスティアン・ホイヘンス**（Christiaan Huygens；1629.4.14–1695.6.8）の**『サイコロ遊びにおける計算について**（De Ratiociniis in Ludo Aleae）**』**は最初のテキストとして最適のものであった．当時，重商主義経済大国だったオランダの人らしく，彼は問題を解く数学的武器として**期待値**という概念を導入した．彼は商人たちが関心をもつ平均利得という概念を数学に導入し，期待値という新しい術語を使用して諸問題を解いた．彼の小著は14の例題（その中には定理も含まれる）と5つの問題からなっている．これらの詳しいことは，筆者の**『確率論の生い立ち』**を参考にして欲しい．

214

14.8. パスカルが死んだ 1662 年，彼の精神的支柱であり，また哲学の師でもあった**アントワーヌ・アルノー**（Antoine Arnaud；1612.2.5-1694.8.8）は共同研究者ともいうべきニコル（Pierre Nicole；1625.10.19-1695.11.16）と共著で『**論理学；もしくは思考術**（La Logique ou l'art de Penser）』を出版した．王権と結託したイエズス会と激しく対立し，1656 年にはソルボンヌ大学教授の地位からも追放されたアルノーらにとって，この本は当初匿名で出版せざるを得なかったが，ヤンセン主義者たちの修道院ポール・ロワイヤルでは教科書として熟読されたことは間違いなく，『**文法書**』と並んで，後世『**ポール・ロワイヤル論理学**』と広く呼ばれるようになった．この最終章は確率について述べられている．

> 「……［多くの人々は］彼らが望む利益と，彼らが恐れる損害の大きさと重要さを考察する．それでも，実現しない**本当らしさ**と**確からしさ**，すべてを考察しないでも，その利益または損失が生ずる．……善を得て，悪を避けるために，人々が何をなすべきかを判断するために，善悪それ自体のみならず，それが実現するかしないかの確からしさを考察すること；また幾何学的にこれらの事物がお互いにもつ割合を考察することが必要である．
>
> ［例えば］10 人の人が各人 1 クラウンずつ賭けるゲームがあり，彼らのうちの一人だけが勝って全部をせしめ，他の人々が皆失うとしよう．ここで各人は 1 クラウンだけの損害であり，勝てば 9 クラウンを得る．もしも人々が自分自身の損得だけを考察するならば，各人は有利に立っているように思われるかもしれない．しかし，各人が 9 クラウンを獲得できる一方，1 クラウン失う危険性もあることを認めなければならないので，彼が 1 クラウン失い，9 クラウンを得ないのは，各々の場合 9 倍も確からしい．そこで，各人は望み得る 9 クラウンと失うかもしれない 1 クラウンをもっているから，1 クラウン失う確からしさの 9 倍とは，完全な同等性にある．
>
> ゲームが公正である範囲で，この種のゲームはすべて公正である．そしてこの条件に合わないようなゲームは明らかに不公正である．それで富

図14.7　アントワーヌ・アルノー　　図14.8　ポール・ロワイヤル遠景

籤のようなゲームは明らかに不公正である事を示し得る．なぜなら，通常，富籤の運営者が自分の分け前として，あらかじめ1割を取ってしまうからである……損失の確からしさが利得の確からしさを上回ることは，人々にもたらされる損害が，人々の希望する利益を上回ることである．この場合，損害とは人々が提供したものを失うことである．

　時には，あるものの成功の本当らしさが極めて小さいので，たとえそれを得るために，それがいか程有利であろうとも，またいか程危険が小さかろうとも，それに賭けることは最善ではない．それゆえ，印刷機の文字を無作為に配列する過程で，ある子供が突然ヴィルギリウスの『アエーネス』の最初の20行の詩を作ったのでない限り，勝つことはあり得ないという条件で，100万ポンドとか，王国に20スーとかを賭けるのは馬鹿げている．実際，人の一生のなかでは，ほんの一瞬，考えずに，この条件で王子が自分の国を賭けるような危険を冒すことはある．

　これらの意見は重要ではないように思われる．もしも人々がそのことで物事を無視するならば，確かに彼らはそうである．そして，我々が彼らの行為から効用を得るとすれば，希望と恐怖によって我々が筋道立てて考えるようになることである．例えば，雷鳴を聞いたとき，極端にギョッとする人たちがいる ―― もしも雷が彼らに神とか死とかを連想させるなら，

それは良いことである——人々はそれらの事柄について考えても，雷による死の危険であるならば，それは合理的なものでないことを悟らしめるのはたやすい．なぜなら，20万人の中でかかる死を遂げた人は極めて少ないので，それは運命というべきだろう．そして，変死することは滅多にあるものではないと言い得るだろう．それで災いの恐怖は災いの大きさのみならず，その事象の確からしさにも比例する筈であるから，またどんな種類の死も雷に打たれて死ぬ程珍しくないから，我々に恐怖心を抱かせることは滅多にない．特にこの恐怖は死を避けるのに何ら役に立たないから．」〔『論理学』IV部，XV 章〕

ここで注目すべきことは，「9倍も確からしい」とか「損失の確からしさは利得の確からしさに比例する筈だ」とか「災いの恐れは災いの大きさのみならず，その事象の確からしさに比例する筈だ」という表現である．アルノーの蓋然論がパスカルの影響なのか，それともその逆なのかは分からないが，パスカルの確率研究が 1654 年の夏に突如起こったものでもなさそうである．

14.9. 　分配問題（点の問題）を取扱うフェルマーの方法は，ある演技者の好都合な運（hasards）と，他の演技者の好都合な運を数えたにすぎない．パスカルは得点するごとに獲得する演技者の金額を求めた．ホイヘンスは見込み（勝ち目）を意味する演技者の偶運（フランス語の chance，オランダ語の kans）の値を使って推論した．そこには些かも<u>確からしさ</u>（probabilitas）という言葉は使われていない．偶運（chance）という<u>ランダムネス</u>と，臆断の属性たる<u>確からしさ</u>（probabilitas）とは，別々のものとして長い間論じられてきたことは，今まで見てきた通りである．分配問題は，偶運が事前に（a priori）分かっているという前提に立って論じられていたし，そのことに不快感なり疑念をもった数学者はいなかった．ゲームは公平なるべきこと，その仮説に基づき賭金は分配されるべきことは，問題そのものに内在していた．ところがアルノーは突然，<u>確からしさ</u>を偶運と結び付けた形の表現をしたことは注目さ

第3部　古典確率論の陣痛期

れる．パスカルはイエズス会の連中が蓋然説（probabilism）という言葉を使うことに対する嫌悪感から，確からしさという言葉を避けたものと思われる．アルノーがパスカルの賭金の分配問題をどの程度まで理解していたか分からないが，偶然ゲームと日常生活の現象の間の類似性を引き出すのに確からしさを用いた．

　さらにアルノーの『論理学』で特筆すべきは，ルネサンスの終わり頃，盛んに使用された徴候の概念が，新しく証拠の概念に進化していったことを，外的証拠（external evidence；証言の証拠）と内的証拠（internal evidence；事物の証拠）に区別したことである．後に，外的証拠の確率は主観的確率に，内的証拠の概念が客観的確率にと，ヤーノスが二面性をもつように，確率概念も二面性をもつ切っ掛けを作ったのも，アルノーであった．

＜参考文献＞─────────────────────

　パスカルの著作は

[1] 伊吹武彦・渡辺一夫・前田陽一監修『パスカル全集』（全3巻，人文書院，1959年）

[2] 松波信三郎・中村雄二郎訳『デカルト・パスカル』（世界文学大系，筑摩書房，1958年）

[3] 前田陽一訳『パスカル』（世界の名著24，中央公論社，1966年）

　を参考にした．ド・メレに関しては

[4] 渡辺一夫「シュヴァリエ・ド・メレについて」（『渡辺一夫著作集』第六巻，筑摩書房，1971年；377-390頁）

　を，パスカルの伝記については

[5] 野田又夫『パスカル』（岩波新書，1953年）

[6] von Hans Loeffel, *"Blaise Pascal"* (Vita Mathematica, No. 2；Birkhäuser, 1992年)

　を参考にした．パスカルとフェルマーの間の往復書簡については

[7] 武隈良一「パスカルとフェルマーの往復書簡」（「科学史研究」，No. 26, 1951年）

[8] O. Ore 'Pascal and the invention of probability' (Amer. Math. Monthly；67巻，

1960 年，409 - 419 頁）67 巻，1960 年，409 - 419 頁）

[9] O.B.Sheynin 'Early History of the theory of Probability'（Arch Hist.Exact Sci., 17 巻，1977 年，201 - 260 頁）

[9'] [9] の翻訳は，長岡一夫「確率論前史」（Biblio.Math.Statis.；25 号・1981 年）にある．

[10] L.E.Maistrov "*Probability Theory, A Historical Sketch*"（Acad.Press, 1974 年）

[11] トドハンター（安藤洋美訳）『確率論史』（現代数学社，1975 年）

[12] 安藤洋美『確率論の生い立ち』（現代数学社，1992 年）

[13] 武隈良一『数学史の周辺』（森北出版，1974 年）には本章に関係する内容が詳しく説明されている．パスカルの数学的帰納法の発見とその用法に関するものは

[14] N.L.Rabinovitch 'Rabbi Levi ben Gershon and the Origins of Mathematical Induction'（Archiv. Hist. Exact Sci.；6 巻，1970 年，237 - 248 頁）

[15] 中村幸四郎『近世数学の歴史』（日本評論社，1980 年，その II 部，第 4 章）

[16] 市倉宏裕「パスカルにおける確率概念と数学的帰納法の操作について」（専修大学人文論集，490 号，1992 年，1 - 36 頁）

[17] 市倉宏裕「パスカルにおける数学的帰納法とフェルマーにおける無限降下法の操作をめぐって」（専修大学人文論集，491 号，1992 年，1 - 31 頁）が詳しい．パスカルの算術三角形については

[18] 安藤洋美「パスカルの『算術三角形』」（「数学教育」No.162，1974 年 1 月；明治図書）

[19] A.W.F.Edwards "*Pascal's Arithmetical Triangle*"（Griffin, 1987 年）が参考になる．ホイヘンスに関しては

[20] オランダ科学学会編 "*Oeuvres completes de C.Huygens*"（Hartinus Nijhoff 社，1920 年）の第 I 巻，第 V 巻，第 XIV 巻が情報源のすべてである．邦語では

[21] 長岡一夫「ホイヘンスの確率論について」（科学史研究 II，21 巻，No.142，1982 年，87 - 97 頁）が詳しい．確率論の誕生にポール・ロワイアルの『論理学』がかかわっていることの指摘は [6] および

第 3 部　古典確率論の陣痛期

[22] Hilda Geiringer（安藤洋美訳）『確率・客観的確率論』（叢書ヒストリー・オヴ・アイディアズ，20 巻，平凡社，1987 年）

[23] Glenn Shafer 'Non−additive Probabilities in the Work of Bernoulli and Lambert'（Archiv. Hist. Exact Sci. 19 巷．1978 年，309−370 頁）に出ている．

校正中に次の 2 つの論文が発表された．それらはホイヘンスの確率論とその後の発展を取上げている．

[24] 吉田忠「C. ホイヘンス『運まかせゲームの計算について』」（「統計学」経済統計学会，88 号，2005 年 3 月）

[25] 吉田忠「17 世紀後半のオランダにおけるフランス確率論の展開」（京都橘大学紀要」32 号，2006 年 1 月）

第15章 死亡表と生命保険 (政治算術)

15.1. 死亡率の法則の研究史，生命保険計算の歴史は確率論との関係で重要であり，またそれが包摂する範囲も広いので，それだけを別に取り上げて研究してみるのも十分な価値がある．これらの題目は，元来，確率論と関係が深いが，今では数理科学の中で独立した分野（保険数学，人口理論など）を形成している．それゆえ，ここではその起源を辿ることに話をしぼることにしたい．

15.2. グーローの『確率論史』14頁によれば死亡法則はローマ時代に遡るという．現在社会のいろいろな問題に対する意識は，ローマ帝国においてほとんど芽生えていたと言って良い．保険もその例外ではない．アルプス以北に住むゲルマン民族と異なり，ローマ人はパンを主食とした．貧しい人々には国から無償で小麦粉が配給された．そのため，第4代皇帝**クラウディウス**は首都における穀物供給に意を用いた．冬季に食料を確保するため，植民地のスペインあたりから小麦をもってくる．万一暴風雨や海賊などのため船舶事故が起こると，輸入商人たちは大損害を蒙る．そうならないために，皇帝が万一の損失を肩代わりし，商人たちに一定の儲けを保証してやるという海上保険の考えを政策に取り入れた．一方，死は老若男女，貴賎を問わず必ずやってくる．そこに**生命の偶然性** (life contingency) が無視できなくなる．問題はまず財産相続に関して生じた．ファルキディアス法によれば法定相続

221

人以外に財産の 2/3 以上を遺贈すること
は禁止されていた．それで年金の形で毎
年財産を小分けして譲渡し，法の網をくぐ
ろうとする知恵者が出た．それで政府は
年金の原資を計算し，原資が財産の 2/3
以下なら法は守られていると考えた．贈
与年金額が一定なら，贈与する人間が何
年生き続け，年金を贈与し続けることがで
きるかによって原資は異なる．そこで，あ
る年令の人が後何年間生きられるか，つま
り**平均余命**（expectation of life）が求めら
れねばならなくなった．ローマの執政官
ウルピアヌス（Domitius Ulpianus；170?-

図 15.1　ウルピアヌス

228）は現存する最古の平均余命表を作った．それは以下に示す表である．こ
の表をウルピアヌスがどのように作成したかは不明である．

年令	平均余命	年令	平均余命	年令	平均余命
0〜20 才	30 年	41〜42 才	18 年	47〜48 才	12 年
20〜25	28	42〜43	17	48〜49	11
25〜30	25	43〜44	16	49〜50	10
30〜35	22	44〜45	15	50〜55	9
35〜40	20	45〜46	14	55〜60	7
40〜41	19	46〜47	13	60 以上	5

ウルピアヌスは有名な暴君カラカラ帝の政治顧問をしていたこと，ローマ
帝国はイエス・キリストの生存していた頃に遡って人口調査をしていたから，
ある種の人口データを参考にできる立場にいたと思われる．ウルピアヌス自
身はアレクサンドル・セヴェルス帝の治世下で暗殺され，あっけなくこの世を
去ったが，彼の平均余命表は 17 世紀まで，延々と引き継がれて使用されたと
いう事実こそ，驚くべきことである．

第 15 章　死亡表と生命保険（政治算術）

15.3.　確率論は古代には存在しなかったにもかかわらず，**海上保険**は存在した．先のクラウディウス帝の保証もその例であるが，実際にはもっと昔から**船舶抵当貸借** (bottomry) は行われていた．Bottom とは貨物船のことである．船舶抵当貸借が規定されたのは**デモステネスの契約**といわれるものである．アテナイからギリシャ各地への物資船送に際し，それは積み荷の購入に際し，年利率 0.225 〜 0.300 の割合で借金し，アテナイに帰港したとき 20 日以内に約定された金額を支払うというものである．従って，船足が遅いと利息も多くなるのである．ただし敵から攻撃されて船が荷物ごと沈没した場合は，借金は棒引きされるというものである．デモステネス（Demostenes; B.C.384-322）はアテナイの職業的法廷弁論家で反マケドニア闘争をし続けた人である．マケドニア軍がアテナイを占領してからは追い詰められて自殺した．古代ローマ法の集大成といわれる**ユスティニアヌス法典**（『ローマ法大全 (Corpus Juris)』）が 6 世紀に制定されて以後は，利率は上限 6 ％に抑えられた．

海上保険ばかりではなく，一般の貸借の場合の利率も 5 〜 6 ％に抑えられた．11 世紀半ば，東ローマ帝国は財政が悪化したので，財源を求めるため，官位を販売して収入を増やした．これは一種の国債発行である．官位を得たい人は毎年 1 の官位報酬を貰うため，値 20 の国債を買った．これは一種の**確定年金**である．年利率を i，現価率 $v = \dfrac{1}{1+i}$ とするとき，n 年間，毎年末 1 が支払われる年金の現価 $a_{\overline{n}|}$ は

$$a_{\overline{n}|} = v + v^2 + v^3 + \cdots + v^n$$
$$= \frac{v(1-v^n)}{1-v} = \frac{1-v^n}{i}$$

である．$0 < v < 1$ であるから，$n \to \infty$ のとき，$a_{\overline{n}|} \to 1/i$ となる．$i = 0.05$ とおくと，$a_{\overline{\infty}|} = 20$ となる．官位販売は形を変えた終身確定年金だった．ニケフェロスⅢ世（在位 1078-1081 年）のとき，官位保有者の報酬支払いが歳入の数倍に達し，支払いは停止された．この後，東ローマ帝国はなお 370 年続く（1453 年滅亡）のである．

223

第3部　古典確率論の陣痛期

15.4.　ウルピアヌスに次いで，目下の主題と関連する人物は**ジョン・グラント**（John Graunt；1620.4.24-1674.4.18）である．14世紀は天変地異の起こった世紀で，世界的に農作物の出来は悪く，飢饉の状態が長く続いた．そのため人々の病気に対する免疫力は低下したらしく，1347年10月シチリアに黒死病（ペスト）が侵入し，またたくうちに西欧全体に広がっていった．16世紀末に入るとドーバー海峡という天然の防護地帯も突破され，イングランドにも黒死病は侵入した．ロンドン市の年間死亡数の記録は1592年に始まり，1594年から1603年にかけて何回か中断したが，1603年の黒死病大発生を契機として，その年の12月29日以降，出生死亡の週報が毎木曜日に定期的に発行販売されるようになり，特にクリスマス前の木曜日には年間総括表（general bill）が公表されるようになった．価格は年間4シリングだった．

　「これらの記録が初めて企画されたとき，それはペストの流行状態を知らせるためだった．そして首都ロンドンの人口やその成長状態を知るという隠れた目的のため，これらの記録を役立てようと，まことに鋭敏聡明なグラント大尉が考えたのは，1662年になってのことだった．グラント自身の言葉を借りれば，彼以前の時代と同様，"週毎の死亡表をいつも受け取っている人々の殆どは，滅多にこれを利用しなかった．せいぜい次回の会合での話の材料になる程度だった．また，ペストが流行すれば，それがどのように広がり，どのように収まるかを見計らって，金持ちたちは疎開する必要があるかどうか考え，商人たちは各自どのように商売すれば良いかを考える程度であったろう"．グラントは自分の得た推論と一緒に，その推論の基になった統計表を公表することに随分気を使ったらしい．これを公表するとき，彼は自分を"鞭をもってきて間違うたびに鞭打つ世間（あの怒りっぽく気むづかし屋の先生）を前にして，自分の勉強してきたことを話す愚かな生徒"にたとえている程である．この後に続く多くの著述家たちは，こうした暴露により被らねばならない罰をこれ以上に恐れていると洩らしている．実際，彼らは自分たちの結論がどこから出てきたか，一切明らかにしていない．自分たちの出した結論に対する自信を犠

牲にする以外には，この矛盾から免れる道はなかったのである.」[ラボックとドリンクウォーター『確率について』44頁]

この研究によって，グラントは王立協会の一員に選ばれるという栄誉を受けた.（"自然現象および有用な技術のために，諸実験の保証によって，さらに前進されるべき王立協会"は，王政復古がなった1660年11月18日チャールズⅡ世により勅許状を与えられたばかりだった.）

図15.2　ジョン・グラント大尉　　図15.3　1665年の死亡表年間総括表の表紙

グーローは彼の『確率論史』の16頁の脚注でこう述べている.

「ジョン・グラントは幾何学に精通していなかったが，聡明で良識を備えた人だった．彼は『死亡表に関する‥‥自然的および政治的諸観察』と題する一種の政治算術論の中で，これらのさまざまな表を集計し，さらに（同，XI章）不体裁ではあるが，少なくとも独創的な計算として，一定数の人間が同時に健康に生まれたと想定した場合，各年令におけるこれらの

225

第3部　古典確率論の陣痛期

人間の死亡率がどうなるかを求めた.」

　1662年, ロンドンでも屈指の毛織商人であり, 訓練部隊(民兵隊の一種)の大尉でもあったグラントの研究は, **任意の規模の集団に対する統計的確率または経験的確率を求めた**ということである. 経験的確率(empirical probability)を求めるために, ある病気を他の病気と比較したり, ある年の現象と他の年の現象とを比較するためには, 危険に曝された人口[という母集団(population)]の概念が必要であることを自覚した最初の人がグラントである.

　17世紀の人口統計学者たちの間で,「どの年が最悪のペストの年だったか?」ということが若干論じられた. グラントは洗礼を受けた者と危険に曝された人口との比率をもって, それを判断した. 『**死亡表の……自然的および政治的諸観察**』[以下『諸観察』と略記する]の第4章(黒死病について)のデータに1665年のデータを追加すると, 次の表を得る.

年	埋葬数(A)	ペスト死亡数(B)	100B/A%	洗礼数(C)	100C/B%
1592	26,490人	11,503人	43	4,277人	37
1593	17,844	10,662	60	4,021	38
1603	38,244	30,561	80	4,784	12
1625	54,265	35,417	65	6,983	20
1636	23,359	10,460	45	9,522	92
1665	97,306	68,396	70	9,967	15

　この表からグラントは1603年が最悪のペストの年と結論づける. ペストの年には洗礼数が著しく低下することが暗示される. しかしこのことは, 人々が都市から避難したためか, それとも死の恐怖におののく時期に洗礼のため子供を教会に連れて行くことをためらったためか, はっきりしたことは分からない. ペストによる恐るべき死の効果が永続しないことは, ペストの翌年は洗礼数が正常に戻ることからも証明できる.

　ペストによる死亡が, 晩夏か初秋の週に集中する事実は, 初期の人口統計学者が一様に認めているところで, それを彼らは先占いした. ペストによる死亡数は年毎に分類されていた. グラントはそこで, ペスト死亡数が200を

超えることなく，しかも埋葬数がその前後よりも多い年を多病の年 (sickly year) と呼んだ．多病の年は 1618, 1620, 1623, 1624, 1632, 1633, 1634, 1649, 1652, 1654, 1656, 1658, 1661 の諸年であった．これらの年を列挙する目的は，多病の年が周期性をもって巡ってくるかどうかを調べたかったからだという［『諸観察』第 6 章，季節の多病性・・・］．さらに

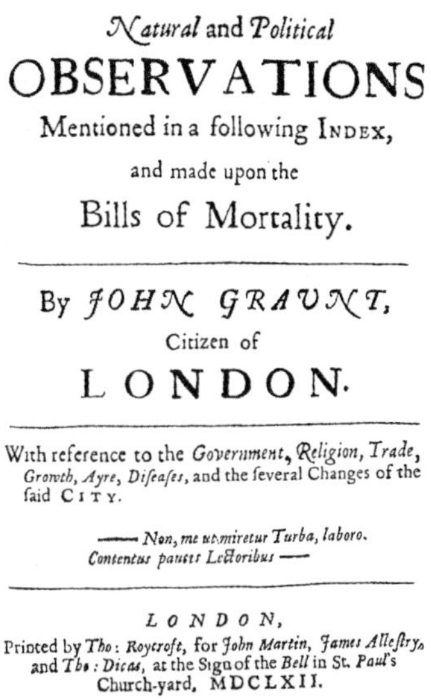

> 「この 1600 年という年について，迷信的だと思われたくないけれども，やはりこういうことを無視する訳にはいかない．それはこの年が，我々三つの国民に君臨する御位に王が復帰し給うた年であって，あたかも全能なる神が王の不在中に生じた流血および災害を救うために，この年を健康かつ多産ならしめたかのように思われたということである．思うにこの想像は，ペストの大流行が現王の支配に伴うものと考えている人々の見解に対し，有力な反証となるだろう．すなわち彼らは，そうした事実が今まで 2 度，1603 年と 1625 年にあったという理由でそのように考えるのである．しかし，王がその統治の権利を行使した 1648 年も，王がこの権利の実行を開始した 1660 年も，ともに優れて健康な年であった．そして，この事実は，王政ならびに現王室の双方を，扇動家たちの中傷的な臆説から払い清めるものである．」［『諸観察』第 6 章，4 節］

この仰々しい文章は王へのへつらい以外の何物でもない．しかし，ピュウリタンとして育てられ，クロムウェルの治世下では，その派の有力者だったことを考慮すれば，グラントとしては身の保全，家業の擁護のためにそうせざるを得なかったのではないかと思われる．

Natural and Political
OBSERVATIONS
Mentioned in a following INDEX,
and made upon the
Bills of Mortality.

By *JOHN GRAUNT,*
Citizen of
LONDON.

With reference to the *Government, Religion, Trade, Growth, Ayre, Diseases,* and the several Changes of the said CITY.

—— *Non, me ut miretur Turba, laboro.*
Contentus paucis Lectoribus ——

LONDON,
Printed by *Tho: Roycroft,* for *John Martin, James Allestry,* and *Tho: Dicas,* at the Sign of the Bell in St. Paul's Church-yard, MDCLXII.

図 15.4 『諸観察』初版の扉頁

第3部　古典確率論の陣痛期

15.5.
『諸観察』の第8章（男女の数の違いについて）で，彼は 1628 年から 1662 年の間，ロンドンでは男 139, 782 人，女 130, 866 人が洗礼を受けたと述べている．つまり，男女比は 14:13 である．

「一夫多妻を禁じるキリスト教は，それを容認するマホメット教などよりも，自然の法，すなわち神の法により適合する．けだし，法の上で1人の男が多数の女または妻をもつということは，同時に自然においても1人の男に対して多くの女がいるのでなければ，何の役にも立たないからである．

男が女に約 1/13 超過するということ……女より多数の男が非業の死を遂げる……多くの者が戦場に倒れ，奇禍に命を奪われ，海で溺死し，また司直の手により刑死するにもかかわらず‥‥上述の 1/13 の差のためにおのずから，一夫多妻を許容しないで，婦人がそれぞれ一人の夫をもち得ることになる．」[『諸観察』第8章，3節，4節]

グラントの性比の問題は以後熱っぽく論じられることになる．しかし，性比以上にグラントをして統計家と評価を高めたのは，当時のロンドン市の人口推算を3通りの異なる方法で行っていることである．この推算において，グラントは標本空間の概念を朧げながら自覚していたように思われる．

第一の推算．可孕年令の女 (teeming women) の数は出生数のほぼ2倍と考えられる．というのは，このような女が平均して2年に1人以上の子供を産むことは多分ないと思われるから．記録がよく取られている年について，出生数は埋葬数よりいくらか下回ることが分かった．近年の平均埋葬数は 13, 000，従って洗礼数は 12, 000 を超えない．それで可孕年令の女の数を 24, 000 と見積もる．可孕年令を 16 才から 40 才までとみれば，16 才から 76 才までの家庭の主婦は，それの2倍 48, 000 人と想像される．また，平均すれば1家庭内には8人（夫婦と子供3人，雇い人か居候者3人）として，それで $8 \times 2 \times 24, 000 = 384, 000$ 人である．

第二の推算．家庭数を推計する方法．ロンドン城内にいくつかの教区の統

第 15 章　死亡表と生命保険（政治算術）

計から年々 11 家族から 3 人の死者が出ることが分かっている．全部で 13,000 体の埋葬があるから，13,000 人 ÷ (3/11) 人／家庭 ≒ 48,000 家庭となる．

　第三の推算．地図により家庭数を推計する方法．1658 年発行のリチャード・ニューコートの測定によって描かれたロンドンの地図を取り上げる．どの家屋も前面が 20 フィートあるものと仮定し，100 平方ヤードの区画内に約 54 の家があると推測される．このような区画は城内に 220 区画もあるので，城内の家庭数は 54 × 220 = 11,880 と推察される．しかし，年間死亡数は，城内では約 3200，ロンドン全体で 13,000 だから，城内の住まいは全体の 1/4 である．従って，ロンドンでは 4 × 11,880 = 48,000 家庭がある．

　以上，3 通りの推算結果はすべて一致することは，当時としては驚異的なことだっただろう．

15.6.
グラントの『諸観察』の中で最も大きな歴史的興味がもてるのは，**生残表の作成**である．この表は『諸観察』の第 11 章の 9 節と 10 節に出てくる．彼は 1629 年から 1636 年まで，および 1647 年から 1658 年にかけての 20 年間にわたる死亡表を検討して，総死亡者数 229,250 人中，71,124 人が 4,5 才までの子供であること；疱瘡，水痘，麻疹の死者 12,210 人のうち半分は 6 才以下の子供；ペスト死亡者 16,384 人は通常の死亡とは違うので

$$(71,124 + 6,105)/(229,250 - 16,384) ≒ 0.36$$

となり，総出生数の約 36 ％が 6 才前に死ぬことになる．また，76 才以上まで生き延びる者はおそらく 1 人しかいないだろう（この根拠をグラントは示していない）．6 才と 76 才の間には 7 つの旬年があるから，6 才における生存者数

年令	100 人中生残数	グリーンウッドの計算
6 才	64 人	64 人
16	40	40
26	25	25
36	16	15
46	10	9
56	6	6
66	3	4
76	1	2
86	0	0

第3部　古典確率論の陣痛期

64 と，76 才以上生き延びる 1 人との間に 6 個の比例中項を挿入した．しかし，人は正確な比例関係で死ぬわけではないので，彼は若干補正してこの平均余命表を作った．

　この表に対して，1928 年**グリーンウッド**は初項 64，公比 0.62 の等比級数に近いと考えた．また**ウェスターガード**は 1932 年の『統計学史』の中で，前の旬年の生残数の 3／8 が次の旬年で死ぬように作成されていると述べている．

15.7.　　グラントの『諸観察』は「世界に与えた新しい光り」（ペテイ）だったが，それにしても彼の利用したデータは多くの欠陥を含んでいた．第一に，週の死亡表は各教区教会書記の報告に基づくが，彼らはこの仕事を入念にしたわけではなく，何週かは報告せずに別の週に一括して報告することもしばしばあった．第二に，死亡表はイギリス国教会の儀式により執行された洗礼だけを数えており，これ以外にも洗礼を受けさせられない多くの貧乏な人たちがいたこと．第三に，クエーカー教徒ら他の信仰を奉ずる人の埋葬数は数えられていないこと．第四に，教区で死んだ人は勘定されるが，どこか他の場所で埋葬された場合は除外されていたこと．第五に，国教会に属する多くの墓地（セント・ポール寺院やウェストミンスター修道院など）の埋葬者は数えられず，教区の共同墓地に埋葬されたものだけ数えられたこと，等である．

15.8.　　生命年金に関するものとして，2 人のオランダ人**ヤン・デ・ウィット**（Jan de Witt；1625.9.25-1672.8.20）と**ヤン・フッデ**（Jan Hudde；1628.5.23-1704.4.16）が登場する．彼らはいずれも若いころ，ライデン大学でスホーテンに教えられた数学者で，その後，政治の世界に進出した異色の人物である．

　オランダは元スペイン領，フェリペⅡ世統治のネーデルランド 17 州から分離独立した共和国である．この地の貴族オランニュ公ウィレムⅠ世は独立運動を指導した英傑だったが，志し半ばで暗殺され，弱冠 17 歳の息子マウリッ

第 15 章　死亡表と生命保険（政治算術）

ツに後事を託した．マウリッツは天才的な戦略家で勇敢に戦い，スペイン軍
を駆逐し 1609 年には事実上独立を勝ち取った．この 2 代にわたる戦功でオ
ランニュ公家は総督（Stadholder）として，世襲の準王権を握ったかに見えた．
しかし，ネーデルランド諸州は地方分権的傾向が強く，それらを中央集権化
し近代化しようとしたフェリペ II 世への抵抗が独立運動に転化した経緯から
見て，オランニュ公家と分権的連邦党とは鋭く対立するに至った．この対立
はさまざまな消長を繰り返したが，1650 年ウィレム II 世のクーデター失敗に
よる急死で，ホラント州を中心とするブルジョア政党たる連邦党が勝ち，公
家の軍隊は解散，各州が州兵を組織し，連邦議会（States General）が政治を
司った．この時期に議会が選んだ指導者がホラント州出身のヤン・デ・ウィッ
トだった．

　彼はライデン大学で法律を学んだが，数学にも秀でて，ヴァン・スホーテン
に『曲線の要素（Elementa Curvarum linearum）』と題する円錐曲線論の論
文を提出した．スホーテンはそれを自分の『数学演習』の中に採録している．
1653 年，デ・ウィットは 27 歳でホラント州主席代表（grand pensionary）と
なり，政治・経済・軍事・外交の全権を掌握した．彼の政策は商業資本家たちの
利益を擁護し代弁する**重商主義**だったので，当然イギリスやフランスと利害
が対立する立場にあった．オランダが清教徒革命によるイギリスの内紛に漁
夫の利を占め，世界貿易の掌握を決定的にしたことから，英蘭両国は衝突し
た．1651 年と 1663 年，1672 年の航海条例の強化の度ごとに両国は戦争を行っ
た．

　第一次英蘭戦争(1652-54)は 4 分 6 でオランダの負けだったが，クロムウェ
ルのお蔭で和睦がなった．第二次英蘭戦争（1664 − 67）は 1665 年の黒死病
流行と翌年のロンドン大火に加え，財政難から英艦隊の行動が制約されて英
国は負けた．その頃**コルベール**の政策で経済力のついたフランスは最大の陸
軍を擁して，虎視眈々と侵略の機会を伺っていた．デ・ウィットは防衛費用の
捻出のため，国債を生命年金の形で募集すること，英蘭瑞三国同盟を結んで
フランスを牽制すること等，内政外交両面にわたって努力した．しかし，旧
教の強い影響下にあったチャールズ II 世は，従兄のルイ XIV 世と密約し，対蘭

231

第3部　古典確率論の陣痛期

図15.5　ヤン・フッデ

図15.6　ヤン・デ・ウィット

戦争の準備を始めた．そんな政治的背景の下に，デ・ウィットは1671年4月25日連邦議会に生命年金売り出しの提案をした．数人の議員の要請により議案は印刷配布されて，同年7月30日提案は可決された．

その前文は以下の通りである．

「気高き，権威ある議員諸公！ホラント・フリースラント西部連邦のように行政の範囲が非常に広い場合，何回も諸公にご説明したのでお分かりと思いますが，生命年金により基金を得ることは，より良い方策であります．といいますのも，償還年金で終身利息を受け取るよりも，その性質上確実に期限が短いのです．そして経済学にご理解があり，財産を殖やすために余剰金をうまく運用したいと思っておられる個々のご家庭にとり，生命年金に投資されることは，償還年金を買ったり，年利4％で貯金されるよりも有利なのです．上述の生命年金は16年購入で売られていますから，25年購入の償還年金より，事実上率としては有利なのです．結論としまして，私は諸公に敬意を表しつつ，自分の仮説が正しいことの証明を行い，案の決定をいただきたいのです．また，その証明を書き留めたものを配布して，本会の何人かの諸公から出ています希望に沿いたいと思います．確実な基礎に基づく証明は，以下の通りです．」

232

ここで**購入年数** (years purchase) という術語は，土地の年収益（年地代）を基礎に地価を算定する一種の係数として，イギリスで16世紀後半から用いられてきたが，この頃には

　　　購入年数＝1／利子率

と解釈されていたと考えてよい．

デ・ウィットの時代，利率は4％が相場で，償還年数の購入年数は25年となっていた．同じ資本で生命年金を購入すれば，購入者が得をするには何年購入で売り出すべきか？これがデ・ウィットの問題提起だった．

彼は3つの仮定をおいた．**第一の仮定は同じチャンスは同じ契約から生ずる**ということ．

第二の仮定は，ある年令の人が1年の前半で死ぬチャンスと後半で死ぬチャンスは同等であること．

第三の仮定はデ・ウィットの死亡法則である．つまり，人間が活力のある期間は3才から53才までとし，現代風にいうと

(1) 4才の人が128人いて，半年ごとに1人ずつ死んでいき，54才で28人生存する（半年ごとに死ぬチャンスは1）．

(2) 54才から63才までの10年間は，9ヶ月に1人の割合で死ぬ．それで64才の時に14人と2/3人が生存する（半年ごとに死ぬチャンスは2/3）．

(3) その後の10年間は，半年ごとに1/2人ずつ死ぬ．それで，74才の時に4人と2/3人生存する（半年ごとに死ぬチャンスは1/2）．

(4) 74才以後は半年ごとに1/3人ずつ死ぬ．それで，7年経過すると全員死んでしまう（半年ごとに死ぬチャンスは1/3）．

図15.7　デ・ウィットが議会に提出した冊子の表紙

第3部　古典確率論の陣痛期

　3つの仮定の後に命題が3つくる．**第一命題**はチャンスの値が等しいときの金額の平均値の求め方を述べる．つまり，金額 x_1, x_2, $\cdots$, x_n が同等のチャンスをもっているならば，このチャンスに宛てがわれる値は

$$\frac{x_1 + x_2 + \cdots + x_n}{n}$$

であることを述べているが，証明は煩わしい程くどい．**第二命題**はチャンスの数が不等なときの金額の平均値，つまり加重平均の求め方を説明する．金額 x_1, x_2, $\cdots$, x_n がそれぞれチャンス p_1, p_2, $\cdots$, p_n をもっているならば，これらのチャンスに宛てがわれる値は

$$\frac{p_1 x_1 + p_2 x_2 + \cdots + p_n x_n}{p_1 + p_2 + \cdots + p_n}$$

である．**第三命題**は第二命題のチャンスが死亡確率の場合にも適用できることの説明である．

　ヤン・デ・ウィットの死亡法則では，第一の期間の数は100，第二と第三の期間はそれぞれ20，第四の期間は14であるから，すべてのチャンスの和は

$$100 \times 1 + 20 \times \frac{2}{3} + 20 \times \frac{1}{2} + 14 \times \frac{1}{3} = 128$$

となる．さて，年金は半年の期末に1（フローリン）ずつ支払われるとする．$(t+1)$ 期に死んだ人は，t 期末までの支払いは済んでおり，その支払額の現価は

$$a_{\overline{t}|} = \sum_{k=1}^{t} (1+i)^{-k} \quad ; \quad \text{ただし } 1+i = \sqrt{1.04}$$

によって与えられる．デ・ウィットは書記官2人を使って $a_{\overline{t}|}$ を計算させた．そして，$t=1$ から $t=200$ までの a_t の値（計算値は $10^8 a_{\overline{t}|}$）の数表を掲載している．

　$t=1$ から $t=99$ までのチャンスはそれぞれ1，$t=100$ から $t=119$ までのチャンスはそれぞれ2/3，$t=120$ から $t=139$ までのチャンスはそれぞれ1/2，$t=140$ から $t=153$ までのチャンスはそれぞれ1/3であるから

$$E\{a_{\overline{t}|}\} = \left[\sum_{t=1}^{99} a_{\overline{t}|} + \frac{2}{3} \sum_{t=100}^{119} a_{\overline{t}|} + \frac{1}{2} \sum_{t=120}^{139} a_{\overline{t}|} + \frac{1}{3} \sum_{t=140}^{153} a_{\overline{t}|}\right]/128$$
$$= 16.00167$$

であることが，デ・ウィットが議会に提案したものだった．これにより政府の売り出す生命年金が16年購入であり，4％の利息付きの貯金より有利だというのである．

デ・ウィットの報告は直ちにフッデの手元に送られ，彼の署名入りの賛成意見によって評判になった．ここに我々は**アクチュアリ学**（保険数学）の誕生を見るのである．

この年金案が議会を通ってから1年後の1672年6月，突如フランス軍20万が怒涛のごとくオランダに侵入した．これを迎え撃つオランダ軍は3万，不意をつかれ，ホラント州を除く諸州はフランス軍に蹂躙された．この事態に群衆はウィットの責任を糾弾し，結局彼はオランニュ公支持派によって虐殺され，死体は切り刻まれた．カール・マルクスはデ・ウィットを愛国者と称えているが，パーカーは党利党略と私利私欲に走り国益に無頓着な人物と，評価は真っ二つに割れている．

ライプニッツは長い間，デ・ウィットの冊子を入手しようと努力したが，うまくいかなかったらしい．

15.9.

グラントの考え方や研究方法は**ウイリアム・ペテイ**（William Petty；1623.5.26-1687.12.16）に受け継がれた．彼の著『**政治算術**（Political Arithmetick）』は，後にイングランドでは統計学のことを政治算術と呼ぶ程，影響力をもった．フランス原版の『百科全書』の'政治算術'の項目に，彼の著作について説明がされている．この項目は『百科全書（事項別配列）（Encyclopédie Méthodique）』にも収録されている．グーローは『確率論史』の16頁の脚注で

「いろいろな政治経済論のなかで，グラント以後について言えば，ペティ

が——実際上,判断よりも想像の方が多く含まれているが——1682年から1687年にかけて,この種の研究に専心していた」

と述べている.

図15.8 『政治算術』の扉頁　　　図15.9　ウィリアム・ペティ卿

ペティは若い頃オランダに留学し,医学を学んだ.クロムウェルの熱心な支持者として,その引きでアイルランド討伐軍の軍医として従軍し,その地で広大な土地を手に入れ,不在地主として富を得た.要領がよかったのか,チャールズⅡ世にも寵愛され,1661年 Sir の称号を与えられ,王立協会会員にも推挙された.彼はグラントの友人であり,一時『諸観察』の著者はペティではないかとの説も流れた程である.1671年から76年にかけて,フランスは大国だが小国のオランダやイギリスを凌駕できないことを論証するため『政治算術』を書いたが,これが出版されたのは1690年のことであった.この本で重要な点は

> 「私の採用する方法は……単に比較級や最上級の言葉を使い，また理知的
> な説明をする代わりに，言わんとすることを数（Number）と重量（Weight）
> と測度（Measure）によって表現する方法に依拠する」[『政治算術』序言]

ことだった．

『政治算術』の執筆後の 1686 年頃，彼は人口について，特に人口倍加に要
する年月の算出に取り組んだ．1686 年 12 月に王立協会で読み，翌年『**政治算
術における 5 つの論説**（Five Essays in Political Arithmetic）』と題して出版
された論文の中で，ロンドンの戸数の増加率の計算をしている．方法はグラ
ントの推算とよく似ている．1666 年のロンドン大火はグラントの生活基盤を
根底から覆し，以後彼はその打撃から立ち直れず，世間から見捨てられた．そ
んな忌まわしい大火から，ペティは

（消失区域の死亡者数）/（死亡者総数）= 1/5，焼失戸数 = 13,200，

（1666 年の死亡者総数）/（1686 年の死亡者総数）= 3/4

から

$$1686 \text{ 年の戸数} = 13{,}200 \times 5 \times 4/3 = 88{,}000\,;$$

一方，1686 年発行のロンドン市街図では 84,000 軒，従って 4 年間の増加率
は 5 ％と算出した．そして 20 年後にはおよそ 30 ％増加するだろうと推測し
た．それは単純な比例計算を行ったに過ぎない．実際には $(1.05)^{x/4} = 2$ を満
たす x は 58 である．

15.10.

次に検討せねばならないのは，天文学者**ハレー**（Edmund
Halley；1656.11.8–1742.1.14）の論文 『**プレスラウ市の興味ある出生・死亡
表から引き出された人類死亡率の推定，あわせて終身年金の代価決定の試み**』
である．

この論文は王立協会の雑誌「哲学会報」（1693 年，17 巻，596–610 頁）に掲
載された．

この論文が終身年金の代価に関する正しい理論の基礎を築いたものとして

有名である．ハレーはロンドンとダブリンで発行されていた死亡表に言及している．しかしながら，これらの表は，それから正確な計算を引き出すには不適当なものだった．

「まず第一に，その表には人口総数が示されていない．次に，死亡年令が示されていない．最後に，ロンドンでもダブリンでも，他所から移住してきてそこで死んでいく者が急速に増加しており，その増加も偶然的だったために（これは死亡についても出生についても言えることであるが，出生より死亡の方が顕著だった），この2つの町を標準にすることはできない．この目的のため，もし可能なら，私たちの研究対象とする人々にとって，全く移動せず，生まれた所で死に，また外部からの移住による偶発的人口増加も，どこか他所へ移住することによって町が衰微して行くこともないような状態が必要なのである．」

図15.10　エドマンド・ハレー　　　図15.11　「哲学会報」のハレーの論文596頁

そのような条件を満たす静態的な都市として，中部ドイツのブレスラウ（現在のブロツラフ）が選ばれた．

ハレーは1687, 88, 90, 91年の数年間にわたるブレスラウ市の死亡表のなかに，満足し得るデータを見出したと述べている．この死亡表は

「(恐らくハレーの要請で) ブレスラウ市の学識ある哲学者**ノイマン**
(Kasper Neumann；1648.9.14–1715.1.27) が，ドイツ哲学者協会書記
のジャステル (Henry Justell) を通して王立協会に届けたものである．
王立協会の記録保管所には，この元の記録の原本が保存されていると思
われる．」[ラボック・ドリンクウォーターの『確率論』45頁]

　ブレスラウ市の死亡表は公表されなかったらしい．ハレーもただ，彼がそ
こから推論を下した元の表については，ごく簡単に触れているに過ぎない．ハ
レーの示した表は次のようなものである．

　左側の数は年令，右側の数は年令に対応する生存者数である．この表の意
味については，我々は説明する自信がない．モンチュクラは，1000人中855
人が1才になるまで生き，さらにそのうちの798人が2才になるまで生き
……等々だと理解した [モンチュクラ，408頁]．ダニエル・ベルヌイは，生ま
れた赤子の数が示されていないが，1000人が1才まで生き，そのうち855人
が2才まで生き……等々と理解している [パリ・アカデミー紀要，1760年]．

Age. Curt.	Perfons	Age. Curt.	Perfons	Age. Curt.	Perfons	Age. Curt.	Perfons	Age. Curt.	Perfons	Age. Curt.	Perfons	Age.	Perfons.
1	1000	8	680	15	628	22	585	29	539	36	481	7	5547
2	855	9	670	16	622	23	579	30	531	37	472	14	4584
3	798	10	661	17	616	24	573	31	523	38	463	21	4270
4	760	11	653	18	610	25	567	32	515	39	454	28	3964
5	732	12	646	19	604	26	560	33	507	40	445	35	3604
6	710	13	640	20	598	27	553	34	499	41	436	42	3178
7	692	14	634	21	592	28	546	35	490	42	427	49	2709
												56	2194
												63	1694
												70	1204

Age. Curt.	Perfons	Age. Curt.	Perfons	Age. Curt.	Perfons	Age. Curt.	Perfons	Age. Curt.	Perfons	Age. Curt.	Perfons	Age.	Perfons.
43	417	50	346	57	272	64	202	71	131	78	58	77	692
44	407	51	335	58	262	65	192	72	120	79	49	84	253
45	397	52	324	59	252	66	182	73	109	80	41	100	107
46	387	53	313	60	242	67	172	74	98	81	34		
47	377	54	302	61	232	68	162	75	88	82	28	34000	
48	367	55	292	62	222	69	152	76	78	83	23		
49	357	56	282	63	212	70	142	77	68	84	20	Sum Total.	

図15.12　ハレーのブレスラウ死亡表

　次に，ハレーはこの表をどのように年金計算に利用するかを示している．
ある人の終身年金の代価を算定するために，この表から n 年後にこの人が生
存している可能性を出して，n 年後に支払われるべき年金の現価に，この可
能性を掛ける．それから $n = 1$ から，この人の生き得る最高年令までのすべ

第3部　古典確率論の陣痛期

ての n について，上のような手続きで得た結果を総計する．ハレーは「確かにこれは面倒な計算になるだろう」と言っている．彼は 5 才刻みで 70 才までの年金代価表を作成している．それが以下の表である．

Age.	Years Purchase.	Age.	Years Purchase.	Age.	Years Purchase.
1	10,28	25	12,27	50	9,21
5	13,40	30	11,72	55	8,51
10	13,44	35	11,12	60	7,60
15	13,33	40	10,57	65	6,54
20	12,78	45	9,91	70	5,32

図 15.13　ハレーの年金代価表

ハレーは連生年金も幾何学的に考察している．

15.11.　ホイヘンスの弟**ロデウェイク・ホイヘンス** (Lodewijk Huygens；1631–1699) も死亡表を研究した．これは 1895 年『クリスティアン・ホイヘンス全集』第VI巻が出版されて明るみに出たものである．グラントの『諸観察』は 1662 年 3 月王立協会会員**マレー** (Sir Robert Murray；1608?–1673.7.4) によってクリスティアン・ホイヘンスに送られた．クロムウェル統治下で，マレーはスコットランドとフランスの間を往復して，王朝復活に暗躍した貴族の一人なので当時パリを訪れたホイヘンスと何らかの接触があったものと思われる．ホイヘンスはグラントの非凡さを称えた礼状をマレーに出しているが，これは外交辞令で，実際にはグラントが算術しか使っていないので大した価値はないと判断し，弟のロデウェイクにその本を渡し，暫くしてそのことも忘れてしまったようである．1669 年 8 月 22 日付けのロドウェイクからクリスティアンへの書簡の中で，グラントの表に基づいて所与の年令の人の残りの寿命の表を作ったこと，この寿命表は生命年金現価の計算に使用されること，兄さんは今 40 才だから後 16.5 年生きるだろうし，自分は 55 才まで生きるだろうということを書いている．1669 年 8 月 22 日付けの書簡でホ

第 15 章　死亡表と生命保険（政治算術）

イヘンスは弟ロデウェイクに冷淡な返事を出し，正確な結果を出すには各年今別の死亡数を利用した生命表が必要だと強調し，16 才の人が 36 才まで生きることの勝ち目は 4:3 だろうと述べている．

　1669 年 10 月 30 日ハーグから兄に宛てたロデウィエクの書簡には，計算法が提示されている．現代記法で書くと，x 才で死亡する人数 $= d_x$，d_x 人の死者の各々の平均寿命を t_x，平均死亡年令を $\bar{t}_x$ で表すと

$$\bar{t}_x = \sum_{i=x}^{76} t_i d_i \div \sum_{i=x}^{76} d_i, \ (i, \ x = 0, \ 6, \ 16, \ 26, \ \cdots, \ 76)$$

　平均寿命　$\bar{e}_x = \bar{t}_x - x$

と定義し，これらの値を計算したものを表示すると，以下の表になる．

年令 x	死亡数 d_x	生存率 l_x	年令区間 の中央値 t_x	$t_x d_x$	下の数字か らの $t_x d_x$ の累積	$\bar{t}_x$	平均余命 $\bar{e}_x$
0	36	100	3	108	1822	18.22	18.22
6	24	64	11	264	1714	26.78	20.78
16	15	40	21	315	1450	36.25	20.25
26	9	25	31	279	1135	45.40	19.40
36	6	16	41	246	856	53.50	17.50
46	4	10	51	204	610	61.00	15.00
56	3	6	61	183	406	67.67	11.67
66	2	3	71	142	223	74.33	8.33
76	1	1	81	81	81	81.00	5.00

　ロデウェイクは $t_x d_x$ と $\bar{e}_x$ の欄の数字を提示しただけだった．1662 年 11 月 12 日付けの書簡でホイヘンスは弟に宛て，上記の表の求め方には原則的に賛意を表し，さらに付録を 2 編つけて計算法の説明をしており，それらを要約すると上表のようになる．**当時確率計算で使える語彙は賭博の語彙だった．**それでクリスティアンは生命表を 100 枚の札からなる籤と見なし，36 枚の札には値 3 を，24 枚の札には値 11 を，……を宛てがうというように考えた．公平な人生ゲームでは，例えば 16 才の人が 36 才までに死ぬことと，36 才以後に死ぬことに賭ける勝ち目は 24:16 = 3:2 だという確率的解釈を加えた．現

241

代風に云うと，x 才の人の生存数を l_x 人と書くと，x 才の人が後1年生きる確率は
$$_tp_x = l_{x+1}/l_x \; ;$$
そうでない確率は
$$_tq_x = 1 - {}_tp_x = (l_x - l_{x+1})/l_x$$
で，ホイヘンスの勝ち目は
$$_tq_x/{}_tp_x = (l_x - l_{x+1})/l_{x+1}$$
を求めたものである．さらにホイヘンスは
$$l_{x+t} = l_x/2$$
となる t の値，現在 x 才の人たちが何年で半減するかを求めている．新生児が半減する時間を**中位数残存寿命**（median remaining lifetime）とか**蓋然寿命**（probable lifetime）と呼ぶ．この値を求めるために，ホイヘンスは近代的なグラフの最初のもの，つまり一種の分布関数のグラフを添えて，それによって半減期を求めている．グラフから新生児の蓋然寿命は11才であり，平均寿命は $\sum t_x d_x \div 100 = 18.22$ 年であることが分かる．

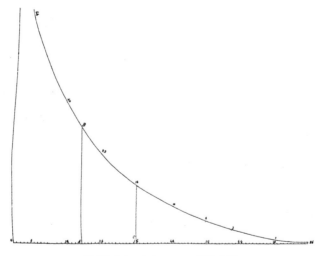

図15.14 ホイヘンスの死亡曲線

同じ付録の中で，ホイヘンスは2人の人 $(x), (y)$ のそれぞれの余命を

第 15 章　死亡表と生命保険（政治算術）

$T_x,\ T_y$ とし，$T = \max\{T_x,\ T_y\}$ の期待値を求める．彼は

$$T_x = t \text{ のとき，} T_y \leqq t \text{ ならば } T = t\ ;$$

$$T_y > t \text{ ならば } T = T_y$$

であると決める条件付き推論を使用した．例えば，$(x),\ (y)$ ともに 16 才とし，$T_x = 15$ とすると，(x) は 26 才から 36 才までの間で死ぬ．それで，ロデウェイクの死亡表から

T_y	5	15	25	35	45	55	65
d_x	15	9	6	4	3	2	1

$T_x = T_y = 15$ の場合のみ困難が生ずる．10 年間の死亡法則は，一様分布に従っているとすると，$T_y \leqq 15$ に対しては 4.5 通り，$16 \leqq T_y \leqq 20$ に対してほ 4.5 通りと考え，中点を取って $T_y = 18$ のとき 4.5 通りと決める．$T_y \geqq 25$ に対しては，考察される 16 通りに対し，ロデウェイクの表から平均死亡年令 53.50 才から 16 才を引いて 37.50 年と丸めてしまう．すると T の分布は

T	15	18	37. 5
死亡数 d	19.5	4.5	16

となり

$$E\{T\,|\,T_x = 15\} = (15 \times 19.5 + 18 \times 4.5 + 37.5 \times 16)/(19.5 + 4.5 + 16)$$

$$= 973.5/40 = 24.33 \text{ 年}$$

となる．このような方法を使って，ホイヘンスは T_x の値をいろいろ変えたときの条件付期待値を計算し，列挙している．それらは括めて下表のようになる．

$T_x = t_x - 16$	5	15	25	35	45	55	65
$E\{T\,|\,T_x = t_x - 16\}$	20.3	24.3	30.2	37.6	46.1	55.3	65.0
d_x	6	4	3	2	1	0	

それで，$E(T) = 29.22$ 年と計算される．

243

第 3 部　古典確率論の陣痛期

　生命の平均生存期間に関するホイヘンス兄弟の研究は極めて本質的なものである．

15.12.　　1671 年**フッデ**はアムステルダムの市長を辞め，市会議員として市政に参加していたらしい．彼は 1669 年のホイヘンス兄弟の平均余命に関する往復書簡の内容を知っていたらしい．州議会にヤン・デ・ウィットの生命年金の議案が提出されて暫くして，フッデのもとに議案の冊子が送られてきた．3 週間後ウィットはホイヘンスにも冊子を送っている．そんなことで，フッデとデ・ウィットの間に何回か書簡が交わされた．現在残っているのは，デ・ウィットからフッデ宛の 6 通で，**ヘンドリックス**（Frederick Hendriks）の『**保険の歴史に対する貢献**』（「保険学雑誌」2 巻）に出ている．それらは 1671 年 8 月 2 日から同年 10 月 27 日までの期間のものである．フッデからデ・ウィットに宛てた書簡は見つかっていない．

　これらの書簡から，デ・ウィットとフッデの間で，(1) 年金購入者に関するデータから推定される年金現価，(2) 年金購入者の死亡率，(3) 連生年金の計算の 3 つの問題が論じられた．フッデはアムステルダム戸籍登記所の戸籍簿から 1495 人の年金購入者の購入時年令（1586-90 年）と死亡年令を調べ，購入時 10 才未満の人の現価は 17．6 フローリン（18 年購入）と計算した．デ・ウィットもハーグの戸籍簿から，それを 17．9 フローリンと算定した．また，連生年金は 20.77 フローリン（21 年購入）と計算した．

15.13.　　年金保険制度は 15 世紀に「慈善による救済（Montes pietatis）」として存在し，教会による貸付け金庫のようなものであった．ところが 17 世紀に入ると，欠乏した国家財政の救済のため年金が考案された．考案者は頓知のあるナポリ生まれの**トンチ**（Lorenzo Tonti；1630-1695）である．1644 年フランスに移住したトンチは枢機卿**マザラン**（Jules Mazarin；1602.7.12-1661.3.19）に取り入った．マザランは国の財政を借入金で賄

第15章　死亡表と生命保険（政治算術）

おうと考え，トンチにその案を作らせた．トンチの案は，まず2500万リーブルの元本を集め，それに対して国家の歳入から年102.5万リーブルの利息を支払う．これは元本に対し年4.1％の利息にあたる．元本を支払った人は10組に分けられる．その分け方は7才間隔にして，63才までを9組に，63才以上を1つの組に入れる．各組に対して10.25万リーブルずつの利息を支払い，組の元本総額に達するまで利息は払い続けられる．この利息は生残組

図15.15　ローレンツォ・トンチ

員によって分配されるが，1人あたりの分配額は組ごとに違う．というのは2500リーブルの元本が各組均等になっていないからである．若年令組の元本は高年令組の元本より多く，利率は逆に若年令組の方が高年令組より低くなる．このように毎年利息を払って行くと，各組で一番最後まで生き残った人は10.25万リーブルを独り占めできる．そして彼が死ぬと政府はその組への利息の支払いを停止し，政府の手元に元本が残る．しかし，この提案は国王ルイXIV世の裁可を得たが，1653年国会で否決された．

　トンチは落胆せず，次に大規模な福引（Blanque）を提案した．1枚2ルイで5万枚の札を売り，そのうちの半分を賞金として返し，1等賞は3万リーブルを支払うというものだった．しかし，この案も拒絶された．トンチの企画がフランスで受け入れられたのは1689年のことだった．

　トンチがマザランにトンチン年金の提案をする少し前，オランダを旅した彼は，アムステルダムでデンマークの通信大臣**クリンゲンベルク**（Paul Klingenberg；1615-1690）と会い，トンチン年金の構想を話した．クリンゲンベルクはデンマーク王フレデリックII世の賛同のもと，トンチン年金を議会に提案したが，また拒否された．

　1671年アムステルダム市は5万フローリンの借入のため，トンチン年金を

245

第 3 部　古典確率論の陣痛期

発売した．1 口 250 フローリン，200 口に分け，8 ％の利息付きの条件で，183
人が購入した．5 年後に購入者は 11 人が死んだに過ぎず，40 年後に半分に
減り，67 年後にはまだ 20 人生存していて，最悪の場合 90 年以上も利子の
支払いが続くことも茶飯事だった．この年金を**単純トンチン**（Das einfache
Tontine）という．その後，トンチン年金はいろいろな形が工夫された．ト
ンチン年金と比較してみると，デ・ウィットの生命年金の現価は安く，多数の
人々が購入できるという大衆性をもっていたことが分かる．

　それにしても，**年金が福祉政策から考案されたものでなく，大衆収奪の手
段として考案された**という出発点の理念は，現在でも記憶されるべき価値は
あろうと思う．

<参考文献>

[1] Charles Gouraud "*Histoire du Calcule des Probabilités depuis ses Origines
jusqu'a nos jours*"（Librairie D' Auguste Durand, 1848 年）
と，65 頁の小冊子ながら辛みのきいた

[2] John William Lubbck & John Elliot Drinkwater "*On Probability*"（Library
of Useful Knowledge；1830 年）
の 41 頁から 53 頁までは確率論史が書かれていて，本章に関係するものも簡潔に
書かれている．ローマ帝国における保険に関しては

[3] スエトニウス（国原吉之助訳）『ローマ皇帝伝』（下巻）（岩波文庫，1986 年）
に少し情報が書かれている．全般的な生命保険史は

[4] Terence O' Donnel "*History of Life Insurance in its formative Years*"
（American Conservation Company, 1936 年）
が詳しい．グラントやペティの情報は

[5] Charles Henry Hull "*The Economic Writings of Sir William Petty*"
（A.M.Kelley；1986 年；2 vols, in one）
から得られる．この『ペティ全集』にはグラントの『諸観察』も掲載されている．
グラントの『諸観察』の復刻版は

[6] Peter Laslett 序 "*The Earliest Classics；J.Graunt & G.King*"（Gregg

第 15 章　死亡表と生命保険（政治算術）

International Publishers, 1973 年;"*Pioneers of Demography*" の第 I 巻)
である．翻訳では

[7] 久留間鮫造訳『グラント，死亡表に関する自然的・政治的諸観察』(栗田書店;
1941 年)

[8] 大内兵衛訳『ペテイ，政治算術』(栗田書店;1941 年)
がある．ペティに関する徹底した研究には

[9] 松川七郎『ウイリアム・ペティ』(増補版;1967 年;岩波)
がある．政治算術の数理を取り上げたものは

[10] Karl Pearson "*The History of Statistics in the 17th&18th Centuries
against the changing background of intellectual, scientific and religious
thought*" (Charles　Griffin;1976 年)
の第 II 章がある．ヤン・デ・ウィットの生命年金の小冊子の復刻版は

[11] B.L.van der Waerden 編 "*Dir Werke von Jakob Bernoulli*" (Band III;1975
年;Birkhauser)
に載っている．ヤン・デ・ウィットやフッデの情報は

[12] F.Hendricks 'Contributions to the History of Insurance, and of the Theory
of Life Contingency, with a Restoration of the Pensionary De Witt' s Treatise
on Life Annuities' (The Assurance Mag.2 巻, 1852 年;121−258 頁;221−257 頁;
3 巻, 93−120 頁;1851 〜 1852 年)
が英語で読める最も古い文献である．この論文はローマ時代からデ・ウィットまで
の歴史叙述である．日本語では

[13] 浅谷輝男『生命保険の歴史』(四季社, 1957 年)
が参考になる．特に，トンチン年金に詳しい記述が見られる．ハレーの死亡表に
ついて復刻版は

[14] James H.Cassedy "*Mortality in Pre-industrial Times.The Comtenporary
Verdict*" (Gregg Inter. Pub. 1973 年)
にある．ハレーの死亡表の諸研究に関して

[15] V . ョーン（足利末男訳）『統計学史』(有斐閣;1956 年)
が詳しい．ホイヘンス兄弟の書簡は

[16] オランダ科学学会編『ホイヘンス全集』(第 VI 巻;1669 年の書簡 No. 1755;
No. 1756;No. 1771;No. 1772;No. 1776;No. 1777;No. 1778;No. 1781)

247

第3部　古典確率論の陣痛期

に掲載されている．また

[17]Carl B. Boyer'Note on an early Graph of Statistical Data'(Isis, 37 巻；1947 年；147-149 頁)

〔18〕Colin White；Robert J.Hardy 'Huygens' Graph of Graunt' s Data, (Isis, 61 巻，1970 年；107-108 真)

[19] Anders Hald *A History of Probability and Statistics and their Applications for 1750*" (John Wiley, 1990 年)
の第 7, 8, 9 章は本章の執筆に大いに参考になった．最後に

[20] 内海健寿「ジョン・グラントの思想の包括牲——ピューリタンとローマ・カソリック」(統計学, 54 巻；1988 年 4 月, 68-79 頁)
はグラントの意外な人間性が描き出されている．

ウルピアヌスについては

[21] 塩野七生『ローマ人の物語XII, 迷走する帝国』(新潮社, 2003 年) 79-89 頁
にその生涯が述べられている．

第16章 17世紀後半の諸研究

16.1. **ジュアン・カラムエル**（Juan Caramuel Y Lobkowitz；1606.5. 23-1682.9.7）という名のスペイン生まれのボヘミア人で，シトー修道会士がいる．彼はアルカラで勉強し，ルーヴァンで神学の学位を取り，法王アレクサンドルⅦ世によってカンパーニュ地方の司教に任命され，終世その地位にあった．1670年カラムエルは『**新旧，二つの数学**（Mathesis biceps；Vetus et nova）』と題する数学書を出版した．この本の中に，組合せとサイコロ遊び，運を伴うゲームに関する説明があるが，詳しくはトドハンターの『確率論史』第6章を参照してほしい．

16.2. ライプニッツは若い頃から確率論には大変興味をもっていた．彼が確率論の進歩に貢献したとは言えないけれども，その重要性には十分気づいていたことが分かる．とりわけ，中でも彼の注意を引いた問題が2つあった．

一つは確率概念を政治学に適用することだった．1666年学位を巡るごたごたから逃れるため，ニュールンベルクに移ったライプニッツは，そこで薔薇十字団に入った．団員の一人，先のマインツ侯国首相ボイネブルク（Johann Christian von Boineburg）と知り合った．三十年戦争後の荒廃と統治の分裂で国力の弱った当時のドイツが，東西からの勢力の挟撃に耐えるには，ポーランドが政治的に安定してくれることにかかっていた．1669年ライプニッツは

249

第3部　古典確率論の陣痛期

ポーランドの安定策をボイネブルクのために書いた．ポーランドの民主政体とは貴族制であること；貴族制は最も危険であること；王政が望ましいこと；国王は籤引きのように選出するのではなく理性的根拠に基づいて選出すること；国王はラテン語に明るく，成人であり，体力に優れ，賢明で年功を積み，忍耐強く，好戦的でなく，煩わしい家系でなく，宗教勢力とも距離をおき，真に善意の人たるべきこと；など一種の確率的判断を行って，ボイネブルクがワルシャワで演説する手助けをした．

　第二に，ライプニッツはあらゆる種類のゲームに関する問題にも関心をもった．彼自身はゲームに自己の想像力を発揮する場を見出した．人が最も創造力を発揮し得るのは娯楽においてである．子供の遊びの中にさえ，最も偉大な数学者たちの注意を引き付けるに足るのだと，彼は信じていた．ここでいうゲームとは，第一に数のみに依存し，その大小を比較するゲーム；第二にチェスのように位置によるゲーム，最後に玉突きのように動作にのみ依存するゲームである．彼の考えたこのことが実現すれば，創意工夫の完成に役立つか，もしくは彼自身他の箇所で述べているように策略法（art of arts），言い換えると，思考法の完成に役立つ筈だった〔L. デュタン編『ライプニッツ全著作集』第Ⅴ巻, 17, 22, 28, 29, 203, 206 頁；第Ⅵ巻, Ⅰ部, 271, 304 頁；エルトマン編『ライプニッツ著作集』175 頁参照〕．

　また，ライプニッツは推論によって得られる結論の確率を算定する研究の著述計画も建てていた．〔デュタン編『ライプニッツ全著作集』第Ⅵ巻, Ⅰ部 36 頁参照〕

16.3.　しかしながら，ライプニッツは確率論において犯しやすい誤謬の例を提供している．その誤謬こそ，我々の研究対象の独自の性格でもあるように思われるのであるが，ともかく彼の言うことを聞いてみよう．〔デュタン編『ライプニッツ全著作集』第Ⅵ巻, Ⅰ部, 217 頁〕

　「例えば，サイコロ 2 個を用いるとき，12 の目と 11 の目の出る確率は同

じである．というのは，どちらの目の出方も唯 1 通りしかないから．しかし，7 の目の出る確率はその 3 倍である．なぜなら，(6, 1), (5, 2), (4, 3) が出たときに目の和が 7 になり，またどの 1 つの組合せも他の組合せと同じ確率で生起するからである．」

　確かに，11 の目は (6, 5) のときのみ出る目である．しかし，2 個のサイコロで 11 の目の出る可能性は，12 の目の出る可能性の 2 倍になる．同様に，7 の目の出る可能性は，12 の目の出る可能性の 6 倍になる．

16.4.　1665 年 4 月 5 日，**ヤン・フッデはクリスティアン・ホイヘンス**に書簡を出し，『**サイコロ遊びにおける計算について**』の末尾に載っている 5 つの問題のうち，第二と第四の問題の解を証明なしで与えている．第二問題は

> 甲乙丙がこの順に壺から 1 個玉を抽出する．壺の中には白玉 4 個と黒玉 8 個が入っている．初めて白玉を抽出した者が勝ちと決めると，甲乙丙の勝ち目はいくらか？

というものである．フッデは勝ち目を 232:159:104 とした．ホイヘンスの解は 9:6:4 である．フッデの計算がどんな根拠に基づくのか全く不明である．もしも単なるフッデの誤植で 234:156:104 であれば，ホイヘンスの解と一致する．また，フッデが玉を非復元抽出すると考えたとしたら，甲乙丙の勝ち目は 231:159:105 となり，甲と丙の勝ち目を書き誤った可能性が強い．

　ホイヘンスは 1665 年の研究ノートで次のような解を書き留めている．ゲーム前の順番で，甲乙丙のチャンスの値をそれぞれ x, y, z とする．賭金を a とし，初めに甲が抽き白玉を出したとする．初めに甲が黒玉を抽くと，甲は乙丙甲の 3 番目の位置で次に抽くことになり，そのときのチャンスの値は z である．それで，

$$x = (4 \times a + 8 \times z)/12.$$

251

第3部　古典確率論の陣痛期

また，甲が失敗し，乙に順番が回ってくると，甲が何も得なければ，乙は最も有利なチャンスの値 x を取るから

$$y = (4 \times 0 + 8 \times x)/12.$$

同様にして

$$z = (4 \times 0 + 8 \times y)/12$$

これら3つの方程式から y, z を消去して，

$$x = 9a/19, \; y = 6a/19, \; z = 4a/19$$

を得る．それで勝ち目は 9:6:4 である．

　ホイヘンスの第四問題は

4個の白玉と8個の黒玉がある．甲と乙が無作為に7個の玉を抽出する．そのうち3個が白玉ならば甲の勝ち，そうでなければ乙の勝ちと決める．甲と乙の勝ち目はいくらか．

フッデは，甲:乙 = 14:19 とした．一方，ホイヘンスは 35:64 とした．この場合，フッデは「少なくとも3個が白玉」と考えて，甲のチャンスは

$$\{ {}_4C_3 \times {}_8C_4 + {}_4C_4 \times {}_8C_3 \}/{}_{12}C_9 = 336/792,$$

乙のチャンスは $1 - 336/792 = 456/792$ となり，甲:乙 = 14:19 としたと思われる．

　フッデとホイヘンスの間に交わされた書簡は，『ホイヘンス全集』第V巻に書簡番号 No.1374 から No.1450 まで 16 通残っている．

16.5.　1687年ハーグで『**虹に関する代数的計算** (Stelkonstige Reeckening van den Regenboog)』という著者不明の小冊子が出版された．これは前半の20頁が虹に関する記事で，その後に8頁『**偶運の計算**』という論文が付いている．この本を刊行したのは，ライデンの貴族**ファン・デア・メール** (Jan van der Meer；1639–1686) である．彼は死ぬまぎわに出版を準備し，

彼の死後刊行された．メールとしては自分が生きているうちに，どうしても出版したかったらしい．そのことは彼が誰かにこの本の原稿を託されたと考えるのが正しい．1985年ロッテルダム大学のペトリ教授は，この本は**スピノザ**（Benedictus de Spinoza；1632.11.24-1677.2.21）が書いたものと考証した．とすれば，この本は1677年以前の作となる．もっと日時を絞り込むとすれば，1666年10月スピノザはメール宛に確率について書いた書簡を送っているので，多分その頃，スピノザは偶然に関する問題を考えていたのであろう．『偶運の計算』の最初の4ページは，ホイヘンスの論文の末尾の5つの問題をそのまま書き写したものである．その後に（第一命題）が述べられ，それを利用してホイヘンスの（問題Ⅰ）が解かれている．

（第一命題）乙と甲が2個のサイコロを投げて勝負する．目の和7が出ると乙の勝ち，目の和6が出ると甲の勝ちと決める．最初甲が1回だけ投げる．それで勝負がつかなければ，以後乙甲の順に2回ずつ繰り返して投げることができる．このとき，甲と乙の勝ち目はいくらか．

図16.1　ユダヤ教から破門されたスピノザ　　図16.2　『偶運の計算』1頁目

賭金を a, 甲のチャンスの値を x とすると, 乙のチャンスの値は $a-x$ である. 初めの 2 回の投げで, 乙が少なくとも 1 回 7 の目を出すのは $36^2-30^2=396$ 通り, 2 回とも 7 が全く出ないのは 900 通り, 従って

乙の勝つチャンス：甲に投げる番を回すチャンス $= 398:900 = 11:25$

である. 甲が投げる番のときの甲のチャンスの値を y とすると

$$x = \frac{11 \times 0 + 25 \times y}{11 + 25} = \frac{25y}{36} \qquad ①$$

となる. 甲が投げる番のとき,

2 回の投げで少なくとも 1 回 6 の目の出る場合：乙に投げる番を回す場合
$= 36^2-31^2:31^2$

である. 乙が投げる番になると, 甲のチャンスの値は再び x となる. それで

$$y = \frac{335 \times a + 961 \times x}{335 + 961} = \frac{335a + 961x}{1296} \qquad ②$$

①②を連立させて解くと

$$x = 8375a/22631, \quad a-x = 14256a/22631$$

を得る. この結果を使って, 甲が最初に投げて勝つのは 5 通り, 乙に投げの番を回すのは 31 通りである. 5 通りの場合は a, 31 通りの場合は $8375a/22361$ を得るので, 甲のチャンスの値は

$$\frac{5a + 31 \times 8375a/22631}{5 + 31} = \frac{372780a}{814716} = \frac{10355a}{22631}$$

となり, 乙のチャンスの値は $a-x = 12276a/22361$ となる. 甲と乙の勝ち目は

$$甲:乙 = 10355:12276$$

となる.

　この解法を見る限り, スピノザはホイヘンスの忠実な弟子であることが分かる. 1672 年のデ・ウィットの惨殺以後, スピノザもオランニュ公一派の圧迫で身の危険を感じ, 隠遁沈黙し, 思想弾圧に耐えた. スピノザの死後, そんな弾圧も緩み, ド・メールはスピノザの本を出しても良いと思ったのであろう. それでも匿名の本にせざるを得なかったところに, 当時のオランダにおけるスピノザの立場が分かるだろう.

第16章 17世紀後半の諸研究

16.6. ホイヘンスの論文の影響はイギリスにも及んだ. 1672年ピーターバラの主教**カンバーランド** (Richard Cumberland；1631.7.15-1718.10.9) は『**哲学的に探求した自然法則について** (De Legibus Naturae Disquisitio Philosophica)』を出版し, 農業や商業ならびに「人間がかかわり営むほとんどすべての企業」における偶然の結果の評価に直接類似したものとして, 1個と2個のサイコロの投げに関する計算を提示した. 例えば, 敵対した状態に住む動物と平和な状態に住む動物から観察される傾向は, 敵対より平和に過ごしたいとする自然の大きな性向を暴露していると推論した.「なぜなら, ここで成立する場合は, 偶然の理論におけるのと同様である. 1個のサイコロ投げで6の目が出なかったことは, 6の目が出るよりも多いのは当然である」と.

また, ある人が武力と背信行為により利益を受けることが稀にあることは認めているが, そのような行為は賢明とは見なしていない.「例えば, 2個のサイコロ投げで6のゾロ目が出ることに賭ける人は, そうでないことに同じ金額で賭ける人に負ける……勝ち目は1:35なのだ. 偶運の値の間の差は, 正しく, 偶運の利得として推定され, かつ評価される. そのことは賢明で, 用心深い選択をする人なら, 当然の報酬を受けるだろう. そして, 同じ仕方で, 損害や損失に関しても決定できる；つまり, それは馬鹿な人, 慎重でない人の当然の報いである.」

人生における行為の決定は, 期待される効果に基づくべきで, 偶然ゲームと類似しているというカンバーランドの主張は, ホイヘンスの考えを十分に咀嚼した結果, 出てきたものだった.

16.7. 1678年, イギリスでの最初の確率論の成書『**量の組合わせ, 選出, 順列, 合成**』が出版された. 著者は**ストローデ** (Thomas Strode；1620?-1688?) というオックスフォード出身の弁護士である. この本は僅か55頁の薄い本であるが故か, 数学史上では完全に無視されて来たのであるが, 序文

255

から判断すると次のことが分かる：この本が優れた友人たちの懇請により陽の目を見たこと；既にフランスの著者たちがこの題目について書いているので発表をためらったこと；しかし自分の研究も独創的なので遠慮する必要はないと悟ったこと；パスカルの『算術三角形論』は見ていなかったが，後で知って33頁以降にそのことを補足したこと；スホーテンの本は見ているので，ホイヘンスの論文の内容はよく知っていること；などである．

彼は公式

$$\frac{n(n-1)(n-2)\cdots(n-k+1)}{1\cdot2\cdot3\cdots k}$$

を自分で見つけたようである．次に n 個の量の選び方の数は，全部で

$$\sum_{k=1}^{n} {}_nC_k = 2^n - 1$$

通りであることを与えている．この結果を，ストローデはスホーテンのものと思っている．次に順列 ${}_nP_k$ の計算方法が述べられ，計算法

$${}_kP_k = k!,\quad {}_nP_k = {}_nC_k \times k!$$

が提示される．彼は順列 (permutation) の代わりに“変形 (variation) を数える”という言い方をしている．

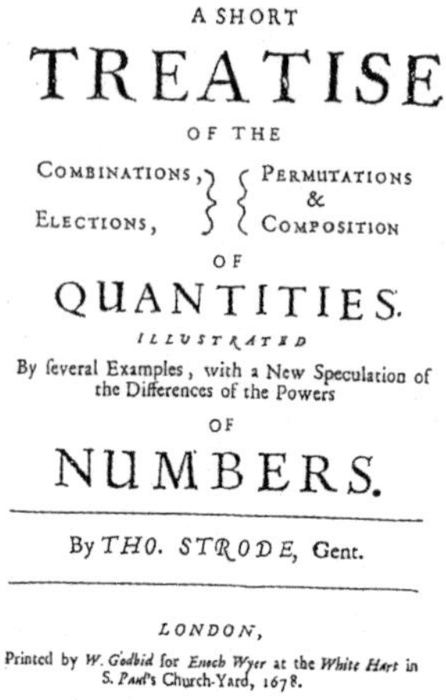
A SHORT
TREATISE
OF THE
COMBINATIONS, ELECTIONS, PERMUTATIONS & COMPOSITION
OF
QUANTITIES.
ILLUSTRATED
By several Examples, with a New Speculation of the Differences of the Powers
OF
NUMBERS.
By THO. STRODE, Gent.
LONDON,
Printed by W. Godbid for Enoch Wyer at the White Hart in S. Paul's Church-Yard, 1678.

図16.3　ストローデの本の扉頁

ストローデは大数を表現するのに比喩的な例を挙げている．「52枚のカードから12枚を抽出したときの可能な手の総数は，1000人が日曜を除いて毎日12時間ゲームを54年間にわたりし続けるゲーム数よりも大きい；ただし，各人は1時間に1000ゲーム行うものとする．」ストローデが記述した数は

1000ゲーム / 人，時 $\times$ 1000人 $\times$ 12時 / 日 $\times$ 6日／週 $\times$ 52週 / 年 $\times$ 5年
$= 2.02 \times 10^{11}$ ゲーム

であり，これは

$${}_{52}C_{12} = 2.06 \times 10^{11}$$

の近似値としては悪くない．

サイコロ投げについては，15頁以後2, 3, 4個のサイコロ投げの結果が表の形式で列挙されている［下の（図16.4）参照］．

彼は6面以外のs面のサイコロ投げの結果にも言及している．s面のサイコロをn個投げた出方の総数はs^n，目の和がkに等しい目が出る確率は，$k<n+s$である限り

$$ {}_{k-1}C_{n-1}/s^n, \quad (k=n,\ n+1,\ \cdots,\ n+s-1\ の場合) $$

であることを述べている．また，m個の6面のサイコロに対して，各々の目がk以下である確率は$(k/6)^m$であることも発見している．

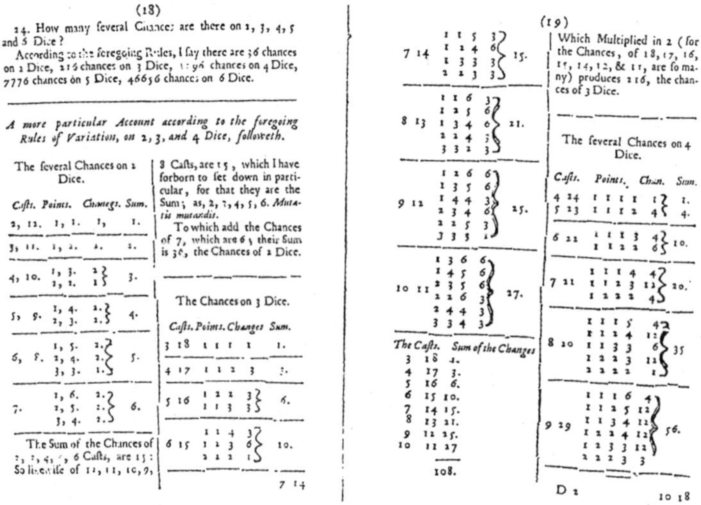
(18)

24. How many feveral Chances are there on 2, 3, 4, 5 and 6 Dice?

According to the foregoing Rules, I fay there are 36 chances on 2 Dice, 216 chances on 3 Dice, 1296 chances on 4 Dice, 7776 chances on 5 Dice, 46656 chances on 6 Dice.

A more particular Account according to the foregoing Rules of Variation, on 2, 3, and 4 Dice, followeth.

The feveral Chances on 2 Dice.

Cafts.	*Points.*	*Changes.*	*Sum.*
2, 12.	1, 1.	1,	1.
3, 11.	1, 2.	2.	2.
4, 10.	1, 3. 2, 2.	2 1	3.
5, 9.	1, 4. 2, 3.	2. 2.	4.
6, 8.	1, 5. 2, 4. 3, 3.	2. 2. 1.	5.
7.	1, 6. 2, 5. 3, 4.	2. 2. 2.	6.

The Sum of the Chances of 2, 3, 4, 5, 6 Cafts, are 15: So likewife of 12, 11, 10, 9, 8 Cafts, are 15, which I have forborn to fet down in particular, for that they are the Sum; as, 2, 3, 4, 5, 6. *Mutatis mutandis.*

To which add the Chances of 7, which are 6; their Sum is 36, the Chances of 2 Dice.

The Chances on 3 Dice.

Cafts.		*Points.*	*Changes*	*Sum.*
3	18	1 1 1	1	1.
4	17	1 1 2	3	3.
5	16	1 2 2 1 1 3	3 3	6.
6	15	1 1 4 1 2 3 2 2 2	3 6 1	10.
7	14	1 1 5 1 2 4 1 3 3 2 2 3	3 6 3 3	15.
8	13	1 1 6 1 2 5 1 3 4 2 2 4 3 3 2	3 6 6 3 3	21.
9	12	1 2 6 1 3 5 1 4 4 2 3 4 2 2 5 3 3 3	6 6 3 6 3 1	25.
10	11	1 3 6 1 4 5 2 3 5 2 2 6 2 4 4 3 3 4	6 6 6 3 3 3	27.

(19)

The Cafts.		*Sum of the Changes*
3	18	1.
4	17	3.
5	16	6.
6	15	10.
7	14	15.
8	13	21.
9	12	25.
10	11	27
		108.

Which Multiplied in 2 (for the Chances, of 18, 17, 16, 15, 14, 12, & 11, are fo many) produces 216, the chances of 3 Dice.

The feveral Chances on 4 Dice.

Cafts.		*Points.*	*Chan.*	*Sum.*
4	24	1 1 1 1	1	1.
5	23	1 1 1 2	4	4.
6	22	1 1 1 3 1 1 2 2	4 6	10.
7	21	1 1 1 4 1 1 2 3 1 2 2 2	4 12 4	20.
8	20	1 1 1 5 1 1 2 4 1 1 3 3 1 2 2 3 2 2 2 2	4 12 6 12 1	35
9	29	1 1 1 6 1 1 2 5 1 1 3 4 1 2 2 4 1 2 3 3 2 2 2 3	4 12 12 12 12 3	56.

D 2　　10 18

図16.4　ストローデの本の18, 19頁；サイコロの目の出方が列挙されている．

さらに最も特筆すべきは，任意の冪とその差が与えられているとき，他の冪とその差を求めていることである．例えば

$$ \nabla 3^3 = 3^3 - 2^3 = 19,\ \nabla^2 3^3 = \nabla 3^3 - \nabla 2^3 = 19 - 7 = 12,\ \nabla^3 3^3 = 6 $$

が与えられているとき

$$ 10^3 = 3^3 + {}_7C_1 \nabla 3^3 + {}_8C_2 \nabla^2 3^3 + {}_9C_3 \nabla^3 3^3 $$

と書くことができる．もちろん，このような後退差分の公式はニュートンによって発表され，19世紀**ブール**（George Boole）によりはっきりと定式化されるが，その先駆的研究であった．33頁以降はパスカルの『算術三角形』を知って追加された諸公式が出ている．

ストローデの教本はホイヘンス以降の本格的な確率論教程で，理解の水準からして，後世無視されるべきものではなかったが，なぜか歴史の流れの中で流失しまったのは，気の毒という以外言葉もない．

16.8.

『偶然の法則について（Of the Laws of Chance）』という題の著作が，1692年ロンドンで出版されたと，モンチュクラは述べているが，これに加えて彼は「しかし，私はこの本を見たことがないので，それについて，これ以上言うことはできない．しかしながら，この本は王立協会の書記官だったベンジャミン・モット（Benjamin Motte；?-1738.3.12）のものではないかと思う」と述べている．同様の陳述は，ラボックとドリンクウォーターの『確率について』やギャロウェイ（Thomas Galloway；1796-1851）の『確率教程』にも見られる．

トドハンターによれば，この著作は**アーバスナット**のものとしている．詳しい考証はトドハンターの『確率論史』にあるから，ここではこれ以上深入りしない．

図16.5 『偶然の法則について』序文

第16章　17世紀後半の諸研究

16.9. 次に『籤運に関する算術的パラドックス』と題する論文を見てみよう．著者は王立協会会員**フランシス・ロバーツ**伯爵（Francis Roberts, Earl of Radnor；1650-1718.2.3）である．ロバーツは13才でケンブリッジ・クライスト・カレジの研究奨学生となり，23才で王立協会会員に推挙された程の早熟な秀才で，3代目ラドノール伯爵を継いだ貴族である．トランペット奏者としても有名で，数理科学に深い関心を寄せていた多芸な人だった．

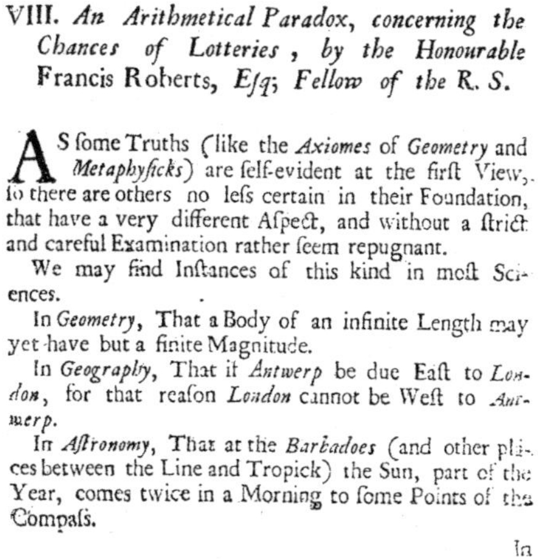

VIII. *An Arithmetical Paradox, concerning the Chances of Lotteries , by the Honourable* Francis Roberts, *Efq; Fellow of the* R. S.

AS fome Truths (like the *Axiomes* of *Geometry* and *Metaphyficks*) are felf-evident at the firft View, fo there are others no lefs certain in their Foundation, that have a very different Afpect, and without a ftrict and careful Examination rather feem repugnant.

We may find Inftances of this kind in moft Sciences.

In *Geometry*, That a Body of an infinite Length may yet have but a finite Magnitude.

In *Geography*, That it *Antwerp* be due Eaft to *London*, for that reafon *London* cannot be Weft to *Antwerp*.

In *Aftronomy*, That at the *Barbadoes* (and other places between the Line and Tropick) the Sun, part of the Year, comes twice in a Morning to fome Points of the Compafs.

In

図16.6　ロバーツの論文の最初の頁

ロバーツの論文は「哲学会報」1693年，XVII巻，677-681頁に発表された．

「（幾何学や形而上学の公理のような）いくつかの真理は，一見したところ自明であると同様，にもかかわらず，その基礎に関しては不確かな何ものかがある．そのような真理は外見上非常に異なり，厳密で注意深い吟味を行わずしては，むしろ矛盾したように見えるものである．」

このことを説明する例は以下の通りである．第一の富籤は空籤3本と16ペンスの当たり籤3本からなる．第二の富籤は空籤4本，2シリング（24ペンス）の当たり籤2本からなるとしよう．さて，ここで1本籤を引けば，第一の籤では期待値は8ペンス，第二の籤でも期待値は8ペンスになる．ロバーツの見出したパラドックス（逆理）は次の通りである：1人の賭博師がこれらの籤のどちらかを見込んで，1シリングを支払ったとすると，今見たように期待値は同じであるのに，彼に対する勝ち目は第一の籤では3:1であり，第二の籤では

259

第3部　古典確率論の陣痛期

2:1である．このパラドックスは，勝ち目(odds)を恣意的に定義することにより，ロバーツ自身が作り出したものにすぎない．

ところで，ロバーツの作り出した賭博者の勝ち目とは次のような定義により決められる．すなわち，ある籤で，$a =$ 空籤の数，$b =$ 当たり籤の数，$r =$ 当たり籤1本の賞金，1本の籤に支払う金額を1シリング(12ペンス)とする．胴元は1に対してチャンスをもち，賭博者は$r-1$に対してチャンスをもつ．真の勝ち目はチャンスと値の積の比$1 \times a:(r-1) \times b$である．これは全く恣意的な定義である．

この論文の代数的な部分は正しく，また当時の著作のタイプからすれば，ちょっと風変わりなものである．

この論文の著者が，ド・モワブルの『偶然論』の序文に出てくる Robertes という綴りのロバーツと同一人物であることは，疑問の余地のないところである．

16.10.　『人間の証言の信頼性の計算』と題する論文が「哲学会報」第XXI巻，1699年，359-365頁に掲載されている．この論文は，どうしたことか，匿名で書かれている．ラボックとドリンクウォーターは**ジョン・クレイグ**(John Craig;?-1731.10.11)が書いたのだろうと述べている．しかし，1921年以降，毎年ロンドン大学ユニヴァーシティ・カレジで統計学史を講義した**カール・ピアソン**はハレーの作としている．当時「哲学会報」に確率論について書ける力量をもっていたのは，ハレー，アーバスナット，クレイグ，ロバーツ，ド・モワブルに絞られる．その理由は，確率の測定の仕方を知り，勝ち目とは何を意味するかを知っている人で，生命保険のことも少し分かっている人となると，上記の5人になる．それから消去法で不適当な人物を消して行く．アーバスナットとロバーツはこの論文が書ける程，数学の力があったか疑問であること；ド・モワブルは1697年に王立協会会員に推挙されているが，確率の論文は1711年まで出していないことと，彼は終生証言の確率については

260

書いていないこと；クレイグはこの後の 16.11 節で説明する『キリスト教神学の数学的原理』の出版後の 30 年間に，大量の知識を学んだ痕跡が見られないこと；1800 年**マシュー・ヤング**（Matthew Young）がこの論文の中の一つの定理に，ハレーが前に使った記号が用いられていることを発見したので，ピアソンはハレー作と断定したのである．

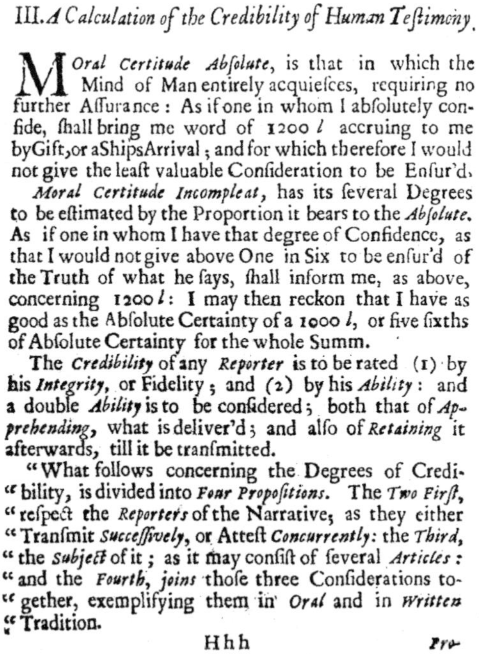

1982 年北イリノイ大学の**グリーアー**（Brown Grier）が，**ジョージ・フー**

III. *A Calculation of the Credibility of Human Teſtimony.*

Moral Certitude Abſolute, is that in which the Mind of Man entirely acquieſces, requiring no further Aſſurance : As if one in whom I abſolutely con-fide, ſhall bring me word of 1200 *l* accruing to me byGift, or aShipsArrival ; and for which therefore I would not give the leaſt valuable Conſideration to be Enſur'd.

Moral Certitude Incompleat, has its ſeveral Degrees to be eſtimated by the Proportion it bears to the *Abſolute.* As if one in whom I have that degree of Confidence, as that I would not give above One in Six to be enſur'd of the Truth of what he ſays, ſhall inform me, as above, concerning 1200 *l* : I may then reckon that I have as good as the Abſolute Certainty of a 1000 *l*, or five ſixths of Abſolute Certainty for the whole Summ.

The *Credibility* of any *Reporter* is to be rated (1) by his *Integrity,* or Fidelity ; and (2) by his *Ability* : and a double *Ability* is to be conſidered ; both that of *Ap-prehending,* what is deliver'd ; and alſo of *Retaining* it afterwards, till it be tranſmitted.

"What follows concerning the Degrees of Credi-"bility, is divided into *Four Propoſitions.* The *Two Firſt,* "reſpect the *Reporters* of the Narrative ; as they either "Tranſmit *Succeſſively,* or Atteſt *Concurrently :* the *Third,* "the *Subject* of it ; as it may conſiſt of ſeveral *Articles :* "and the *Fourth, joins* thoſe three Conſiderations to-"gether, exemplifying them in *Oral* and in *Written* "Tradition.

Hhh   *Pro-*

図 16.7 『人間の証言の信頼性の計算』の最初の頁

パー（George Hooper；1640-1727）の『法王不可謬性に関するイギリス国教会とローマ法王庁との最初にして偉大な論争の，公平で整然とした議論（A Fair and Methodical Discussion of the Church of England and the Church of Roma concerning the Infallible Guide）』（1689 年）の中にこの論文が埋没していたことを発見した．それで，この論文の著者はフーパーということになる．

『人間の証言の信頼性についての計算』の（第一命題）は継時的な証言の信頼性の確率を求める．一人の報告者が自分に与える確実さの分け前を a，虚偽の分け前を c とする．第一報告者から確実さの $a/(a+c)$ を，第二報告者から確実さの $a^2/(a+c)^2$ を，第三報告者から確実さの $a^3/(a+c)^3$ を……を得る．この結果を一般化すれば，ある報告が n 人の報告の系列を経て伝達さ

第 3 部　古典確率論の陣痛期

れたとする．それぞれの証言の信頼性を $p_1, p_2, \cdots, p_n$ とする．このとき，結果の確率は $p_1 p_2 \cdots p_n$ と積の形で表される．もしも $p_1 = p_2 = \cdots = p_n = p$ とおくと，$p^n = 1/2$ となる n は，

$p = 100/106$ ならば，$n = 12$；

$p = 100/101$ ならば，$n = 70$；

$p = 1000/1001$ ならば，$n = 695$

となる．

（第二命題）は同時的に証言を得たときの信頼性について論ずる．2 つの証言が行われたとする．第一の証言は $1 - p_1$ の不確かさを残す．第二の証言はこのうちの p_2 だけ確実さを回復する．従って，2 つの証言がなされると，

$$1 - p_1 - p_2(1 - p_1) = (1 - p_1)(1 - p_2)$$

の不確かさを残す．第三の証言によって，これまでの不確かさの p_3 だけ確実さが回復する．それで 3 つの証言の結果

$$(1 - p_1)(1 - p_2)(1 - p_3)$$

だけ不確かさが残る．それで結果の信頼性は

$$1 - (1 - p_1)(1 - p_2)(1 - p_3)$$

となる．もっと証言が多くなっても，同様の式が得られる．$p_1 = p_2 = \cdots = p_n \equiv p$ とすると，n 人の同時証言の信頼性は $1 - (1 - p)^n$ となるだろう．$p = 1/2$ とすると，20 人の証人の同時証言の信頼性は，なんと $2096999/2097000$ となる．

（第三命題）は「ある伝承を一人の語り部が話すときの信頼性を求める」ことである．例えば，ある伝承は 6 つの部分からなり，5/6 の信頼性のある語り部が伝承を語るとき，その伝承のある部分が間違って語り部から話されるのは $(1 - 5/6)^2 = 1/36$ である．

このような推論によって，論文の結語は

「最後に，写本の任意の一節または数節に対する信頼性の比率から出発して　次のことが観察されるだろう；原作があまり長いものでなければ，慎重に書く写本生によるのが良く，写本は誤字すらないだろう：しかし，原

作が非常に長いものであれば，重大な誤りを犯す見込みが出てきて，時には意味が変わるようなこともあろう；しかもある重要な点で意味が変わらないことが多ければ多い程，かかる単一の章節で誤りに出くわさないことが多くある．たとえかかる重要な点がたくさんあってもである．それは（第三命題）が示す通りである」

というものである．

　この論文の内容はフランスの『百科全書』初版の「確率」の項目に採用されている．また『百科全書（事項別配列）』にも採録されている．この項目には署名がないので，当然これは**ディドロ**のものとしなければならない．これと同じ理論を**ビキレ**（Charles François Bicquilley）が『確率計算』（1783 年）という著作の中で採用している．

16.11. 　数学的な『確率論史』（1865 年）を初めて書いたトドハンターが，未見として挙げている著作にクレイグ（John Craig；?–1731）のものがある．その本に関する説明をラボックとドリンクウォーターから借用する．

　「証言の確率に関するクレイグの論文については，その名をあげる以上のことをする必要はない．クレイグの論文は 1699 年に『**キリスト教神学の数学的原理**（Theologiae Christianae Principia Mathematica）』という題名で出版されたものである．数学的な言語や推論を，道徳的な研究対象に導入しようというこの企ては，およそ真面目に読めた代物ではない．この書は，当時数学界の注目を浴びたニュートンの『**プリンキピア**』の下手な模倣といった風のものである．著者は，初めに精神は動き得るものであり，推論の一つ一つが動く力であって，この力がある種の速さで疑念を生み出す……云々と述べている．彼は大真面目に，永遠の時（coeteris paribus）を経て伝達される史実に対する疑念は，その史実がたとえどんなものであろうとも，その史実の当初からの時間の 2 乗の割合で増大する

263

ことを証明した．同様に，一様な欲望，一様に加速される欲望，時間の累乗に比例する欲望が変化する，等々を証明するといった具合である．」[45頁]

人名辞典には，クレイグの著作がJ.ダニエル・ティティウス（J.Daniel Titius）の論駁と併せて，1755年ライプチヒで再版されており，またこれについての批評のいくつかが1701年ペーターソン（Peterson）によって発表されたと書かれている．プレヴォ（Pierre Prevost）とリュイエ（Simon Antoine Jean L' huilier）は「ベルリン……アカデミー紀要」(1797年）に発表されたある論文の中で，クレイグの著作に触れている．

　クレイグの確率概念は，今まで論じてきた流れとは全く異質なものである．

　「確率とは，結論が確定していないもの，あるいは少なくともそうだと知覚されないものを，推論を通して2つのアイデアが一致するか，一致しないかの様相である」

と定義する．そして確率を，我々自身の経験に基づく自然的確率（natural probability）と，他人の証言に基づく歴史的確率（historical probability）の2つに分類する．クレイグの主たる課題は，事象を構成する異なる要因が変化する時，どのように確率が変化するかを論ずることだった．例えば，奇妙な術語である歴史的確率について言えば，その評価ははじめの証人の数とともに，それらの証言を聞いた人々を通して，2番目の証人の数や，さらに評価対象の事象が時間や空間における隔たり（距離）によって決まる関数値であること；そして，この関数がどのように変化するかをクレイグは論じた．彼はこのことを疑念の変化（change of suspicion）と呼んだ．

　「歴史的確率の概念とは，歴史的事象の矛盾した側面に対する知性（mind）の適用である．

　　疑念の速さ（velocity of　suspicion）とは，歴史の説明の矛盾した側面を知るために，特有の時間空間を通って，知性（mind）が導かれる能力である．」

一瞥して，これらの定義は漠然としており，19 世紀の注釈者たちが挙って非難したとしても当然である．このような謎めいた言い回しは，M 人が相次いで証言するとき，時間 T を経過し，距離が D 離れた所へ伝達される歴史的確率は

$$P = x + (M-1)s + \frac{T^2 k}{t^2} + \frac{D^2 q}{d^2} \tag{1}$$

あることを述べても，彼への批判を払拭させるものではなかった；ここで，x は第一の証人に付与される確率，s は残り $M-1$ 人の証人の各々に付与される疑念，k は時間 t 内で生ずる疑念，q は距離 d を通して生ずる疑念である．

それではクレイグのこの確率は，今日的な意味での確率ではないし，0 と 1 の間に押し込められる不確かさの尺度ではない．にもかかわらず，彼の研究は尤度比につながる意外な面ももっている．それは尤度の最も古い芽生えを意味している．

$E = $ 現在受け取れる歴史の証言；

$E_i = i$ 番目の証人の証言；

$H -$ 件の歴史的事象（例えば，キリストの復活）

とする．最初の n 人の証人の証言は同等に信頼し得ると仮定し，そのうちの一人の証言によって

（定理 1） <u>どんな歴史も（矛盾しない）確率をもつ．</u>

と仮定した．この仮定とも言える命題は

$$\Pr\{E_i \mid H\} > \Pr\{E_i \mid \operatorname{not} H\}$$

であることを意味する．利用し得る証拠は $E = E_1 \cap E_2 \cap \cdots \cap E_n$ であり，歴史的確率を

$$x = \log[\Pr\{E_i \mid H\} / \Pr\{E_i \mid \operatorname{not} H\}]$$

とおくと，$x > 0$ である．次に

（定理 2） <u>歴史的確率ははじめの証人の数に比例して増加する</u>

ことを主張する．つまり

$$\log[\Pr\{E|H\}/\Pr\{E|\text{not }H\}] = \log\left[\prod_{i=1}^{n}\Pr\{E_i|H\}/\Pr\{E_i|\text{not }H\}\right]$$
$$= n\cdot\log[\Pr\{E_i|H\}/\Pr\{E_i|\text{not }H\}] = nx$$

となるからである．

 (**定理3**) <u>個々の相続く証言を通して伝達される歴史的確率の概念は，証人の数に比例して増大する．ここで他の事柄はすべて同等と仮定する．証人たちを通して歴史は後世に伝えられる．</u>

しかし，初めの一人の証言の後，$M-1$ 人は2次の証言者と考え，各人がそれぞれ疑念 $s<0$ を抱いていると

$$P = x + (M-1)s \tag{2}$$

となる．$s<0$ であるから，P は x より減少する．クレイグの確率には，もしも M が非常に大きければ，$P<0$ になる可能性もある．にもかかわらず，それを否定するように

 (**定理4**) <u>一人の政治家により伝達される歴史的確率は，その後に続く一連の証人たちを通して，絶えず減少するけれども，与えられた時間内に全く消滅してしまうことはない</u>

ことを提示する．しかし，この定理の証明は証明の体をなしていない．これも一種の願望の表現であろう．

 時間が経つと歴史的確率は減少し，疑念は増加するとクレイグは考えた．問題はどんな率で増加するか？疑念における速さ（変化率）は時間の1次式で増大すると考え

 (**補題1**) <u>等しい時間間隔のなかで生ずる疑念の速さは算術級数的に増大する．</u>

とした．この後，重力の一定の影響下のもとに，質量の加速の原理を発見したニュートンのモデルを彼は借用する．ニュートンの質量に対し，クレイグは疑念を対置した．重力の代わり

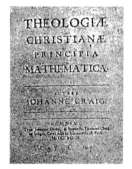

図16.8　クレイグの本の扉頁

に疑念の原因を対置した．所与の時間間隔 t において，疑念の原因はある量だけ疑念の速さを増加させる；つまり加速させる．速さが線形に増えて行くと，疑念の総量は時間の平方に比例して増えて行く．かくして

（定理 6） 任意の時間間隔を通して伝達される歴史的確率の疑念は，歴史の始まりから経過した時間の平方に比例して増加する．

もしも単位時間 t 内で生ずる疑念の量が k ならば，時間 T で生ずる総疑念は T^2k/t^2 である．同様の考えで，距離が歴史に及ぼす疑念（遠い場所には情報は届きにくい）も単位距離 d 内で生ずる疑念が q なら，距離 D で生ずる疑念の総量は D^2q/d^2 になる．こんな考えで，クレイグは公式 (1) を求めたのであった．

クレイグは公式 (1) の応用例として，キリストの物語に関する歴史的証言の信頼性を考察した．論争はキリストの復活の時期について絶えず行われていた．復活は信仰の消滅の時期と一致するというのが『ルカによる福音書』の出したヒントだった．「にもかかわらず，人の子が来るとき，地上に信仰が見られるであろうか？」〔『ルカによる福音書』18:8〕クレイグの時代，何人かの人は，復活は差し迫っていると考えた．クレイグは，距離の効果を無視すると，キリストの物語の現代の歴史的確率は，(1) 式と（定理 2）より

$$P = nx + (M-1)f + \frac{T^2k}{t^2} \tag{3}$$

で与えられる．$n = 4$ は，初めの歴史家（マタイ，マルコ，ルカ，ヨハネ）の数である．福音書それぞれは，当時の目撃者の話を歴史家が書き留めた記録と見なされる．そして，その伝達は口伝よりも写本をとる形で行われた．(3) 式の M は相次ぐ写本の数，f はそれぞれの書写に伴って生ずる疑念，時間の単位は $t = 50$ とする．ここで，M は大体時間に比例すると推理し，200 年ごとに写本されると仮定して，$M = T/4t$ とおいた．次に初めの歴史家が編集した文書目録が，10 人の目撃者の証言に同等と考えて $x = 10z$，z は初めの一人の証人の証言から生ずる歴史的確率，100 冊の写本作りの過程で，必然的に 1 人の目撃者の証言を何げなく落としてしまう（腐食させてしまう）ので，

$f = k = -z/100$ とおこう. かくして

$$P = 40z - \left(\frac{T}{4t} - 1\right)\frac{z}{100} - \frac{T^2 z}{100 t^2}$$

を与える. $T = 1696$ 年に対して, $P = 28z$ となる;つまり, キリストの物語が初めに独立した 40 人の目撃者の説明と同等な尤度をもって説明されたのに, 1696 年後にはそれは 28 人の目撃者の説明と同じ価値に減退する. クレイグは口誦による限りでは, キリストの福音に対する信仰は 800 年で消滅し, 記録された伝説によっている場合は 3150 年で消滅するとの結論を出した. また, ペーターソン (Peterson) は別の現象の法則を用いて, 信仰は 1789 年で消滅すると結論づけた. [モンモールの 38 頁:「文芸誌」1863 年 11 月 7 日号 611 頁を参照]

16.12. 17 世紀を終わるにあたり, 今まで話題に上らなかった大数学者がいる. それは**ニュートン** (Sir Issac Newton;1642.12.25–1727.3.20) である. 確かにニュートンの確率論に対する貢献は, 他の分野に比べてあまりにも乏しい. しかし皆無ではない. 1664 年から 1666 年にかけて, ケンブリッジ・トリニチ・カレジの学生だったニュートンは, 当時の数学の教科書から学んだ詳細なノートを作っている. 学んだ教科書の中に, スホーテンの『数学演習』全 5 巻がある. それで, 彼がホイヘンスの『サイコロ遊びにおける計算について』を読んだことは間違いない. それで草稿の中に, 幾何学的確率を述べている [『ニュートン数学著作集』I 巻,, 1967 年, 58 − 61 頁].

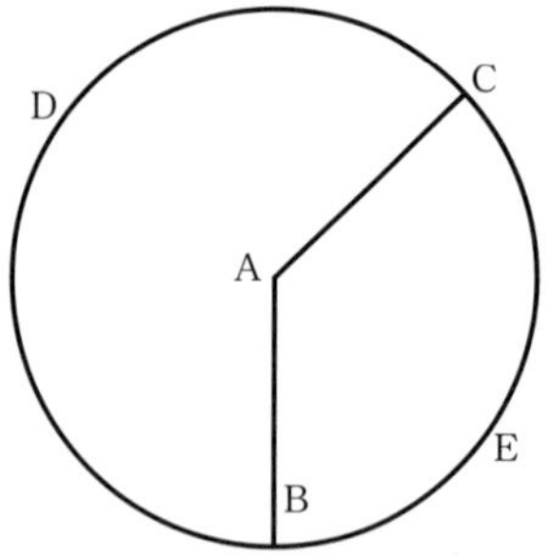

「もしもチャンスの割合が無理数だとしても, 期待値は [ホイヘンスと] 同じ方法で求められるかもしれない. もしも半径 AB, AC が水平面上の円 BCD によって, 2 つの部分 ABEC と ABDC に $2:\sqrt{5}$ の割合に分割されるとしよう. それから 1

図 16.9

個の玉を中心 A に向かって真っすぐに落とすとしよう．玉が部分 ABEC に落ちれば a 円を得る．玉が部分 ABDC に落ちれば b 円を得る．私の期待値は

$$\frac{2a+\sqrt{5}\,b}{2+\sqrt{5}}$$

の価値がある」

と述べている．明らかにホイヘンスの期待値計算の概念の拡張である．

16.13. 　ニュートンより10才ほど年上に**サムエル・ピープス**（Samuel Pepys；1633.2.23-1703.5.26）という有名人がいる．彼はロンドンの貧しい仕立屋の息子として生まれたが，奨学金を得てケンブリッジに学んだ．大学を出ても，清教徒革命の真っ最中で，国教徒には職もなかった．それで彼は遠縁（祖父の妹の子）でクロムウェルの片腕と言われたエドワード・モンターギュ（Edward Montague；1625-1672；後のサンドウィッチ伯爵）を頼って，その家僕となった．モンターギュは機を見るに敏な人で，クロムウェルが死ぬや，亡命中のチャールズⅡ世を出迎える艦隊司令長官となるが，その後，第二回英蘭戦争（1665-1667）でベルゲン軍港殴り込みに失敗，さらに捕獲したオランダ船の積み荷横領の容疑で失脚する．しかし，その間にピープスはうまく官界に取り入り，1672年に海軍大臣，1684年再度の海軍大臣，王立協会会長を歴任し，名誉革命で失脚するまで，政界で幅を利かせた．

図 16.10 　1666 年のピープス

彼を有名にしたのは1660年から69年までの10年間，特殊な速記法で書かれた日記の著者としてである．それは当時の社会風俗や，政治上の機密，陰謀，酒，女，音楽，芝居，蓄財など俗物的記録が満載されている．1828年ジョ

ン・スミスという苦学生が 200 £ のアルバイト料を得て，この日記の解読に成功した．それによると，チャールズ II 世の愛妾カースルメーン伯爵夫人は大変な博奕打ちで，借財を重ね，国王を困らせたという．当時の賭博はサイコロとカードであった．ピープスも賭博に精出したのは言うまでもない．彼は例の伯爵夫人に憧れていたから．1688 年政界を引退したときは，妻も既に死亡し，暇を賭博で紛らわすくらいが時の過ごし方だったピープスは，1693 年 11 月 22 日付けでニュートンに手紙を送り，質問をしている．

「甲は箱の中に 6 個のサイコロを入れ，その中から 1 個 6 の目のサイコロを出そうとする．乙は別の箱の中に 12 個のサイコロを入れ，その中から 2 個 6 の目のサイコロを出そうとする．丙はさらに別の箱の中に 18 個のサイコロを入れ，その中から 3 個 6 の目のサイコロを出そうとする．乙と丙は甲と同じ好運のチャンスに恵まれているか？」

と質問した．ピープスはこの問題をクライスト・ホスピタル校の教師スミスから聞かれたものだと申し添えた．

ニュートンも人が悪く，それとなくスミスに探りを入れ，解を欲しがっているのはピープス自身だということを知り，1693 年 11 月 26 日の返事でそのことを仄めかしている．そして

「質問を読みますと，題意がつかめません……もしもこの問題をもっと分かりやすくするには，次のように言い換えねばなりません．

毎回投げる 6 個のサイコロのうち，少なくとも 1 個の 6 の目が出る甲の期待値はいくらか．

毎回投げる 12 個のサイコロのうち，少なくとも 2 個 6 の目の出る乙の期待値はいくらか．

毎回投げる 18 個のサイコロのうち，少なくとも 3 個 6 の目の出る丙の期待値はいくらか．

そして，乙と丙がどのように投げようとも，毎回当たる期待値が甲より大きいかどうか」

というように変えると，計算はできるので解を送ってもよいと，ニュートンは
返事を出した．

　同年 12 月 9 日付けの手紙で，問題に対するニュートンの解釈は正しいと，
ピープスは書いている．12 月 16 日付けのニュートンからピープス宛の手紙
で，次のような解が送られてきた．

「数列 1.	1	2	3	4	5	6	サイコロの個数
数列 2.	0	1	3	6	10	15	
数列 3.	6	36	216	1296	7776	46656	チャンスの総数
数列 4.	5	25	125	625	3125	15625	6 以外の目の出るチャンスの数
数列 5.	1	5	25	125	625	3125	
数列 6.	1	10	75	500	3125	18750	ただ 1 個 6 の目が出るチャンスの数
数列 7.		1	5	25	125	625	
数列 8.		1	15	150	1250	9375	ちょうど 2 個 6 の目の出るチャンスの数」

この後，ニュートンは各数列の求め方を説明する．例えば，数列 1. は自然数
列で，現代記法では $\{n\}$ と書ける．同様の記法で，数列 2. は $\{{}_nC_2\}$，数列 3. は
$\{6^n\}$，数列 4. は $\{5n\}$，数列 5. は $\{5^{n-1}\}$，数列 6. は $\{n \times 5^{n-1}\}$，数列 7. は
$\{5^{n-2}\}$，数列 8. は $\{{}_nC_2 \times 5^{n-2}\}$ である．この後，甲の期待値は $1-(5/6)^6$
$= 1 - 15625/46656$ というように，数列 3. と数列 4. を使って求めている．
しかし，ニュートンは計算過程を示さず，乙の期待値は 1, 346, 704, 211/2,
176, 782, 336 であることは述べているが，丙の期待値 40, 893, 554, 687,
500/101, 559, 956, 688, 416 は求めていない．

　12 個のサイコロ投げで，高々 1 個 6 の目の出る確率は
$$b = (5/6)^{12} + 12 \times 5^{11}/6^{12};$$
　18 個のサイコロ投げで，高々 2 個 6 の目の出る確率は
$$c = (5/6)^{18} + 18 \times 5^{17}/6^{18} + {}_{18}C_2 \times 5^{16}/6^{18}$$
である．甲の期待値を $1-a$ とすると
$$1-a > 1-b > 1-c$$
なることだけを，ニュートンは述べている．ニュートンの計算は，多分，数列
5., 数列 6., 数列 7., 数列 8. の計算を続けて行って求めようとしたのであろう．

第3部　古典確率論の陣痛期

　　ピープスは12月21日付けの手紙で，12個のサイコロを一度に投げるのと，6個のサイコロを2回投げるのと，答に違いが生じるのか尋ねている．ニュートンはこの問題に食傷気味で，ピープスの手紙を読んで鼻白んだ．どちらも同じだと，ニュートンは12月23日付けの手紙で素っ気なく答えている．

＜参考文献＞

ライプニッツの確率計算については

[1] Kurt R.Biermann 'Ein Aufgabe aus den Anfägen der Wahrscheinlich-keitsrechnung' (Centaurus, 5巻, 1957年, 142-150頁)

[2] Maria Sol de Mora-Charles 'Leibniz et le problème des partis. Quelques papiers inédits' (Historia Mathematica, 13巻, 1986年; 352-369頁)
　を参照した．ヤン・フッデとホイヘンスの間の書簡は

[3] 『ホイヘンス全集』第Ⅴ巻
　に掲載されている．フッデに関しては

[4] Karlheinz Haas 'Die mathematischen Arbeiten von Johann Hudde Bürgermeister von Amsterdam' (Centaurus, 4巻, 1956年, 235-284頁)
　が詳しく，確率の研究についても言及されている．スピノザの確率研究については

[5] Jacques Dukta 'Spinoza and the Theory of Probability' (Scripta Math. 19巻, 1953年, 24-33頁)

[6] M.J.Petry "*Spinoza's Algebric Calculation of the Rainbow and Calculation of Chances*" (Martinus Nijhoff; 1985年)

[7] スピノザ (畠中尚志訳)『スピノザ往復書簡集』(岩波文庫, 1958年)

[8] 吉田忠「スピノザ『偶然の計算』について」(北海学園大学経済論集, 36巻, 1989年)
　がある．17世紀のイングランドでの確率研究は

[9] S.M.Stigler 'The dark ages of probability in England' (Inter. Stat. Review; 56巻, 1988年, 75-88頁)

[10] B・Shapiro *"Probability and Certainty in 17th century England"* (Princeton Univ. Press；1983 年)

を参照した．クレイグや証言の確率については

[11] K.Pearson (E.S.Pearson 篇　) *"The History of Statistics in the 17th and 18th Centuries"* (Charles Griffin, 1978 年)

[12] S.M.Stigler 'John Craig and the Probability of History' (Jour. Amer. Stat. Association, 1986 年, 81 巻, 879–887 頁)

が詳しい．ニュートンについては

[13] O.B.Sheynin 'Newton and the Classical Theory of Probability' (Arch.Hist. Exact Sci.；Vol.7；1971 年, 217–243 頁)

〔14〕H.W.Turnbill *"The Correspondence of Issac Newton"* (vol. Ⅲ；Camb.Univ. Press；1961 年, 293–303 頁)

〔15〕J.Gani 'Newton on 'a Question touching ye different Odds upon certain given Chances upon Dice'' (Math.Scientist；1982 年, 7 巻, 61–66 頁)

を参照した．

人物索引

■ア行

アウグストウス　10,11
アウグスティヌス　57-61,63,
　　107,109,111,136,198
アカン　20,21
アキレウス　5
アーバスナット　258,260
アピアヌス　167
アポロドーリス　60
アリストテレス　32-37,42,
　　46,47,49,53,54,60,75,
　　107-109,111,112,120,157
アル・カーシー　93,96
アル・カラジー　91
アル・サンジャニ　92
アルクィン　62,63
アルノー（アントワーヌ）
　　215-218
アレクサンドル・セヴェルス帝
　　222
アレクサンドロス（アフロディ
シアスの）　39
アレッティーノ　154
アンティフォン　31
アントニウス　50
イエス・キリスト　25,55,198
イェヒェール（ラビ）　108
イッチャジ（ラビ）　103
イブン・アル・バンナー　92
イブン・エズラ　125-127,129
インノセントX世（ローマ法王）
　　213
ヴィエト　176-178,191
ヴィトルヴィウス　12
ウィボールド司祭　70
ウィリアム（オッカムの）

119,120
ヴィルギリウス　12,26,27
ウィレムI世（オランニュ公）
　　230
ヴィンデイキアヌス　58
ヴェサリウス　137
ウェスターガード　230
ヴォシウス　190
ウォリス　190
ウルグ・ベーグ　93
ウルピアヌス　222,224
エドワードIV世（イギリス王）
　　137
エピクロス　37
エラスムス　66,67,76
エリゴン　191
オットー大帝（神聖ローマ帝国）
　　64
オドアケル（ゲルマン傭兵隊長）
　　61
オーレ　145,146,150,178
オレーム（ニコル）
　　75,120-124,134

■カ行

カヴァリエリ　194
カエサル　10
賈憲（かけん）　91
カースルメーン伯爵夫人　270
ガテイカー　198,199
カペラ　48
カラムエル　249
カルカニーニ　163,165
ガリレオ　30,179-186
カルキディウス　56,57
カルダーノ（ジロラモ）
　　6,16,136-163,
　　165,169,191,192
カルダーノ（ファジオ）　137
カルナップ　113
カルネアデス　36,37

カントール（モーリッツ）
　　41,95
カンバーランド　255
キアラモンティ　181-185
キケロ　50-52,59,60,110
キュプリアヌス　63,64
ギュルダン　194,195
クインティリアヌス　119,134
クイントゥス（キケロの弟）
　　51
クセノクラテス　42
クラヴィウス　192
クラウディウス帝
　　11,221,223
グラント
　　224-230,235-237,246-248
グリーアー　261
クリュシッポス　31,35,38,42
グリーンウッド　230
クリンゲンベルグ　245
クレイグ
　　260,261,263-268,273
クレイトマコス　36
グレゴリウスX世（ローマ法王）
　　109
グーロー　133,221,225,235
クロムウェル
　　227,231,236,240,269
ケプラー　187,188,194,199
ケンドール
　　29,60,75,172,178
コシモII世（トスカナ大公）
　　179
コルドヴェロ　173
コールブロック　231
コンスタンチヌス大帝　26

■サ行

サウル（イスラエル王）　23
サッディア・ガオン　80
サムエル・ベン・メイル　22

274

シェークスピア　156,157
シェーシェト（ラビ）　103
シミアース　33
シャルルV世（フランス王）
　　　　　　　　　　120
シャルルVI世（フランス王）
　　　　　　　　　　73
ジャンボデル　65
朱世傑　90
シュティフェル　167-169,173
ショイベリウス　168,169
ジョン（ソールズベリーの）
　　　　　　　　118-120
ジルソン　108
シン　83,96
シンプリキオス　34
スエトニウス　10
ステシコルス　7.165
ストローデ　255-258
スピノザ　253,254,272
スホーテン　230,231,256,268
スミス（ジョン）　269
セネカ　140
ソクラテス　30,31,33,49

■夕行
タキトウス　9,26,29
タルタニア　133,137,169,171
ダンテ　68,72,75,130
チェリーニ　136
チコ・ブラーエ　181-183,187
チムール　93
チャールズII世（英国王）
221,231,269
チョーサー　68,72,75
ディヴィット
　　18,29,59,60,75,178,186
ディオドルス　38
ティティウス　264
ディドロ　112,263
テオフラストス　35

デカルト　124,134
デモクリトス　31,54
デモステネス　223
トゥキディデス　16,17
ド・ジュブラン　74
トドハンター　131,149,150,
　181,188,199,201,249,258
ド・フールニヴァル　70
トマス・アクィナス
　　　　　　　75,107-117
ド・メレ（シュヴァリエ）
　　　　　　202-205,213,218
ドモアブル　48,156,260
トンチ　244,245
ドンノロ　80,81

■ナ行
ナーラーヤナ　88,89
ニケフェロスIII世
　　（東ローマ皇帝）　223
ニコル　215
ニュートン　30,124,179,257,
　　　　263,266,268-273
ネピア　190
ネブカドネザル（バビロニア王）
　　　　　　　　　　23
ノイマン　239

■八行
バイルン　113,115
パウサニアス　27,50,60
バウフシウス　188,189
ハゲク　183
バースカラ　84-88,193
パスカル（エチエンヌ）
　　　　　　　　201,212
パスカル（ブレーズ）
　　　　　　201-206,208,209,
　211-215,217-219,256,258
ハソーヴァー　19,29
バーソロミュー　116

パチォーリ
　75,131-134,151,158,159,171
バックレイ　175
ハットン
　（オックスフォード伯爵）　157
パトロクロス　4,5
ハミルトン（大司教）　137
バルムフォード　199
パラメデス　50
ハレー　237-240,247,260
ピアソン（カール）　18,260
ビキレ　263
ヒッパルクス　42
ピープス　269-271
ヒューム　34,46
ピンガラ　83
ヒンデンブルク　129
ファウルハーバー　196-198
ファン・デア・メール
　　　　　　　　252-254
ブイヨン伯ゴドフロア　69
フェリペII世（スペイン王）
　　　　　　　　　　230
フェルディナント・ディ・メ
ディチ（トスカナ大公）　179
フェルマー
　　　　　195,196,200,201,
　　203-205,214,217-219
プテアヌス　188-190
ブテオ　173,174
プトレマイオス（アレクサン
ドリアの）　30,183,189
フーパー　261
フラカストーロ　165-167
フラグ　93
プラトン
　　　31-34,40,42,46,60
ブリッグス　190
フリードリヒII世（神聖ロー
マ皇帝）　64
ブール　258

275

プルスダカスヴァーミ 83
プルタルコス 31,38,42,79
フレーザー卿 27
プレヴォ 264
プレステ 190
フロイデンタール 209
ブロシャール 36
プロティノス 56,60,107
ペヴェローネ 133,172,173
ヘクトール 5
ヘシオドス（詩人） 47,60
ベケット（カンターベリー大司教） 118
ベーダ（聖人） 62
ペティ 230,235-237,246
ペーターソン 264,268
ベルナルディノ（聖人） 66
ベルヌイ（ヤコブ）
189-191,196
ベルヌイ（ダニエル） 239
ヘロドトス 7
ベンヴェヌト・ディモラ 131
ヘンドリックス 244
ヘンリーII世（イギリス王）
118
ホイジンガ 40,46
ボイネブルグ（マインツ候国首相） 249,250
ホイヘンス（クリスティアン）
201,214,217,219,240-243,
247,251-26,258,268,272
ホイヘンス（ロデウェイク）
240,241,243,244,247
ボエティウス 79,80,191
ボッホナー 122,134
ボテル（ジャン：戯曲作家）
65
ホメーロス 4

■マ行
マイモニデス

99-106,108,129
マウリッツ 231
マウロリクス 185,209
マキァヴェリ 158
マグヌス（アルベルトゥス）
108
マザラン枢機卿 244,245
マニ（教祖） 58
マハーヴィーラ（ジャイナ教開祖） 42,43,83
マハラノビス 43,44,46
マホメット（ムハンマド） 91
マルティアリス 10
マールブランシュ 190
マレー卿 240
ムスタースイム（カリフ） 93
メルセンヌ 192-195,200
モーセ 19,21
モット 258
モンケ（モンゴル帝国4代目カーン） 92
モンターギュ（サンドウィッチ伯爵） 269
モンチュクラ 2,3,239,258
モンモール 138

■ヤ行
ヤンセン 212
ヤン・デ・ウィット
230-235,244,246,247,254
ヤン・フッデ 230,232,235,
244,247,251,252,272
ヤング（マシュウー） 261
ユークレイデス 30,79
ユーデモス 35
楊輝（ようき） 91
ヨシュア 19,20

■ラ行
ライプニッツ
78,129,235,249,250,272

ラスカリス 69
ラピノヴィッチ
19,29,95,106
ラブレー 68,76
リブリ 69,130,131,134,138
リュイエ 264
ルイIX世（フランス王） 64,66
ルイXIV世（フランス王）
231,245
ルクレーティウス 37
ルジャンドル 131
ルドルフII世（神聖ローマ帝国皇帝） 187
ルルス 127-129
レオニクス 69
レスリー 175
レヴィ・ベン・ゲルション
129,130,192,210
ロアンネス公爵 202
ロパーツ伯爵 259,260

事項索引

■ア行

aequalitas（アエカリタス；標本空間の大きさの半分）
144-148

悪運　47,49

アストロガルス（タルス；骨骰）
4-8,12,13,27,28,40,41,
51,63,68,69,74,75,139,
156,163,164

アナグラム　188-190

ありそうなこと　33

運（フォルトゥーナ）　19,58

占い　27,28,50,53,58,198,199

臆断 104,105,113,119,165,166

臆断－確率　113

同じ物が何個かある場合の順列　86,87,173,193

■カ行

海上保険　223

蓋然寿命　242

蓋然性　30,32,34,36,42,47,
103,105,107,119

蓋然的命題　33,118,119,185

蓋然的論拠　113

外的証拠　218

確定年金　223

賭事（賭博，勝負事）　3,4,7,
9-15,66-70,107,136-138,
140,141,143,145,158,180,
198,202,205,213-216,241

賭けの精神　2,3

勝ち目　151,260

カード（ゲーム）　63,64,
72-74,142,152-157,199

可能性（可能なこと）

30,32,34,35,37-40,55

幾何学的確率　268,269

幾何学的精神　2,202

幾何平均　181

記号コード　128

期待値（平均利得）
214,259,269

疑念の速さ　264

客観的確率　105,218

circuitus（キルクイトゥス；標本空間の大きさ）　144-147

偶運（テュケー，チャンス）
38,49,50,53-55,59,75,
109,110,217,255

偶然　56,58,59,109

偶然誤差　187

偶然と必然　111

偶然のカラクリ　18,19,26

偶発事故　52

籤　18-26,49,50,52,60,
63,64,98,99,198,216,
241,258-260

組合せ　79,81-85,92,93,
124-126,129,130,
158-161,175,176,
191-193,249,256,257

系統的誤差　187

決疑論　108,198

幸運（好運）　47,48,52,54

巧緻の精神　202

購入年数　233

誤差分布　184,185

■サ行

サイコロ（テッセラ）
8-12,14,34,38,40,41,52,
63,64,66-68,70,71,74,
136,138,139,141-151,
156,163-165,169,170,
174,180,181,188,202,
203,214,249-251,253,

255,257,270,271

サイコロの科学　15,45

最良推定値　16

算術三角形　83,90,91,93,
167-169,192,193,
205-211,256,258

算術平均　181,234

自己偶発（アウトマトン）
53,54,109,110

自然的確率　264

死亡表（生命表）
222,224-228,237-241

主観的確率　104,105,218

順列　81,82,84-86,99,100,
101,129,130,173,189,191,
192,195,255-257

条件付期待値　243

証言の確率　260-263

証拠　34,104,218

数学的帰納法　209

図形数
176-178,191,205,206

図的代数　122,123

整数冪の加算公式　195-198

生残表　229

政治算術　236,237

生命年金（終身年金）
30-235,237-240,244

生命の偶然性　221

銭投げ　11,44

摂理（神の）　56,59,110

占鳥　26

■タ行

大数の法則（道徳的な）　115

第一種と第二種の過誤　115

多項展開　191

確からしさ（確からしい）
2,30,33,113,118,121,
122,165-167,215,217,218

多値論理　43

玉の抽出　251,252

チェス　64,49,136,139,250

知識　34,105,112

徴候　33,165-167,218

重複組合せ　87-89

重複順列　78,194

統計的確率（経験的確率）
　　　　　　　　　226

統計的推定値　228,229

同等に可能　36,37,39

同等比率　143-145

トンチン年金　245,246

■ナ行

内的証拠　218

二項定理（二項係数）
　　　　　79,168,178,191

7重断定方式　43,44

年金　222

■ハ行

外れ値　185

非必然性　111,112,114

不運　54

不確実さ　102,103

フリティルルス（サイコロ箱,
ゲームの名称）
　　　　10,66,139,147,148

プリメロ　153－157

分配問題（点の問題）
　　　131,158,159,170-173,
　　　202-205,211,212,217

平均寿命　242

平均律（音楽の）　194

平均余命　222

ボーリング　8,239

母集団　226

本当らしさ　215

平均結果に関する推理
　　　　　　　145-147

■マ行

尤もらしさ（尤もらしい）
　　　　30-32,34,121,122

モデル設定　188

■ラ行

乱数表（詩篇占い）　26,27

離接（命題）　34,35

歴史的確率　264-268

論理的仮説と対立仮説
　　　　　　　　102-103

Memo

Memo

正誤表

頁	行	誤	正
p.34	↓ 7	Somplicius	Simplicius
p.37	↓ 1, 2	エビクロス	エピクロス
p.62	↑ 13	バチォーリ	パチォーリ
p.64	↑ 10	ウォルチェスター	ウースター
p.69	↓ 9	16 種	161 種
p.131	↓ 13	バチォーリ	パチォーリ
p.133	↓ 2	origins	origines
	図の下	バチォーリ	パチォーリ
p.153	↓ 12	ビット	ビッド
p.161	↓ 12	Girilamo	Girolamo
p.169	↓ 2	タルタニア	タルタリア
	図の下	タルタニア	タルタリア
p.171	↓ 7	タルタニア	タルタリア
p.180	↑ 13	ガリレオは	ガリレオが
p.190	↓ 4	Elemens mathematiques	Éléments mathématiques
p.194	↓ 3	Harmonic practique	Harmonie pratique
p.195	↓ 5	図書館は 1 館	図書館 1 館
	↓ 6	敷地面積は	敷地面積が
p.196	↓ 4	整数幕	整数冪
p.197	↑ 1	Weberschiffichentechnik	Weberschiffchentechnik
p.199	↓ 5	バルムフォード	バームフォード
p.205	↓ 9	quelque autres…	quelques autres…
p.222	↓ 13	ウルビアヌス	ウルピアヌス
p.231	↓ 3	Stadholder	Stadhouder

〈著者紹介〉

安藤洋美（あんどう・ひろみ）

1931 年兵庫県川辺群小田村に生まれる。兵庫県立尼崎中学、広島高等師範学校数学科を経て、1953 年大阪大学理学部数学科卒業。
桃山学院大学経済学部教授、学校法人桃山学院常務理事を歴任。
現在、桃山学院大学名誉教授

著書・訳書

『統計学けんか物語（カール・ピアソン一代記）』（1989 年，海鳴社）

『確率論の生い立ち』（1992 年、現代数学社）

『最小二乗法の歴史』（1995 年、現代数学社）

『多変量解析の歴史』（1997 年、現代数学社）

『高校数学史演習』（1999 年、現代数学社）

『大道を行く高校数学（解析編）』（山野熙と共著、2001 年、現代数学社）

『大道を行く高校数学（統計数学編）』（2001 年、現代数学社）

『中学数学精義』（2005 年，現数学社）

F.N. ディヴィッド『確率論の歴史：遊びから科学へ』（1975 年、海鳴社）

O. オア『カルダノの生涯』（1978 年、東京図書）

E. レーマン『統計学講話：未知なる事柄への道標』（1984 年、現代数学社）

C. リード『数理統計学者イエルジィ・ネイマンの生涯』（1985 年、門脇光也、長岡一夫、岸吉堯と共訳、現代数学社）

L. トドハンター『確率論史』（2003 年，現代数学社）

新装版 確率論の黎明

2007 年 3 月 9 日	初 版 1 刷発行
2017 年 7 月 20 日	新装版 1 刷発行

検印省略

© Hiromi Ando, 2017
Printed in Japan

著　者　　安藤洋美
発行者　　富田　淳
発行所　　株式会社　現代数学社
〒 606-8425 京都市左京区鹿ヶ谷西寺ノ前町 1
TEL 075 (751) 0727　FAX 075 (744) 0906
http://www.gensu.co.jp/

印刷・製本　　有限会社ニシダ印刷製本

ISBN 978-4-7687-0476-9

落丁・乱丁はお取替え致します.